当代齐鲁文库·山东社会科学院文库
THE LIBRARY OF　SELECTED WORKS OF SHANDONG
CONTEMPORARY SHANDONG　ACADEMY OF SOCIAL SCIENCES

山东社会科学院◎编纂

"海上山东"建设概论

郑贵斌　徐质斌等◎主编

中国社会科学出版社

图书在版编目(CIP)数据

"海上山东"建设概论／郑贵斌，徐质斌等主编． —北京：中国社会科学出版社，2015.12

ISBN 978-7-5161-7153-0

Ⅰ.①海… Ⅱ.①郑…②徐… Ⅲ.①区域经济发展—研究—山东省 Ⅳ.①F127.52

中国版本图书馆CIP数据核字(2015)第283368号

出 版 人	赵剑英
责任编辑	冯春凤
责任校对	张爱华
责任印制	张雪娇
出　　版	中国社会科学出版社
社　　址	北京鼓楼西大街甲158号
邮　　编	100720
网　　址	http://www.csspw.cn
发 行 部	010-84083685
门 市 部	010-84029450
经　　销	新华书店及其他书店
印刷装订	环球东方（北京）印务有限公司
版　　次	2015年12月第1版
印　　次	2015年12月第1次印刷
开　　本	710×1000　1/16
印　　张	18
插　　页	2
字　　数	295千字
定　　价	75.00元

凡购买中国社会科学出版社图书，如有质量问题请与本社营销中心联系调换
电话：010-84083683
版权所有　侵权必究

《山东社会科学院文库》编委会

主 任　唐洲雁　张述存
副主任　王希军　刘贤明　王兴国（常务）
　　　　姚东方　王志东　袁红英
委 员　（按姓氏笔画排序）
　　　　王晓明　刘良海　孙聚友　李广杰
　　　　李述森　李善峰　张卫国　张　文
　　　　张凤莲　张清津　杨金卫　侯小伏
　　　　郝立忠　涂可国　崔树义　谢桂山
执行编辑　周德禄　吴　刚

《山东社会科学院文库》
出版说明

党的十八大以来，以习近平同志为总书记的党中央，从推动科学民主依法决策、推进国家治理体系和治理能力现代化、增强国家软实力的战略高度，对中国智库发展进行顶层设计，为中国特色新型智库建设提供了重要指导和基本遵循。2014年11月，中办、国办印发《关于加强中国特色新型智库建设的意见》，标志着我国新型智库建设进入了加快发展的新阶段。2015年，在中共山东省委、山东省人民政府的正确领导和大力支持下，山东社会科学院认真学习借鉴中国社会科学院改革经验，大胆探索实施"社会科学创新工程"，成为全国社科院系统率先全面实施哲学社会科学创新工程的地方社科院之一。近一年来，山东社会科学院在科研体制机制、人事管理、科研经费管理等方面大胆改革创新，相继实施了一系列重大创新措施，为山东新型智库建设勇探新路，并取得了明显成效。

《山东社会科学院文库》（以下简称《文库》）是山东社会科学院"创新工程"重大项目，是山东社会科学院着力打造的《当代齐鲁文库》的重要组成部分。该《文库》收录的是我院建院以来荣获山东省社会科学优秀成果一等奖及以上的科研成果。首批出版的《文库》收录了孙祚民、戚其章、马传栋、路遇、韩民青、郑贵斌等全国知名专家的研究专著15部。这些成果涉猎历史学、哲学、经济学、人口学等领域，以马克思主义世界观、方法论为指导，深入研究哲学社会科学领域的基础理论问题，积极探索建设中国特色社会主义的重大理论和现实问题，为推动哲学社会科学繁荣发展发挥了重要作用。这些成果皆为作者经过长期的学术积累而打造的精品力作，充分体现了哲学社会科学研究的使命担当，展现了潜心治学、勇于创新的优良学风。这种使命担当、严谨的科研态度和科研作风值得我们认真学习和发扬，这是山东社会科学院深入推进创新工程和新型智库建设的不竭动力。

实践没有止境，理论创新也没有止境。我们要突破前人，后人也必然会突破我们。《文库》收录的成果，也将因时代的变化、实践的发展、理论的创新，不断得到修正、丰富、完善，但它们对当时经济社会发展的推动作用，将同这些文字一起被人们铭记。《文库》出版的原则是尊重原著的历史价值，内容不作大幅修订，因而，大家在《文库》中所看到的是那个时代专家们潜心探索研究的原汁原味的成果。

《文库》是一个动态的开放的系统，以后，我们还会推出第二批、第三批成果……《文库》的出版在编委会的直接领导下进行，得到了作者及其亲属们的大力支持，也得到了院相关研究单位同志们的大力支持。同时，中国社会科学出版社的领导高度重视，给予大力支持帮助，尤其是责任编辑冯春凤主任为此付出了艰辛努力，在此一并表示最诚挚的谢意。

本书出版的组织、联络等事宜，由山东社会科学院科研组织处负责。因水平所限，出版工作难免会有不足乃至失误之处，恳请读者及有关专家学者批评指正。

《山东社会科学院文库》编委会
2015 年 11 月 16 日

目 次

"海上山东"建设的回顾与前瞻（代前言） ………………（1）

第一章　"海上山东"建设的概念和意义 ………………（10）
　　第一节　建设"海上山东"战略产生的背景 ……………（10）
　　第二节　"海上山东"的内涵和外延 ……………………（13）
　　第三节　建设"海上山东"的重大意义 …………………（20）

第二章　"海上山东"建设的思路和原则 ………………（24）
　　第一节　建设"海上山东"的指导思想 …………………（24）
　　第二节　建设"海上山东"的策略性思路 ………………（25）
　　第三节　建设"海上山东"应遵循的原则 ………………（32）

第三章　"海上山东"建设的条件和现状 ………………（35）
　　第一节　"海上山东"建设的有利条件和制约因素 ……（35）
　　第二节　"海上山东"建设的成就和问题 ………………（39）
　　第三节　"海上山东"建设的初步经验 …………………（41）

第四章　"海上山东"建设的目标和任务 ………………（44）
　　第一节　"海上山东"建设的发展方向 …………………（44）
　　第二节　"海上山东"建设的目标体系 …………………（46）
　　第三节　"海上山东"建设的主要任务 …………………（49）

第五章　"海上山东"的产业结构 ………………………（57）
　　第一节　山东省海洋产业结构的分析和评价 ……………（57）
　　第二节　"海上山东"的产业结构优化目标 ……………（64）
　　第三节　优化"海上山东"产业结构的对策 ……………（67）

第六章　"海上山东"生产力空间布局 …………………（72）
　　第一节　海洋生产力合理布局的重要性 …………………（72）

第二节　海洋生产力布局的原则和依据 …………………（75）
　　第三节　山东省海洋功能区划基本内容 …………………（78）
　　第四节　山东海洋生产力空间布局调整建议 ……………（81）
　　第五节　调整"海上山东"空间布局保障措施 ……………（86）

第七章　"海上山东"建设中的资源开发 ………………………（89）
　　第一节　山东海洋自然资源及其评价 ……………………（89）
　　第二节　山东海洋资源利用的现状分析 …………………（96）
　　第三节　海洋资源的可持续利用 …………………………（104）

第八章　"海上山东"建设中的环境保护 ………………………（115）
　　第一节　环境问题在"海上山东"建设中的地位 …………（115）
　　第二节　山东海洋环境现状分析 …………………………（123）
　　第三节　"海上山东"建设中的环境对策 …………………（128）

第九章　"海上山东"建设的科技教育 …………………………（131）
　　第一节　"科教兴海"方针的客观依据 ……………………（131）
　　第二节　山东省海洋科技教育现状与特点 ………………（135）
　　第三节　山东省海洋科技教育面临的问题 ………………（137）
　　第四节　山东省"科教兴海"的任务和措施 ………………（139）

第十章　"海上山东"建设的管理体制 …………………………（148）
　　第一节　海洋综合管理的重要性 …………………………（148）
　　第二节　山东海洋开发管理的基本评价 …………………（150）
　　第三节　"海上山东"建设中管理体制的改革 ……………（154）

第十一章　"海上山东"建设的政策和法规 ……………………（158）
　　第一节　制定"海上山东"建设政策和法规的社会经济背景 …（158）
　　第二节　制定"海上山东"建设政策和法规的基本原则 …（162）
　　第三节　"海上山东"建设的政策和法规建议 ……………（167）
　　第四节　制定"海上山东"政策与法规的保障措施 ………（170）

附录一　"海上山东"建设战略构想 ……………………………（173）

附录二　海洋高新技术产业化政策研究 ………………………（210）

附录三　山东省海洋经济立法研究 ……………………………（244）

后　记 ……………………………………………………………（280）

"海上山东"建设的回顾与前瞻
（代前言）

由山东社会科学院海洋经济研究所创意并提出的"海上山东"战略，自1991年进入省委、省政府决策以来，经过7年来全省上下的努力，已经深入人心，并取得了举世瞩目的成绩。去年4月由山东社科院和省海洋与水产厅联合召开的加速"海上山东"建设研讨会，对我省"海上山东"建设的实践和有关理论问题做了深入研讨，初步总结了建设"海上山东"的基本经验，并对加速发展海洋经济提出了对策建议。今年以来有关领导和专家又对加速海上山东建设做了多角度研讨，深化了人们的认识。

一 建设"海上山东"的基本经验

1. 实施"科技兴海"方针，依靠科技进步促进海洋开发

山东省充分发挥海洋科技力量雄厚的优势，提出建设"海上山东"必须走"科技兴海"路子。其指导思想是：以市场为导向，以强化海洋科技开发为突破口，以推广现有科技成果为重点，以科研单位、高等院校为技术依托，坚持科技与财政、金融相结合，有关部门紧紧配合，"科技兴海"中强调对适用技术的研究和推广，动员科技下乡，科教人员到基层中去，形成一套制度和奖励办法，使"科技兴海"工作快速启动，全面展开。山东省确定科技兴海的重点是发展海水养殖、海洋盐化工、海洋药物和海洋食品工程四大支柱产业。在实施科技兴海计划的头4个年头，省各大专业银行已安排4亿多元贷款，支持了70多个海洋科技开发项目。

2. 狠抓海洋支柱产业强项，形成优势产业

山东省委、省政府提出，建设"海上山东"要以高产高效海洋渔业和内陆水产业为突破口，全面发展海洋经济。在这一方针指导下，沿海各

地把本省海洋开发支柱产业海洋渔业中的强项——海水养殖业,作为重中之重来抓。山东在发展海水养殖业上具有明显的优势和坚实的基础。

3. 注重发挥规模效益,海洋产业生产经营向产业化、集团化方向发展

为了在新形势下促进山东省海洋经济的发展,山东省在发展水产业方面,经过努力探索和改革,推出了"长岛模式"和"荣成模式"两种新的生产经营模式。"长岛模式"是从长岛县的经济发展水平出发,努力探索适合当地生产力发展程度的所有制模式,并随着经济的发展不断调整,经过"集体、个体、集团"螺旋式上升的方式,不断调整,逐渐走向规模经营的道路。以规模经营而著称的"荣成模式",沿海地区广为推行,各地都组建了一批渔工贸一体化的集体渔业公司。目前全省年产值超亿元的集体渔业公司已达 60 多家。潍坊组建的海洋化工集团,也显示了良好的发展前景。

4. 进一步扩大对外开放,加快发展外向型海洋经济

通过加快交通、通信、水、电等基础设施建设,大力发展金融事业,沿海地区投资环境有了较大改善,为发展外向型海洋经济创造了有利条件。目前,山东已有 7 个港口对外开放,国内航线遍及全国沿海主要港口,国际航线遍及五大洲 60 多个国家和地区的 300 多个港口。全省水产行业合同引进外资总额达到 2.7 亿美元,外商投资企业发展到 542 家,比"七五"末增加 476 家。远洋渔业取得显著成绩,全省有远洋渔船 150 艘,分布在太平洋、大西洋、印度洋沿岸的 11 个国家和地区,捕捞产量 10.6 万吨。

5. 以海带陆,以陆补海的经济增长方式取得显著成效

随着山东海洋开发事业向纵深发展,陆海整体开发的步伐也相应加快,全省的海洋开发事业已逐渐由沿海经济带向内陆辐射,以"以海带陆,以陆补海"的发展形式,实现经济增长方式的转变,取得了较好的经济效益和社会效益。

6. 加强海洋综合管理,抓好海洋科技开发的合理布局

山东省的海洋管理工作大体分为两个阶段,1995 年以前,各行业之间存在着一些矛盾。为了加强对海洋资源的综合管理,促进海洋资源的可持续利用,1995 年以后,省委、省政府在省市机构改革中,借鉴国内外

海洋管理经验，采用海洋与水产一体化的海洋管理模式组建各级海洋与水产管理机构，作为主管海洋事务的行政部门，全省的海洋管理开始进入综合管理与分行业管理相结合的新阶段。总起来看，山东海洋综合管理起步顺利，初步开展了这样几项工作：一是抓海洋宣传和教育，增强海洋国土观念和依法管海用海意识。在加大宣传建设"海上山东"力度的同时，利用各种媒介宣传海洋，强化海洋意识，先后在山东电视台播放了两部共30集有关"海上山东"建设的新闻系列报道和5集共75分钟的专题片，在《大众日报》和一些沿海报刊上开设了海洋专栏，在《联合国海洋法公约》生效一周年和我国批准《联合国海洋法》在我国生效之际，组织了两次全省性的海洋宣传活动。下一步准备分期分批地开展对海洋监督执法人员的培训及发证工作，做到持证上岗。二是抓海洋管理机构和队伍建设，认真行使主管海洋事务的职能。沿海7个市地区都组建了海洋与水产局，沿海34个县市区已部分组建了海洋与水产局。目前全省海洋综合管理体制和框架已基本形成。抓海洋立法、规划和管理试点等工作，为全面实施海域使用管理做准备。

全面实施建设"海上山东"战略，宏观上除加强海洋综合管理外，还要搞好海洋科技开发的合理布局。山东根据沿海不同区域环境和资源的共同性和差异性，按照全省十大海洋产业发展规划的要求，在海洋科技开发布局上，确定重点以青、烟、威三市，鲁北、潍北为海洋科技产业密集区（五区），以沿海四个省级以上高新技术开发区为基地（四点），以乳山湾、桑沟湾、胶州湾为海洋农牧化技术开发区（三湾），以沿渤海岸海洋资源综合开发和沿黄海岸经济开发为技术开发带（二带），以黄河三角洲为"科技兴海"的重要战场（一洲），用20年时间分三步形成五区、四点、三湾、二带、一洲的多层次、全方位的海洋科技开发新格局。围绕这一布局，实施2003年前"科技兴海"的十大重点任务，十大技术攻关，十大技术开发，十大技术推广，十大高新技术研究与开发，为建设"海上山东"构筑跨世纪的宏伟蓝图。

7. 省委、省政府加强领导，精心指导战略的实施

1991年4月在山东省七届四次人大会议上，赵志浩省长在政府工作报告中，提出建设"陆上一个山东，海上一个山东"的战略构想；在这次会上，以省人大决议的方式，把建设"海上山东"作为提高全省经济

综合实力的一项重要战略措施。1992年12月,省委书记姜春云同志在中共山东省委第五届七次会议上提出,"海上山东"建设要加快步伐,取得突破性进展,为下个世纪完成该战略奠定基础。1993年新年伊始,省领导在元旦祝词中,进一步把建设"海上山东"与开发黄河三角洲并列为山东省两大跨世纪工程,视为通管全局的长期性大战略。这样从90年代初,山东省的海洋经济发展工作从山东省委、省政府抓起,并由一位副省长分工负责山东省的海洋开发工作,加强对"科技兴海"工作的领导。全省上下齐抓共管,沿海各级政府进一步加强了对海洋开发工作的领导。最近,省委书记吴官正、省长李春亭、副省长宋法棠都对建设"海上山东"提出了明确要求。

为尽快实施建设"海上山东"的战略,1992年4月,省计委、省科委、省社会科学院、省水产局等,在青岛、潍坊联合召开了"科技兴海"、建设"海上山东"两个大型工作研讨会。同年7月省政府派副省长带队的调查组,赴各市地与当地领导交谈落实问题。1993年八九月间,省政府又派专门调查组到沿海7市地检查实施情况。在省委、省政府高度重视之下,全省上下海洋开发意识明显增强,有关政府职能部门,沿海行政区一致把建设"海上山东"战略作为指导思想安排年度和长期规划。省科委、省计委、水产局都制定了本部门的专门规划,全省7个沿海市33个县(市)区,各个市、县区都正式出台了"科技兴海"建设各自市、县区的方案和规划,纳入政府工作日程;各沿海城市纷纷提出建设"海上烟台"、"海上青岛"、"海上威海"、"海上日照"、"海上东营"、"海上滨州"等地区性的发展规划和设想。与此同时,沿海各市加大了海洋开发的力度。烟台市在沿海8个重点县市的乡镇配备了专管海洋开发的副乡镇长,进一步加强了对辖区内海洋开发工作的领导。东营市坚持以渔港村建设为依托,以港兴渔,修码头,疏河道,建渔村,兴海市,海洋开发速度位居全省前列。青岛市的国有企业"下海",与海洋科研院校、研究所"联姻",投资共同开发海洋科技产品,取得显著进展,向着建设青岛海洋产业城迈出了坚实的一步。

8. 重视"海上山东"建设的软科学研究和舆论导向

在开始实施建设"海上山东"战略同时,山东不仅重视"硬件"建设,通过增加科技投入加大了海洋开发的力度,而且抓了"海上山东"

建设的软科学研究工作，省经济研究中心、省社科院及有关院校组织了阵容强大的研究队伍，以建设"海上山东"的战略研究作为自己主要的研究课题。山东省的海洋区域经济研究有着良好的基础，经过近十几年的努力，已取得一大批有影响的成果，如山东省海洋开发规划（1986～2000年）、山东省海岸带社会经济综合研究、山东省海岛开发总体规划研究、山东海岛区域经济研究、中国海洋区域经济研究、山东港湾经济研究、山东省海洋功能区划等，对山东海洋经济的发展都起到了重要的指导作用。在此基础之上，山东省的海洋经济研究专家学者和有关海洋科技工作者近年来在"海上山东"建设的软科学研究上取得了一系列的成果，提出各种措施与对策供省委、省政府决策参考，使省委、省政府有关"海上山东"建设的一系列决策有了充分的科学依据。在软科学研究方面，蒋铁民、王诗成、徐质斌、宋继宝、刘洪滨、王铁民、郑培迎、龙芳湖等一批专家作出了贡献。此外，为了加强和促进对"科技兴海"工作的领导，省科委系统在青岛专设一个海洋处，负责全省海洋科研的规划、投放和成果推广。最近，山东社科院海洋经济所正协助青岛市、日照市与胶南市制定海洋产业发展规划。

作为"海上山东"一项重要的"软件"建设，在舆论导向方面，省市有关部门也进一步加强了领导，积极组织各种新闻媒介和利用各种舆论工具，大力宣传山东海洋资源的优势和"海上山东"建设广阔的发展前景，使建设"海上山东"的战略深入人心，基本形成了全社会关心山东省海洋经济发展的大气候、大环境，从而使建设"海上山东"成为沿海各级政府和广大群众的自觉行动。

1991年省委、省政府"海上山东"战略的确立，是山东经济和社会发展战略观的重大突破；实施7年以来，山东海洋经济迅猛发展，取得了引人瞩目的成就，沿海兄弟省市纷纷前来取经。但是，时至今日，尚无一个由政府行为制定的系统大规划，对今后工作缺乏新思路，管理体制尚未完全理顺，地方法规建设滞后，科技转化率不高，产业结构调整乏力，某些工作落在兄弟省市后面。亟须加大措施，使海洋开发与管理上一个新台阶。

最近，省政府将召开全省海洋工作会议，制定海洋经济发展的远景规划，推动海洋经济发展。

二 "海上山东"建设面临着严峻的挑战

随着人类对海洋开发认识的突飞猛进的发展,发展海洋经济已成为全球经济增长和国际竞争的一个重要领域,成为世界经济发展的热点和新趋势。在这一大背景下,我国沿海各省也都加大措施加快海洋经济发展步伐。因此"海上山东"建设面临着国内外两方面的挑战。

1. 来自全球海洋经济发展的挑战

联合国在1992年通过的《21世纪议程》,把海洋放在实现人类可持续发展的突出地位;1994年《联合国海洋法公约》正式生效。1996年第24届世界海洋和平大会,通过了《北京海洋宣言》。1994年召开的联合国第49届大会通过决议:1998年为国际海洋年,其主要议题是强调海洋在造就地球生命中所起的重要作用,突出海洋环境的整体性,加强国际合作。

在国际海洋年的巨大声势下,许多沿海国家都进一步增强海洋意识,把目光投向海洋,不断扩大开发海洋的内容、规模和深度,把开发海洋作为取得资源、拓展生存空间,推动社会和经济发展的战略重点。日本、韩国都在花费巨资进行海洋研究和考察。韩国的西海岸开发更加深入。许多国家围绕着国际海洋权益既合作又斗争。

在发展海洋经济的国际大背景下,我国政府十分重视开发海洋。国家海洋局编制的《中国海洋21世纪议程》,提出"九五"期间,海洋经济增长速度保持在11%~13%,高于全国经济平均发展速度,2000年海洋产业的产值达到3000亿元,并不断优化海洋产业结构,合理配置海洋资源。海洋交通运输业、海洋渔业、海洋油气工业、滨海旅游业和海水综合利用、海洋能源利用、海洋采矿等产业要有大的发展,同时进一步控制近岸环境污染,防止海洋污染,保护海洋生态环境,减轻海洋环境灾害,保证海洋环境质量与经济增长同步发展。

2. 来自沿海各省(市)加快海洋开发力度的挑战

近几年来,我国沿海地区围绕着做好开发海洋这篇大文章采取了许多措施,普遍把海洋经济发展列入地区战略,并加大投入,海洋开发与保护的形势咄咄逼人。

福建省把发展蓝色产业作为优化区域经济结构的一项重要内容,并作出了"建设海洋大省"的决策。省委书记陈明义提出:"建设海洋经济大省,要把海洋产业与陆域产业的发展有机地结合起来,做到两种资源一起开发,两种产业一起发展,实现海陆一体化。"福建省政府1997年出台了《关于加快培育和发展水产支柱产业的决定》。

浙江省把开发海洋建设"海上浙江"作为大战略开展了研究。决定设立海洋开发专用基金,用于发展海洋经济。"九五"期间计划筹措80亿元,加大海洋投入。

广东省组建了湛江海洋大学,加快人才培养。全省的海洋产业规划提出,要保持广东省海洋经济总量全国第一的位置,确定重点建设21个海洋开发项目,总投资200多亿元。省政府还出台了一系列优惠政策,加快海洋产业的发展。

辽宁省委、省政府提出"建设海上辽宁"事关全省经济发展大局,要求各地区、省直各涉海产业主管部门把"海上辽宁"建设任务层层分解,建立目标责任制,将目标完成情况作为考核领导班子任期内政绩的重要依据,并出台了"海上辽宁"建设规划。大连市建立了海洋开发专项基金,并在海洋企业发行债券,在争取成为上市公司和社会募集公司方面做了探索。

江苏省委制定了《关于加快发展海洋经济的若干意见》,提出了建设"海上苏东"的战略,海洋经济也呈现蓬勃发展的景象。

国际开发海洋的大背景和国内加快发展海洋经济的大举措,既是"海上山东"建设的严峻挑战,又是加快经验借鉴,努力赶超先进,推进"海上山东"建设上台阶的机遇。

三 加快"海上山东"建设展望

围绕着加快"海上山东"建设,省委、省政府、研究部门、省海洋与水产厅、省社科院海洋经济研究所等单位的领导、专家做了很多研究,并在一些基本方面提出了一些思路。主要内容如下:

遵循党的十五大精神,参照兄弟省市的成功经验,"海上山东"建设深入发展的基本思路应当是:贯彻可持续发展的基本方针,以建立海洋综合管理体制为主体,实行"科技兴海"、"市场活海"、"依法治海"三大战略,提高海洋经济在整个经济增长中的贡献率,实现海洋产业结构高级化,建设集约型的"海上山东"。有的领导提出,应当实施质量型战略,转变增长方式，推动海洋经济上台阶。

关于"海上山东"建设的目标，计划到2000年，海洋产业增加值占全省国内生产总值8%以上；到2010年，海洋产业增加值占国内生产总值10%以上，到2030年，海洋产业增加值占国内生产总值25%以上，使海洋产业成为我省国民经济的重要支柱。

围绕这些基本思路和目标，当前和今后一个时期，要着重抓好8件大事。

第一，调整"海上山东"目标形象，转变经济增长方式，建设集约型"海上山东"，即海洋经济强省。"海上山东"建设也要来一个思想解放运动，进一步更新观念，增强紧迫感、责任感。

第二，通过政府行为制定"海上山东"建设规划，克服工作指导上的随机性。对发展海洋经济的有关政策措施作出决定。"海上山东"建设应当有新的重大突破。

第三，加大"科技兴海"力度，优化海洋产业结构。"海上山东"迄今为止走的基本上是一条外延扩大的道路，其中很大程度上又是靠海洋渔业数量增长实现的。1995年海洋三次产业结构是：第一产业占58.57%；第二产业占20.44%；第三产业占20.99%。可见，山东海洋产业结构处于低级阶段水平。解决这个问题就是抓科技兴海，利用高新技术改造海洋传统产业，以培植新的经济增长点为核心，支持现代海洋支柱产业的拓展，技术含量高的新兴海洋产业增强了，第二、三产业的比重就上去了，因为真正能吸纳高技术的产业或新技术引导产生的产业还是海洋第二、三产业。这是一条"科技兴海"与产业调整相融合的路线。山东集中了全国近1/2的海洋科技人才，尤其是海洋高级人才，青岛号称中国的海洋科技教育城，这一条哪个沿海省市都比不了，是我们提出集约型"海上山东"目标模式的主要理由，也是我们与兄弟省市竞赛的真正资本。山东加大科技兴海力度的主要举措应包括3个要点：一是组建柔性的海洋科技产业开发院，把分属于15个系统的40多家海洋科研、教学机构捏成拳头，推上经济建设主战场。二是建立一批海洋科技孵化示范中心或基地，如省级或国家级的海洋生物工程、海洋药物、海洋防腐蚀防生物附着中心等，以解决科技成果从实验室走向大田的中介放大问题。三是推动组建科工贸一体化、产供销一条龙的海洋产业集团公司，使科技在同一组织载体中转化，消除科研所与企业的单位壁垒，提高科技转化率和技术进步贡献率。

第四，加紧建章立制，实现以法治海，强化海洋综合管理。

第五，加大"海上山东"宣传力度，扩大海洋对外开放。强化全省人民的海洋意识，掀起开发、保护、利用海洋的热潮。

第六，加大海洋投入，加速海洋开发。建立海洋开发专项基金。多渠道多元化筹措资金。争取海洋企业成为上市公司。

第七，加快海洋科技人才培养，推进海洋高新技术产业化步伐，加快海洋知识经济的发展。

第八，加快沿海区域经济的发展，海洋产业与陆域产业紧密结合，共同促进，优势互补，建设好沿海城市，搞好交通、通信等基础设施，使"海上山东"有更强有力的支撑和保证。

笔者
1998 年 8 月

第一章 "海上山东"建设的概念和意义

第一节 建设"海上山东"战略产生的背景

一 建设"海上山东"战略提出的背景

建设"海上山东"的概念,是在世界发达国家海洋开发浪潮波及我国,我国海洋开发进入新的历史时期这一大背景下产生的。

《联合国21世纪议程》指出,海洋是全球生命支持系统一个基本组成部分,也是一种有助于可持续发展的宝贵财富。随着陆地上资源短缺、人口膨胀、环境恶化的日益突出,越来越多的国家把开发利用海洋作为国家经济发展的新增长点和未来的出路之一。本世纪60年代,法国、美国、日本等发达国家率先开始了现代海洋开发,掀起了开发利用海洋的热潮。1990年第45届联合国大会敦促世界各国把开发利用海洋列入国家战略。1970年全世界主要海洋产业总产值为1100亿美元,1980年增加到3400亿美元。进入90年代以来,世界海洋经济增长速度明显加快,1995年已超过8000亿美元。预计到2000年世界海洋经济产值将达到30000亿~36000亿美元,占届时世界经济总产值的14%~16%,比80年代的同类比例高出4~5个百分点。我国自80年代以来海洋经济发展迅速,1990年海洋经济产值453亿元人民币,与1980年相比,10年翻了两番半。1995年已达到2200亿元。海洋区位优势带来的效益也日益被人们所重视。我国沿海地区土地面积占全国土地面积的13%,而创造的产值占全国总产值的60%,养育着全国40%的人口。沿海地带成为我国经济最活跃、最发达的经济带,成为实行外向型带动战略的主要地区。从80年代初,通过开展全国海岸带和海涂资源综合调查及开发试点,沿海地方各级政府陆续召开海洋工作会议进行部署。辽宁率先提出了建设"海上辽宁"；河北提出了"立体开发"海洋，建设沿海经济强省；天津提出加快海洋全面开发；江苏提出向海洋进军，向滩涂要宝；上海提出发挥临海区位优势，带动外向型经济发展；浙江提出海洋是未来的希望，制定了开发纲要；福建大念"山海经"，以海为媒，发展海峡两岸经济合作；广东提出扩大海洋经济规模，争取形成广东新优势；广西制订了"蓝色计划"；海南提出"以海兴岛，建设海洋大省"；山东最初也提出了"耕海牧渔"的口号。从世界到中国，从中央到地方，开发海洋国土的形势咄咄逼人。

二 "海上山东"战略确立的过程

1990年年末，新中国成立以来第一次大规模的海洋工作会议酝酿召开。为参加全国首届海洋工作会议，山东省人民政府组织了一个写作小组。写作小组参考辽宁省1986年就提出的建设"海上辽宁"的口号，结合山东的具体情况，起草了《开发保护海洋，建设海上山东》的稿子，由副省长马长贵在全国海洋工作会议上做了发言。1991年3月，李春亭副省长在一次讲话中提到，要把建设"海上山东"作为一个战略问题来对待。同年4月，山东省召开七届人大四次会议，赵志浩省长在政府工作报告中，提出建设"陆上一个山东，海上一个山东"的战略构想。1992年4月，山东省计划委员会、科学技术委员会、山东省社会科学院、山东省水产局等，在青岛、潍坊连续召开了"科技兴海"、"建设海上山东"两个大型工作研讨会议，有关专家学者，党政干部、企业界人士、兄弟省市代表百余人参加，会后都出版了论文集。同年7月，省政府派出副省长带队的调查组，赴各市地与当地领导座谈落实问题。同年12月，中共山东省委第五届七次会议召开，省委书记姜春云提出，"海上山东"建设要加快步伐，取得突破性进展，为21世纪完成战略奠定基础。1993年新年伊始，赵志浩省长在元旦祝词中，进一步把建设"海上山东"与开发黄河三角洲并列为山东两大跨世纪工程，即上升为通管全局的长期性大战略。当年八九月间，省政府又派出专门调查组到沿海7市地检查实施情况，认为该战略已经成为沿海各级政府和群众的自觉行动。

三 "海上山东"口号的社会影响

"海上山东"的口号提出以后，经历了宣传、理论探讨、规划实施三个阶段。少数有时代敏感性的人率先提出这个口号,多数人要经历一个从陌生、置疑到认可、重视的过程。所以 1991 年还主要是在知识界酝酿。但是在山东接受这个口号是有思想和经济基础的,所以很快就摆脱了提法是否具有科学性的争论,而进入"海上山东"是什么、怎样干的讨论。这便是 1992 年两次大型会议的主题。对于有些政府职能部门、沿海行政区来说,两次会议、尤其是工作组逐地调研、检查之后,开始把"海上山东"战略作为指导思想安排年度和长期规划。山东省科学委员会、计划委员会、水产局等都制定了本部门的专门规划。与此同时,地区性的"海上烟台"、"创建青岛海洋科技产业城"、"建设潍坊全国海洋化工基地"、"海上威海"、"海上日照"、"海上东营"等规划也纷纷出台。由于山东海岸线长度居全国第二,海洋渔业、海水制盐和盐化工、海洋科技人才数量等居全国首位,整体经济实力也在全国名列前茅,所以,一旦在"海上山东"的口号下动员起来,海洋经济发展很快呈现令人瞩目的势头。1990 年,全省主要海洋产业总产值为 150 亿元,1991 年达到 195 亿元,1992 年达到 275 亿元,1993 年达到 320 亿元,1994 年达到 400 亿元,1995 年达到 715.6 亿元,年均递增高达 38%,以 1990 年不变价计算,年均递增 24%,1995 年全省海洋水产品总量 305 万吨,沿海主要港口货物吞吐量 1.06 亿吨,接待海外游客 23 万人次,生产原盐 644 万吨,开采海上原油 210 万吨。这种蓬勃局面的出现不能完全归功于一个口号,但是,无疑是与这个口号的动员作用分不开的。当然,从总体上看,山东的"海上山东"建设仍处于初创时期,好像一篇大文章的开篇。一个具有思想解放意义的口号提出后,热一阵并不难,但要持久深入地发展,必须适时解决深层的问题。

"海上山东"概念的提出,不仅在山东具有思想解放的意义,对海洋开发实践产生了强大的震动作用,而且在全国沿海省市也引起了广泛的关注和反响。一些兄弟省市派人参加了山东的有关学术工作会议;派团考察了解"海上山东"建设情况;党和国家领导人对"海上山东"设想也很关注;中外记者团还对"海上山东"建设进行专题采访报道。1994 年国家科委、国家海洋局在山东召开了全国科技兴海现场经验交流会,肯定和推广了山东的经验。究其原因,除了山东作为海洋资源、海洋经济大省,其举措具有较大的影响力之外,主要是沿海省市都面临着同样的海洋开发课题，对其他省市的经验、教训特别珍视。相信"海上山东"建设的进程将继续对全国产生较大影响。

第二节 "海上山东"的内涵和外延

建设"海上山东"的提出已经 5 年多了，不但得到了广泛的认同，而且已进入实际运行和操作阶段。那么，能否说对它的理解已经终结了呢？不能。这是因为任何名词都只是概念的语言外壳，难免"仁者见仁，智者见智"；何况人们的认识也是随着客观实践的不断发展而逐步深化的。"海上山东"毕竟是一个反映跨世纪工程的大概念，提出来后并未经过充分探讨，有的同志自以为理解了，其实理解得并不全面、深刻。例如有的地区海洋渔业的产值超过了陆地种植业，便认为当地海上建设的任务完成了，反映出把"海上山东"建设看得过于简单。

鉴于该提法涉及山东经济社会发展一个大政策，对此概念的探究，并不是玩弄文字游戏，而是具有重要的实际意义。在某种程度上可以说，这是研究"海上山东"许多问题，理清"海上山东"建设总体思路的一个突破口。

那么，究竟什么是"海上山东"呢？所谓"海上山东"，含义很丰富，难以用几句简洁的话表达得很精辟。下面，我们从几个不同的侧面和角度进行讨论。

一 "海上山东"是山东需要而有权利用的另一类国土

"海上山东"是相对于"陆上山东"而言的，反映了我们国土观念一个突破性扩展——从单纯视陆地为国土，提高到了把海洋也视为国土的水平，从而大大开阔了人们的眼界。从这个意义上说，建设"海上山东"，就是要像开发陆地一样开发海洋国土。在人们传统的观念中，海洋除了没有所有权的公海部分，是属于沿海国家的，地方省市不管海。山东只有在陆上。讲山东的面积，只讲陆上的 15 万平方公里，而渤海、黄海是其北部、东部边缘。荣成市的成山头被称为"天尽头"，就是这种边缘意识的生动反映。

陆地上日益窘迫的资源、人口、环境压力，迫使人们到陆地之外去寻找出路。拿山东来说，1990年末全省人口已达8490万人，人均占有耕地仅0.08公顷。按该年的人口自然增长率11.25‰计算，到2020年，人口将达到2.4亿，加上工矿业发展和城镇化水平的提高，预测到那时人均占有耕地仅0.03公顷。这便是山东人忧心忡忡的所谓"2020年，人均半亩田"。再从淡水资源状况看，全省沿海省市人均占有量970立方米，仅占全国平均水平的21%，全区缺水年平均71亿立方米，枯水年缺91亿立方米。随着经济的进一步发展，预测到2000年供需矛盾将更加尖锐。此外，矿产、能源、原材料等，都面临着日益紧缺的严峻局面。现实迫使人们再也不能对于邻近大陆的广袤的海洋区域熟视无睹了。

1994年11月16日生效的《联合国海洋法公约》标志着人类在更大范围内和平利用海洋、全面管理海洋时代已经到来。《公约》建立起来的12海里领海制度、200海里专属经济区制度、大陆架制度以及国际海底区域及其资源是人类共同继承财产的原则，给沿海国家包括中国带来了新的机遇和挑战。中国的管辖海域大约有300万平方公里。其中，山东相邻海域约有13.6万平方公里，与陆上面积相差不多。粗略地计算，山东相邻近海中持续渔获量103万吨，石油地质储量3.6亿吨，地下岩盐5800万吨，地下卤水净储量74亿立方米。同样重要的是，海洋作为特殊的空间资源，还具有新资产空间布局和发展外向型经济的区位优势。

这样，内在的需要和外部世界海洋开发热潮的影响交互作用，终于爆出了"海上山东"的概念。从此，一个与陆域面积大体相当的近14万平方公里的海洋国土被发现了，这无异于找到了一个柳暗花明的新天地。

二 "海上山东"是建立在科学预见基础上的建设目标

山东海洋开发在全国虽然并不落后，但是1995年主要海洋产业增加值仅占全省国民收入的3%；即使考虑到现行统计指标没有充分反映海洋产业地位的缺陷，也无法改变经济发展水准的天平向陆地倾斜的格局。人口的分布也是如此，全省325个海岛，有常住居民的仅35个，总人口不过9.5万。所以从现状及今后相当一个时期看，所谓"海上山东"，实在是"盛名之下，其实难副"。对此现实我们必须有清醒的认识。

但是，提出"海上山东"也不是想入非非。从发展看，一个与"陆上山东"平起平坐或者相伯仲的"海上山东"是必然会到来的。原因就在于陆上日趋严重的生态危机提出了开辟新的生存空间的迫切要求；海洋潜藏的巨大财富和科学技术的不断进步使这种要求的实现成为可能。未来学家预测：海洋开发将成为第四次技术革命的重要内容，一个"海洋经济时代"正在到来。浙江、河北、福建、海南各省先后提出开展"蓝色革命"、"建设沿海经济强省"、"大念山海经"、"建设海洋大省"等反映新思维的口号。山东作为全国海洋资源大省提出"海上山东"，又何尝是独出心裁，故弄玄虚呢？从这个意义上说，建设"海上山东"，就是科学地预见将来要在海上再造一个山东。

"海上山东"启动年份的1990年，经济发展水平的基数是：山东省国民生产总值1307亿元人民币，主要海洋产业增加值约140亿元人民币。自1980年以来，山东省国民生产总值年递增率为13%，1990—1995年，海洋产业增加值年均递增20%，如果以这样的增长率推测，到2002年海洋产业产值将达1248亿元人民币，接近于提出"海上山东"这个口号以前的1990年全省国民生产总值，可以在特定意义说建成了——"陆上一个山东（1990年），海上一个山东（2002年）"。当然，大约需到21世纪中叶，海洋及与海洋相关的产业增加值才能达到GNP的1/6左右，即超过陆上任一单项产业，"海上山东"将撑起山东的小半边天。这就回答了关于"海上山东"名称当得起当不起的责难。好比给小孩子戴帽子，因为预见到孩子的个头要长，帽子大一些也是正常的。从现有海洋经济实力看，称"海上山东"名称或许是大了些，但从发展看，从科学预见看，名称是恰当的。

"凡事预则立。"19世纪以来，人类社会的发展已减少了自发性，进到了自觉创造历史的时代。"海上山东"作为一种新兴事业，历史包袱不重。利用这个"后起者优势"，一开始就将其置于人的自觉设计之中，有利于充分吸取陆上建设的经验、教训，消除今后实践中的自发性、盲目性，避免或减少海洋开发中的各种负面效应，或者说把海洋开发中可能出现的矛盾、失误，消灭在事前的主观设计之中。

三 "海上山东"是不同于陆上的有海洋特性的新山东

"海上山东"突出和强调的是山东的海上部分。海洋与大陆是不同质的地理单元，在自然地理环境、法律地位、资源种类、利用程度和开发技术手段等方面，都与陆地有极大差别。海洋首先表现为一个贯通全球的连续水体，有自己的物理、化学特性，有自己的运动形态，有独特的屏障、承载、媒介功能；潮汐、波浪、海流、温度等对周缘陆地与底土产生着强大的营力，是另一大类气候、土壤、生态系统的造就者。这些自然特性给人类的生产和生活带来一系列特殊影响。我们对此必须有足够的注意。从这个意义上说，建设"海上山东"就是要建设一个与"陆上山东"不同的山东。

原来陆上建设一些成功的经验运用到海上时，要进行变通，有些则迥然不同，需要创新。如海洋鱼群具有流动性、边界不确定性，这就很难套用陆上农业划分责任田和固定管理的办法，而必须更多地采用资源保护限制性措施，如划定禁渔区、禁渔期，规定网目规格等；设置冷藏船、储运船跟踪收购，设置渔政船、海监船易地游动管理。海洋为地表最低处，易受流体污染，污染物随水体扩散速度快，必须针对这些特点确定环境保护重点和措施。再如位于山东半岛尖端的荣成市和乳山市，互相毗邻，自然环境条件相近，80年代以前，农村的社会经济条件虽各有优势，但差距不大。而90年代以来，距离大幅度拉开，虽然均为山东经济发达县市，但发展程度大不相同，尤其是渔村经济实力差别较大。荣成号称"江北第一虎"，1992年社会总产值118.5亿元人民币，其中水产品总量61.1万吨，渔业收入27.5亿元人民币，列全国县级之首。产值过亿元人民币的农村渔业公司已达9个，乳山则相形见绌。原因是多方面的，但重要原因之一，是80年代初以家庭联产承包制为核心的农村改革大潮中，乳山照搬了内地农村的经验，而荣成根据海洋渔业生产有机构成高、协作规模大，渔村集体经济已有相当基础，有抗海上风险能力的特点，进行了变通，坚持走壮大集体经济的道路。乳山则不得不在走过一段弯路之后，再回过头来学习荣成的经验，从而贻误了宝贵的时间。从荣成的经验，乳山的教训中，我们应该举一反三，充分重视海洋开发的特点，把"海上山东"这块特殊国土建设好。

四 "海上山东"是海陆一体化的"大山东"的一部分

强调海洋的特殊性，并非意味着"海上山东"单指山东所能利用的海洋水域，而是指包括水域与相关陆域在内的整个海洋国土。这是因为海洋水域与大陆虽然是独立性比较强的不同质的生态系统，但是相互之间有密切联系。人类的社会经济活动是一个统一的整体。海洋开发要依赖陆域强大的经济与技术力量为后盾，陆地经济发展也要有海上资源的补充和海运等产业的支持才能变得格外强大。海岸带成为山东经济社会发展的"黄金地带"，占全省面积13.9%的沿海7市地，1990年人口占全省的21.3%，而社会总产值占36%，社会商品零售总额占32%，旅游创汇收入占85%，就是因为它是一个陆海交汇的复合生态系统，具有边缘效应优势。

"海上山东"的空间范围包括海岸带、陆域的近海地带、海域的近陆地带三个部分。这尚且是从近期和中期观看问题。如果站得更高，看得更远，"海上山东"还涉及远海带和与海洋产业链有关的远陆带，它不仅属于山东省，对相邻内陆省进出海洋、推动经济社会发展也有一定影响。

五　"海上山东"是建设"海外山东"的前进基地

"海上山东"建设的核心部位是沿海地带。早在20世纪80年代末，党中央就提出：沿海地区劳动力费用低，素质好，交通便利，基础设施好，技术开发力强，对外资有吸引力，要抓住时机，有部署地走向国际市场，大力发展外向型经济。建设"海上山东"战略与大力发展外向型经济战略在地理区位上恰恰是重合的。另外，海洋经济在本质上就是外向型经济。海洋渔业尤其是远洋渔业，作业场所是在公海或他国邻海，渔获物的一部或大部、甚至全部在就近国家市场上销售。沿海港口、海洋运输主要是面向海外的。其他临海产业也处于国际交换的前沿部位。所以"海上山东"建设顺理成章地属于山东对外开放战略的有机组成部分。在这个意义上说，建设"海上山东"，也就是发展山东外向型经济的基地和通道，开拓"海外山东"。

近几年，在沿海经济发展战略方针的指导下，山东半岛已经发展成为全国对外开放大格局中地位重要、层次较高的开放地带。有青岛、烟台2个国家级沿海对外开放城市，青岛、烟台、威海等多个经济技术开发区和高科技工业园，有龙口、烟台、威海、石岛、青岛、日照、岚山、蓬莱8个一级开放港口，它们像一排并列敞开的大门，构成山东千里开放长廊，"八五"期间，实际利用外资112亿美元，在外引内联、双向辐射中发挥着主导作用。但是，在我们的干部和群众当中，把建设"海上山东"与对外开放战略结合起来的意识还不鲜明。需要大力宣传灌输，自觉按外向模式构思"海上山东"的总体蓝图，建立起适应国际市场要求的运行机制。特别要大力吸引外资和技术来解决海洋开发建设中的问题。

六 "海上山东"建设是以经济为基础的全面的社会建设

说到"海上山东"，多数同志理解为它是一个经济概念。这不奇怪，因为在当前社会条件下，人类对海洋的利用，首先是出于经济上的需要，是为了开辟物质消费资料的新源泉，以弥补陆地物质资料的短缺，例如获得鱼、虾、蟹、贝、藻等水产品，盐和盐化工产品等；由于经济活动是人类最基本的社会实践活动，即便将来，"海上山东"建设仍然要以经济建设为基础。

但是。海洋的价值决不限于经济利用。它是日益拥挤的地球上最后一块处女地，具有居住、旅游、交往、运动、科研、文化……多种潜在功能。这些宝贵的功能，人类都应该充分利用。在这个意义上说，建设"海上山东"就是要进行全面的社会建设。在日本"海上城市"、"海底城市"的规划和试验，已进入国土整治的运作体系，出现了海上社会全面建设的雏形。

海岛作为人类向海洋进军的据点，其经济建设和社会发展的关系具有代表性和普遍意义。考察一下海岛社会与大陆社会的差别，不难发现，海岛除了产业结构比较单一之外，与大陆地区的最大差距，就在于社会基础设施落后，尤其是文化教育落后。除了个别条件优越的海岛外，大多数海岛上教育设施不足，劳动者的文化程度不高。这是因为长期以来，海岛经济发展的需求不足以刺激教育事业的发展。建立在水产品"物以稀为贵"基础上的高价富裕型经济，使一些学龄儿童丧失了学习文化的动力，单一的经济结构，以体力和经验为基础的捕捞生产活动，对高新科学技术的要求不足，特定的地理交通条件又给教育事业带来特殊的困难。另外，教育的目标、内容、结构、功能老化，反过来制约着经济水平的提高。这种状况不改变，科学技术这个第一生产力的储备，海岛产业结构的高级化，海岛经济发展的前景和后劲，都成了大问题。有些先进的海岛地区如长岛县，已经意识到这个问题的严重性，把提高文化，发展科学技术事业，摆到重要的议事日程。

我们在做"海上山东"远景规划时,必须跳出单纯经济观点的局限,不但要建设"海洋牧场"、"海上工厂",而且要建设"海上城市"、"海上花园"、海上科研、教育、文化中心等。在目前仍然以经济建设为主的时期,我们要为子孙后代的全面发展和幸福着想,给社会综合发展留下充足的余地,开辟光明广阔的发展前景。要坚持精神文明、物质文明一起抓的方针,防止做出为了暂时的经济利益招致海洋资源永久性破坏,严重污染海洋环境的蠢事。

七 "海上山东"建设是一项宏大的社会系统工程

山东省委、省政府提出建设"海上山东"战略之后,海洋水产、盐务、港务等职能部门都做出了建设"海上山东"、加快本行业发展的决定;沿海市地县也相应提出了建设"海上烟台"、"海上青岛"、"海上威海"、"海上东营"、"海上日照"、"海上荣成"等建设海上市地县的规划。从而使这一战略与地方、部门业务相结合,进入了更为具体的层次。

其实,这一战略的确立,对于社会各界不仅提出了加快发展的要求,更提出了协同配合的要求。在某种意义上说,"海上山东"是不能用分解任务的办法实现的。这是由于海洋资源具有分布垂直性、用途多宜性、归属模糊性的特点,各部门之间、各地区之间、部门与行政区之间在海洋开发中的关联性、干扰性、争夺性较之陆地更为突出,海洋生态环境更为脆弱。故有时片面强调本部门、本地区、本单位的发展,反而会加剧矛盾,形成内耗,削弱整体效益。

各海洋部门之间存在着干扰、损害和对立。例如,农业围垦与盐田、港口码头、砂矿开采、工业用地有对立,与滨海游憩、废水排放有干扰;近海捕捞与海上石油、港口码头、水下工程、废水排放有对立,与船舶交通、海洋能电站有干扰,如此等等,必须通过规划、管理加以协调。

在这个意义上说,建设"海上山东",是一个庞大的跨世纪的社会系统工程。必须在科学分工的同时,从宏观整体着眼,强调统筹安排。要兼顾近海捕捞与外海、远洋捕捞之间;捕捞与海水养殖之间,养殖业各不同的品种之间;渔业与港口、船舶修造、海上运输、制盐、海洋化工、海岸工程、海底石油天然气、滨海旅游业之间;海洋传统产业与新兴产业、未来产业之间，海洋第一产业与第二、第三产业之间；沿海各行政区之间；海岸带、海岛、海湾、河口三角洲、半岛等不同区域类型之间；海洋经济与大陆经济之间；经济发展与科研、教育、文化之间……错综复杂的立体网络关系。相应地，要强化综合协调管理机构，改善宏观管理机能和手段，以求得整体功能大于部分功能之和的效应。

八 "海上山东"是随能力增长延展边界的动态的山东

陆上山东除非遇到国家调整行政区划，其空间范围是由山脉、河流等地貌和人工设置的界标所标明固定的，是有充分法律保障的。而"海上山东"最大的不同是没有固定疆界。其范围是由习惯决定的，由现实开发控制能力决定的，并且，随着资源的流动和生产能力的提高而变动，不同产业中这种变动性也不同。虽然说山东相邻海域有 13.6 万平方公里，但是如果你无力利用便等于不属于你。反之，你能力大了，又何尝受这 13.6 万平方公里的限制呢？例如海水养殖业，最初限于便于人工控制的滩涂和浅海，现在已经有能力向较深海域发展。栉孔扇贝规模养殖的发源地长岛县，大力推广深水大流养殖新技术，使扇贝养殖由 15 米等深线的浅水域拓展到 50 米等深线的深水区。在稳定县内海域养殖开发的基础上，还与海阳、黄岛、日照等区县跨区域开发 200 公顷养殖区。又如山东捕捞渔业，过去长期集中在沿岸近海区作业，近年来已发展到其他省市邻近海域和外海，并且开始走向远洋。1995 年山东已拥有远洋渔轮 94 艘，进入贝劳、斯里兰卡、俄罗斯等国海域作业，年产量 8 万吨。至于海运业不受山东邻近海域乃至我国管辖海域局限，更是人所共知。它们都是山东海洋经济事业的组成部分，自然也属于"海上山东"建设的内容。从这个意义上说，建设"海上山东"，就是在不违背国家和国际有关法律、惯例的前提下，建设一个突破省界、借海延展的大山东。只要有条件，有能力，正所谓"海阔凭鱼跃"。

第三节 建设"海上山东"的重大意义

提出"海上山东"的概念，确立建设"海上山东"战略对于山东经济和社会的发展具有深远的影响和重要意义，在黄海、渤海沿岸，华东、华北地区乃至全国更大范围，也有重大影响。

一 陆海一体化的大山东构想得以形成，这是山东经济和社会发展战略观的重大突破

早在1988年，山东省战略研究委员会就组织省计划委员会、省社会科学院、省经济研究中心等，制定了本世纪的经济和社会发展战略。简要表述为："按照建设有中国特色的社会主义的总要求，从山东实际出发，坚持以提高经济效益为中心，实行东部开放，西部开发，科教兴鲁，协调发展的战略，建设开放的、经济繁荣、文化昌盛、科技发达的社会主义新山东，使山东走在全国前列。"此后，总的指导思想基本没有新说法，只是在东、西部关系的说法上逐步发展变化。先是在1990年年初，改为"东部开放，西部开发，东西结合，共同发展"，开始强调了东西部的联系。接着，同年年末的全国首届海洋工作会议上，提出了"海上山东"的新概念，强调了"以海带陆，海陆共进，加速全省经济的腾飞"，明确揭示了东西部关系的内涵为海陆关系。1991年4月的省人民代表大会上，正式把"海上山东"建设提到了全省经济社会发展战略的高度。在各项工作中不忘记或者重视海洋开发，这是一种观念层次；提出与"陆上山东"并列的另一个"海上山东"，这是更高的层次。前者到后者是质的飞跃。这飞跃在于它不再仅是一项日常工作，而是一种新思维，是一种新的总体战略观，是通管全局、长期起作用的指导思想。全省各级领导有了这种思想，看问题，想事情，立足点就不同了。就会把海洋看成是山东人民另一个更富发展前景的生存空间，自觉开发、建设；就会把海洋开发与陆地经济发展看成一个整体，大到制定全省经济社会战略、方针、规划，小到一个工程的立项、实施，都注意关照海、陆经济的协调发展。这样，山东经济社会体系就成为一个陆海一体化的复合生态体系。陆海经济交互作用，可大大增强山东自身实力，进而与周边省份发生物资、资金、技术、信息的交流，并进入国际经济大循环，形成了包括"海上山东"在内的陆海一体化"大山东"的发展运行模式。在省内，陆域和海域在经济建设、环境建设、社会建设各方面，通过产品、技术、资金、信息的交流，互相促进，融为一体。在省外，通过市场渠道，与国内渤、黄海区域乃至华东、华北、中原地区相互交流和影响；与国外东北亚经济圈乃至环太平洋经济圈相互交流和影响。

二 向生产深度、广度大力度地进军，为超常规、跳跃式增强山东实力开辟了新的出路

山东深嵌入渤、黄两海，面对辽东半岛和朝鲜半岛，地理位置优越；地理类型多样，气候温和，自然资源丰富；是古文化发祥地之一，历史悠久，劳动力素质比较高。农产品中的粮食、棉花、花生、苹果、梨、枣及海洋水产品等均在全国占有重要地位。矿产资源分布广泛，品多质优，煤炭、石油、天然气等能源矿产品种齐全，储量巨大，黄金、铜等金属矿，金刚石、石墨、膨润土等非金属矿也在全国占有重要位置。总之，山东发展经济有比较大的优势。但党的十一届三中全会前的30年，起点低（1949年社会生产总值仅32.2亿元人民币），直到1978年社会生产总值只有445亿元人民币，年递增率仅9%。为什么自然条件这么好，社会经济发展不理想？除了十年动乱干扰之外，在片面的战略思想影响下，弱化海洋开发建设是一个重要原因。

山东海岸线长达3100多公里，居全国第二位，海岸兼有山地港湾、粉沙淤泥质、基岩砂质多种类型。相邻海域13.6万平方公里，近岸岛屿326个，浅海滩涂面积132万公顷，河口三角洲土地资源77.4万公顷。海洋生物资源、矿产资源、化学资源、交通资源、旅游资源等种类齐全，丰度和品质在全国均居上乘。据粗略统计，有各种鱼类300种，其中近海140种，主要经济鱼类30种；虾蟹类100种，有经济价值的20种；贝类100种，经济贝类30种；藻类100种，经济藻类50种。沿海7市地发现矿物101种，其中探明储量53种，居全国前三位的有9种，石油和地下卤水储量巨大。山东沿岸港湾200多处，离岸2公里以内、自然水深10米以上的深水港址就有51处。10~20吨级泊位港址20处，居全国第一位。还有丰富多彩、分区成片、独具海洋特色的旅游资源，以及潮汐等海洋能源。说明山东海洋资源优势转化为经济优势的潜力是很大的。自1984年开始，山东省委、省政府连续4次召开海岛工作会议，标志着山东走上了重视海洋开发的轨道。也正是从这一年，全省社会总产值首次突破千亿元大关。1980~1990年年递增率为13.3%。提出建设"海上山东"战略以来的海洋经济飞速发展，去年海洋产业总产值已突破500亿元。据预测，到2000年山东人口将达

9400万，人均占有耕地仅剩0.0667公顷，陆地上经济发展的回旋余地将越来越小。在此严峻形势下，要实现超常规发展，必须有重大新措施。而把山东海洋资源这一大块开发好是大有可为的。

三 强化了山东外向型经济主体地位，使山东走向世界建设前沿基地和通道

山东沿海地区位置突出，经济基础雄厚，海洋科技力量集中，是全省发展外向型经济的核心地带。现拥有沿海对外开放城市2个，一级开放港口8个，经济技术开发区和高科技工业园多个。开放据点之密集，在全国也屈指可数。近年来，沿海7市地的出口商品收购总额、实际利用外资、旅游创汇收入等外向型经济指标，均在全省占最大比重，远远超过其土地面积所占比例。例如，1994年占全省土地面积13.9%的沿海7市地，出口商品收购总值255.8万元，占全省的70.2%；合同利用外资39.5万美元，占全省72.9%；实际利用外资19万美元，占全省73.2%；接待海外游客23万人次，占全省71.9%。

此外，内陆市地的对外经济技术交流，也主要通过沿海的港口、船运来进行。通过实施"海上山东"建设战略，把沿海经济实力搞上去，把社会基础设施和服务体系搞上去，无疑会使山东外向型经济上一个大台阶。

四 辟建宏伟壮丽的齐鲁"海上花园"，为山东居民扩展生存发展的新天地

人们在物质需要得到基本满足后，就会更加重视精神文化和全面发展的需要。"海上山东"提供的不仅是另一大类经济资源和生产场所，而且是崭新的、具有多种潜在利用功能的"生存发展空间"。例如黄河三角洲以年均23平方公里的速度淤长，290个无人岛有可能成为居民新的家园，将来随着科学技术的进步，人工岛、人造海上城市也会出现。跟陆地上已经经历了长期的自发利用不同，海洋国土的大规模利用，一开始就具有浓厚的自觉设计色彩。正如一张白纸，好写最新最美的文字，好画最新最美的图画。可以充分汲取陆地上建设的经验和教训，制定高起点、高标准的规划蓝图，逐步把山东海域建设成为交通便利、居住舒适、风景优美、文化昌盛、别具特色的超大型花园。为拥挤的陆地居民，提供一个诱人的居住迁徙地。

第二章 "海上山东"建设的思路和原则

第一节 建设"海上山东"的指导思想

海洋经济是国民经济的重要组成部分，对山东这种农业大省，人多地少，人均占有耕地面积不足的基本省情来说，开辟经济发展新领域，发展海洋经济，开发新资源，形成新产业，意义重大。为此，必须充分认识海洋经济在迎接新世纪、建设"海上山东"中肩负的重大使命，切实认清形势任务，加大工作力度，迎接"海上山东"建设新时期的到来。

世纪之交，纵观国内外海洋经济形势，应该说外有压力，内有挑战，形势逼人。从国际大环境看，世界各国竞相开发海洋资源，使"海上山东"建设面临巨大压力。资源是经济发展的重要条件，而海洋是地球上唯一对世界各国开放的资源宝库。本世纪末争夺资源的热点已经开始转向海洋，特别是《联合国海洋法公约》生效以来，国家间争夺与捍卫海洋国土权益的斗争日益激烈。日本和韩国的独（竹）岛之争，日本在钓鱼岛问题上的无理纠缠等有愈演愈烈之势，远洋渔业入渔的条件越来越苛刻，都对维护海洋权益，发展海洋经济形成巨大的压力。从国内看，沿海各省市海洋经济迅速发展，使山东面临严峻的挑战。据国家海洋局统计年报，1996年，广东省已经以高于山东137亿元的优势居海洋经济产值榜首。辽宁、江苏和福建等省也相继确定了发展海洋经济的战略构想，"海上辽宁"、"海上苏东"、"海上福建"等工程正在启动。山东水产业第一的地位也正受到越来越大的挑战。从山东省自身看，"海上山东"建设海洋产业的发展还没有发挥好海洋优势，还远不适应国民经济和社会发展的要求，存在许多问题：一是海洋开发的层次较低，产业技术水平不高，深加工、精加工产品少，附加值低。二是海洋开发投入不足，利用社会资金开发海洋产业的机制尚未形成，一些重大的开发项目和基础设施建设缺乏资金来源。三是海洋开发与海洋保护矛盾突出，忽视生态资源保护和污染环境等问题比较严重。四是科研成果迅速转化为现实生产力的有效机制尚未形成，海洋科技优势尚未转化为经济优势。解决这些问题是加快"海上山东"建设的当务之急。

基于上述形势分析，建设"海上山东"的指导思想是：以邓小平同志建设有中国特色的社会主义理论为指导，以实现两个根本转变为目标，全面实施海洋经济战略，以市场为导向，以科技为先导，坚持陆海一体，开发与保护并重，远近结合，统筹规划，突出重点，立体开发。大力发展海洋渔业、海洋交通运输业、海洋油气及化工业、滨海旅游业、船舶制造业和海洋能利用，加速海洋经济专业化、产业化、集约化、现代化，推动海洋经济大省向海洋经济强省跨越。

第二节　建设"海上山东"的策略性思路

建设"海上山东"是一项跨世纪的战略任务，是一项复杂的系统工程。针对这项任务难度大、投资多、技术要求高、产业结构复杂、横向联系密切等特点，必须有明确的策略和思路，制定各种政策、措施，以保证这一战略任务的顺利实施。

一　坚持海陆并重的方针

山东人多地少，目前人均0.08公顷耕地，到2000年可能下降到人均0.0667公顷，要解决吃饭和就业问题，必须不断开辟新的领域。根据1994年11月生效的《联合国海洋法公约》的规定，山东省的海洋国土约有13.6万平方公里。其中陆上土地丘陵约5.5万平方公里，平原盆地约9.5万平方公里，全省海陆国土大体是"五水、两山、三分田"，海洋是山东国土的"半壁江山"，是山东经济可持续发展的重要领域。但目前山东8700多万人口中尚有一大部分不了解海洋，甚至从来见过海洋，重陆轻海的思想还很严重，这对开发山东海洋资源，加强海洋管理，发展海洋经济很不利。因此，加强全民海洋国土意识，增强海洋国土观念是十分重要的,是建设好"海上山东"的基本条件。

建设"海上山东"要抓全民海洋意识。通过社会舆论、新闻、影视、学校教育,造成一种声势,唤起人们对海洋的重视和保护,特别是要引起领导部门的关注。同时,还要把有助于提高海洋科学文化素质的内容列入中小学教学大纲,让青少年从小受到海洋知识的启蒙和熏陶。增强海洋意识,就是要使人们知道,海洋是资源的宝库,是流动的田地,人们利用海洋的前景非常广阔。人类重新走向海洋是合乎规律的发展。同时,必须落实陆海并重的指导方针。即由单纯开发陆地转变到陆海整体开发上来,并从管理体制、政策法规、投资方向和领导工作重点上都体现出来。

海洋开发的特点是高风险、高投入、高产出。为了保证"海上山东"建设的顺利进行,建议设立"海上山东"建设专项基金,具体设想是:①省和沿海市地县都应增加用于海洋开发的投资,现有的各种专项基金应拿出一定比例,专项用于海洋产业的开发,各项投资(省基本建设投资、技术改造投资、财政支农周转金等)也应安排一定数量,扶持海洋开发重要项目。②实行信贷倾斜,适当增加信贷规模。③大力推进股份合作制,吸纳社会资金。④广泛吸引外资。当前要重点抓好亚洲开发银行贷款的"两岛一湾"水产开发项目,把资金用好用活。近海主要是兴建20万公顷的水产对外招商开发区。并要采取措施,加快步伐,更大规模地引进国际金融组织、外国政府贷款,以及国外大商社、大财团的资金。对传统海洋产业改造、新兴产业培育和高新技术开发中的重点项目和重点资源开发基地建设实行集中投入,使其成为"海上山东"建设的龙头,带动全省海洋经济的发展。

要进一步完善海洋开发政策。具体想法是:①把全省所有沿海地区都列入沿海经济开放区。②为保持我省渔船在共有渔场的竞争力,搞好海洋资源管理,建议省里安排外海远洋渔船柴油补贴(在同一渔场作业的日本、韩国渔船均实行补贴,我省渔船全部使用议价柴油)。③减轻海洋企业税赋,培养企业自我积累的能力;设立海洋资源开发风险基金制度,由地方财政预支部分垫底资金,企业按总投入额度的比例提取,以补偿企业因不可抗力因素造成损失;属于海洋资源新开发项目,三年内免征资源使用费,从有效益年开征所得税和特产税,五年内减半征收。④海洋科研单位组织结构应改变目前部门分割、各自为战的状态,加强协作攻关,建立新的激励机制，加大海洋应用基础研究和高新技术研究的投入。

二 坚持优化资源配置、合理搭配产业布局的方针

山东省海岸线长，各个岸段的资源特点和经济基础各不相同，在发展海洋产业时，要从实际出发，合理布局。

按照全省国民经济、社会发展的总体规划要求，山东省海洋产业布局的总体构想是：以沿海港口城市为中心，以海岸带为轴线，建成渤海沿岸海洋资源综合开发和黄海沿岸经济技术开发两大产业带，根据海岛的地理位置和资源特点，重点建设六大岛群，积极参与外海和国际区域资源的开发，形成由岸至岛，由近海到远洋，由浅海到深海的多层次立体开发的新格局。

渤海沿岸资源开发带重点发展油气、石化、原盐、盐化工和海水增养殖业。黄河三角洲沿岸区段，以东营、滨州港为依托，重点发展浅海石油开采、石油化工、海水养殖业，搞好滨州港扩建，使其成为我省北部沿海重要的出海口。莱州湾沿岸区段，以大家洼和羊角沟港为依托，重点发展原盐、盐化工、滩涂养殖及海洋捕捞业。莱州龙口沿岸区段，以龙口港为依托，实行养殖、捕捞、加工综合开发；进一步搞好金矿等矿产开发，兴建"黄金海岸带"，促进海洋产业逐步向高层次发展。

黄海沿岸经济技术开发带要充分发挥产业集中、技术先进、科技发达的优势，集中力量向高层次发展。胶东沿岸区段，要发挥整体辐射功能，依托烟台经济技术开发区和威海高新技术开发区，大力发展外向型经济，积极发展远洋捕捞和海珍品、海藻养殖，发展海洋旅游业，开发海洋能源。半岛东南沿岸区段要充分发挥青岛市的龙头作用，依托经济技术开发区，积极发展高附加值产品，全方位，多元化开拓国际市场。加快青岛港建设，使其成为我国重要的贸易口岸。大力发展滨海旅游业，争取使青岛建成国际十大旅游城市之一。充分发挥海洋科研力量雄厚的优势，建成全国重要的海洋科研和海洋开发基地。半岛南岸区段，积极发展渔业、原材料工业及相关产业，重点建设日照港，使其成为亚欧大陆桥的东方桥头堡。

海岛开发要按照因岛制宜、岛陆结合、发挥优势、重点突破的原则，划分岛群开发序列。近期先开发有人岛，积极创造条件，加快无人岛的资

源考察和开发步伐。全省海岛重点开发渤海南岸套尔河口群岛、长岛系列群岛、黄海沿岸系列群岛、胶州湾系列群岛和日照前三岛等五大岛群，大力发展捕捞业、养殖业、水产品深加工业和海岛旅游业。经过10年的努力，把我省海岛建成海洋渔业基地、水产增养殖基地、旅游胜地和巩固的国防前哨。

三 坚持不断调整海洋产业结构的方针

山东省海洋产业结构不够合理，具体表现在海洋第一产业发展很快，特别是海洋渔业有了突飞猛进的发展，1996年全省海洋渔业产值426亿元，居全国首位，成为山东海洋经济的支柱产业；而海洋第二、第三产业发展缓慢。在产业内部，原料型产业多，高附加值产业少。

基于此，海洋产业结构调整要以市场为导向，依靠科技进步和外向带动，建立起合理的海洋产业结构体系。在发展传统海洋产业的同时，要大力发展新兴的高科技海洋产业。传统的海洋产业，主要发展海洋渔业、海洋交通运输、滨海旅游、盐业及盐化工。山东省海洋渔业基础较好，是山东海洋经济的主体，海洋渔业不仅自身效益高，还可带动建筑、建材、造船、机械、电子、仪表、化工、仪器、饲料等一大批产业的发展，可安排大量富余劳力就业，促进沿海城镇建设，具有良好的社会效益。要调整水产业产业结构，实现从捕捞自然资源为主向增殖养殖为主，从内向型渔业向外向型渔业，从粗放粗养向高产优质高效渔业的战略转变。依法控制近海渔船增长速度，积极开发远洋渔场；大力推广综合养殖，建立活鱼、活贝等鲜活水产品出口基地；积极组建跨国水产公司，建立海外渔业基地。海洋交通运输业要建立以青岛港为龙头的合理布局的山东半岛港群带，建设好山东北部沿岸的滨州、东营两个大港，改变山东渤海沿岸港口设施薄弱、交通落后的局面，带动黄河三角洲地区经济的发展。滨海旅游业要充分利用青岛、烟台、威海丰富的人文和自然景观，发展外向型旅游业。发展滨海旅游业，关键是扩大服务项目，增强服务功能，改善服务质量，应根据条件，开办海上综合娱乐场所，发展划船、冲浪、游钓、水下观光等项目，吸引外资建设一批旅游度假村、疗养区、娱乐区等；盐业和盐化工业要充分利用莱州湾沿岸丰富的卤水资源，研究卤水中多种元素综合提取的新技术，不断开发新产品。

新兴海洋产业，主要是高科技密集型、产品附加值高的海洋产业，包括海洋生物工程产业、海洋药物产业、海洋精细化工、滨海旅游、海水综合利用等。海洋生物工程产业，主要是运用基因工程、细胞工程等高新技术来改革传统的海洋生物培育、育种方式，培育出一大批生长快、质量好、抗病能力强的新品种，实现海洋的"农牧化"；海洋药物产业则充分开发丰富的有药用价值的海洋动植物资源，用高科技手段生产出一批药效高、防病治病功效显著、副作用小的海洋药物和含有多种微量元素、营养丰富的保健食品。

四 坚持科技兴海的方针

要把海洋资源变为现实的社会财富，必须借助先进的科学技术。因此，加快"海上山东"建设，必须依靠科技进步，实施"科教兴海"。一要抓好高新技术攻关。重点研究开发海洋生物技术、海洋深潜技术、海洋环境技术和海洋信息技术，为海洋经济的发展提供基础理论和应用理论。二要加快海洋科技成果的推广应用。要通过建立海洋高科技产业化示范工程等形式，为科技成果商品化、市场化、产业化创造条件。要鼓励科研单位、高等院校以多种形式投身海洋经济主战场，建立海洋工程技术开发中心、海洋生物应用研究中心和中心试验基地，为科技成果转化架起桥梁。要加快科技成果在海洋产业中的推广应用，建立和完善海洋科技推广网络，首先把海洋水产科技推广网络建立起来，重点搞好海珍品良种选育，鱼、虾、贝类病害防治，海珍品人工放流增殖等15项海洋水产技术推广应用。三要加快海洋科技体制改革。打破传统模式，通过专利转让、课题招标和关键技术联合攻关等形式，动员社会科研力量投身到"海上山东"建设，集中力量搞好海洋科技攻关。充分发挥海洋科研院所的"龙头"作用，鼓励涉海部门和海洋产业兴办科技所、发展民办科研机构，加强涉海科研院所配合与协作，形成多人次、多渠道、多种经济成分相互竞争，共同搞好科技技术推广，加速产业化的进程。

五 坚持不断深化海洋经济体制改革的方针

相对于陆域经济而言，海洋产业长期处于各自为战、分散经营、自发发展的状态，普遍存在商品化、市场化程度不高，集约化经营不够的问题。因此,海洋经济体制改革的重点:一是改革管理体制。要坚持统一规划、分头组织、行业开发、归口负责、分级落实的原则,把建设"海上山东"纳入国民经济和社会发展的总体规划,使各有关部门真正形成合力。为加强综合协调力度,省政府成立"海上山东"建设综合协调小组,重点协调行业和区域开发建设的重大问题,为"海上山东"建设提供组织保障。沿海各市政府也要加强领导,理顺海洋与水产部门之间的关系,从组织机构上解决政出多门、互相掣肘、互相扯皮的问题。二是改革管理方式,坚持以法治海。要严格执行《联合国海洋法公约》的各项条款,尊重邻国的海洋权益,避免国际间的海洋渔业纠纷;要加快海洋地方立法工作,抓紧制定海洋资源管理综合性地方法规和行政规章,促进海洋法制建设,从法制上理顺海洋各产业之间的关系;要加强海洋执法队伍建设,充实力量,改善装备,加强培训,严明纪律,提高素质,做到有法必依,执法必严,违法必究;要加强海洋法制宣传,增强人们的海洋法制意识。三是抓好海洋企业改革。在搞好试点的基础上,逐步建立现代企业制度;加大海洋企业资产优化重组的工作力度,积极发展企业联合、兼并,组建大型企业集团,大力发展以渔民投资入股为主的海洋股份制或股份合作制企业,形成规模经济;完善海洋企业资产监督、管理、运营体系,选择优势企业在海内外上市,筹集发展资金;培育和规范海洋生产要素市场,发挥市场机制的作用。

六　坚持以外促内的方针

当今世界经济呈现一体化趋势,发达国家向发展中国家输出资本和技术,发展中国家向发达国家出让资源和市场,通过优势互补和互利互惠,推动生产要素跨国界、跨地域优化组合。山东省沿岸港口众多,交通方便,与韩国、日本等有较好的地缘优势,发展外向型海洋经济有着良好的条件。我国即将恢复在关贸总协定中的缔约国地位,这对山东省发展外向型海洋经济,既是一次历史性的机遇,也是一次挑战,只要把握机遇,趋利避害,山东省的外向型海洋经济必将有一个较大的发展。

一是要强化海洋产业对外宣传,发挥海洋水产、海洋交通、滨海旅游与世界联系密切优势,通过各种方式和途径宣传山东海洋资源优势、海洋产业优势、社会经济基础优势、科技优势和劳动力优势,让世界了解

"海上山东"。

二是要以发展外向型海洋产业为突破口，主动与国际市场接轨，不断提高产业外向度。一方面要加快海洋产业出口创汇基地建设，推进集约化规模经营，建设一批起点高、质量好、货源充足的出口商品基地，逐步走出一条产供销一条龙、内外贸相结合的新路子。另一方面要坚持走出去，走向世界海洋，到海外办企业，尤其是在发展远洋捕捞、加工业方面，开发资源，扩大创汇。

三是要建立国际海洋经济信息网络，充分了解国际市场行情。"复关"后，海洋经济企业直接面对国际市场，要在国际竞争中立于不败之地，必须尽快建立全方位多层次的国际海洋经济信息网络，通过利用国际商务信息网络，建立和保持与国外经销商、代理商的信息交换，兴办合资企业，参加国际性交易会和博览会等多种形式活动，了解瞬息万变的国际市场行情。

四是要不断提高企业技术和管理水平，提高产品的国际竞争能力。山东省的海洋产品质量与先进国家相比尚有很大差距，企业研制开发新产品的能力较低，海洋产品的生产成本偏高，管理水平跟不上。"复关"后，按照关贸总协定的要求，我国要实行关税减让和市场准入。海洋经济企业如不积极采用新技术，提高企业管理水平和产品质量，不但不能挤进国际市场，原先占据的国内市场也将消失。因此，必须积极迎接国际竞争的挑战，变压力为动力，加速企业技术改造，增强新产品研制开发能力，提高企业管理水平，降低生产成本，提高产品质量。

七　坚持以法治海的方针

进入 20 世纪 90 年代，在全球性人口、资源、环境三大危机的巨大压力下，世界各国愈来愈重视海洋开发，围绕海洋权益的争夺日趋激烈。在此国际新形势下，为维护我国海洋权益，应抓紧建立健全各项海洋法律法规。国家已出台的有关海洋法律法规，应结合本地实际，制定实施细则和补充规定；海洋经济发展迫切需要的法规，国家尚未颁发。这要在充分调查研究的基础上，通过地方立法予以规范，形成比较完整的法律体系，做到各级海洋行政管理部门有法可依。海洋开发是在立体环境中进行的，行业之间有矛盾是难免的。沿海各级政府都必须有专门机构对海洋开发实施宏观协调管理，逐步形成中央与地方相结合、综合管理和行业管理相结合的管理体制。同时，建立一支多职能的海上执法队伍，有船舶、飞机等物资装备，有警察权力，有一定的武装能力，这些职能最好统于一体，以提高效能。

海洋不仅造福人类，也给人类带来一些灾难，如台风、海啸、厄尔尼诺现象、海平面上升等。要加强海洋监测和防灾减灾系统建设、减轻海洋灾害。要高度重视治理海洋污染。目前，山东沿海局部海区污染已十分严重，预防工作，超前研究各海区的自净能力，合理规划和调整海上倾废区。加强对临海城市和临海工业、海上船舶和油田等重点污染源和严重污染海区的监测，重点突破近海溢油防控技术和环境恢复技术，尽快建立海洋溢油应急处理系统。加强濒危海洋生物保护区建设，分期分批治理污染海区。

第三节　建设"海上山东"应遵循的原则

建设"海上山东"这一宏伟的跨世纪工程是 21 世纪山东最重要的新的经济增长点，是山东人民生存与发展的新空间，是解决东西部大批劳力就业的好途径，是富裕山东人民的大举措，是功在当代，利在千秋的大事。同时"海上山东"建设也是一项复杂的系统工程，涉及面广，需要全社会的共同努力，任务艰巨，甚至需几代人的奋斗才能完全实现。

为此，必须解放思想，树立新的国土观念，坚持陆海一体，开发与保护并重、优势互补、共同发展思路，必须加强领导，统一规划、协调一致，形成合力，共同搞好"海上山东"建设，必须深化改革，扩大开放，加快经济体制和经济增长方式转变，坚持生产要素市场化、投资立体多元化，面向社会建设海洋，加快海洋经济同国际市场和国际惯例接轨，必须依靠科学进步，用高新技术改造海洋经济的传统产业，使其增加新的活力，发展海洋高新技术产业，培育新的经济增长点，利用先进技术对海洋资源进行精深加工，提高科技含量和附加值；以法管海，建立海洋经济新秩序。

具体遵循的原则有如下几项：

1. 可持续发展原则

要把贯彻海洋开发和保护同步发展作为海洋开发整治的重要指导思想。海洋产业要逐步转变生产方式，发展清洁生产，正确处理好质和量的关系，速度和效益的关系，短期利益和长期利益的关系，在开发利用的同时要注意节约并保护资源。要在充分利用海洋资源的同时，重视海洋资源和生态环境保护。海洋开发要与环境保护、资源保护同步规划、同步实施、同步发展，确保海洋环境健康和资源永续利用，使海洋环境和资源保护工作与海洋开发及沿海地区经济协调发展。

2. 陆海一体原则

海洋资源是复合的、多层次的，只有合理地综合开发才能产生最大效益。沿海地带人口密度大，临海产业带在逐步形成和发展，海洋开发要以海岸带为基地，把海岸带的区位和经济优势与海洋资源开发相结合，向相邻的广大海域和邻近海域两个侧面辐射，综合开发建设海岸带，以促进海洋开发向深度和广度发展。沿海地区应结合当地实际，选择一些地区进行陆地区域和海洋区域一体化开发试验，为逐步建设不同类型的海岸带综合开发区积累经验。

3. 经济效益原则

为适应社会主义市场经济发展，必须在重视资源综合开发利用的同时，大力发展海产品加工业，提高产品的技术附加值，使海洋开发由资源开发型转变为资源开发与产品加工相结合型，由资源产品经济转向资源商品经济，提高海洋开发综合效益。要逐步建立以市场为导向的海洋开发体系，形成以海洋渔业和海洋交通运输业为主导，海洋渔业、海洋运输业、海洋油气开发、滨海旅游业为支柱的海洋产业结构。

4. 科技兴海原则

现代海洋开发是建立在最新科技成就基础之上的。要以国家产业政策、技术政策、国家中长期科技发展纲要为依据，结合海洋开发和海洋科技自身发展的需要，超前发展海洋开发新技术，并使技术商品化、市场化，加速海洋产业的技术改造，促进新兴海洋产业发展，使海洋开发由劳动密集型向技术密集型产业转变，为开发海洋资源，保护海洋生态环境、减轻海洋灾害、维护海洋权益提供科学技术支撑。

5. 开发与开放相结合的原则

海洋开发要和我国的对外开放政策结合起来，抓住有利时机，扩大对外开放，通过广泛探讨合资、合作、补偿贸易及以市场交换技术等方式，大规模地引进国外资金，改造海洋传统产业、培育海洋新兴产业和开发海洋高新技术。

第三章 "海上山东"建设的条件和现状

第一节 "海上山东"建设的有利条件和制约因素

山东省委、省政府之所以提出建设"海上山东"的伟大战略,正是基于全面考虑了山东省海洋开发的优势与劣势,而作出的战略选择。实际上,任何一个地区的发展,都必须立足于本地发展的有利因素和不利因素,从中找到突破口,扬长避短。那么,山东省的优势表现在哪些方面呢?

一 广袤的海陆空间

山东省位于亚欧大陆的东岸,太平洋的西岸,属中国东部沿海,北靠我国的内海——渤海,东与东南临黄海。山东半岛是中国面积最大的半岛。这种独特的海陆相对位置使山东省除具有15万平方公里的陆域面积外,还拥有与陆域面积相当的蓝色国土。因为它是半岛形状,向海伸出,这就使山东省拥有了长达3121.95公里的海岸线,居全国第二位。另外山东省有海岛326个,总面积136平方公里,岛屿岸线737公里,其海岸线长度(包括岛屿岸线)与陆域面积(包括海岛面积)之比系数为2.43(公里/每百平方公里),而我国公布的全国海岸线系数仅为0.188(公里/每百平方公里),山东省的这一系数居全国前列。

海域与陆域面积之大对山东省的影响集中于区域的气候等自然方面。在山东省沿海地区,因其东受海洋作用,西遭大陆控制,因而鲁北、鲁西、鲁中、鲁南地区的气候存在着明显的差异。以山东省最东端的成山头和鲁西北内陆城市德州相比,两地纬度基本一致,前者濒临海洋,气候温暖湿润,年均气温11.2℃,气温年均较差仅25.2℃,年降水量在710毫米以上；而德州距海较远，完全系大陆性气候，年均气温13℃，气温年较差达31.2℃，年降水量仅593毫米。沿海地区这种优越的气候条件在农业上得到充分的体现，使该地区五谷丰登，农业发达。

同时，山东半岛向海中伸出的构造还缩短了与我国东部邻国的距离。山东半岛与朝鲜半岛及日本隔海相望；与我国的辽东半岛仅隔狭窄的渤海海峡。为其间的经济交往与合作提供了有利条件。

"海阔凭鱼跃，天高任鸟飞"。正因为山东省拥有广阔的陆域空间和海洋空间，这就为"海上山东"建设提供了用武之地，各项海洋产业及其相关产业才能充分地扩展起来。

二 经纬度分布适中

山东省介于北纬14°22′~38°23′之间，属于中纬度地区。这种纬度密切影响着山东省内的生态群落特征及气候、水文等条件。

山东由于所处中纬度地区，且濒临大海，其气候条件属于暖温季风气候。夏季以偏南风为主，高温多雨；冬季受寒潮影响，气温低，降水少，春季干旱多风，蒸发量大；秋季天气晴朗，少云少雨。纵观全年气候。其特征为气候温暖，光照充足，雨热同季，年平均温度为11℃~14℃，对农业生产极为有利。

山东省东西经度跨度大，有8°之多，使山东省东部与西部在热量、降水等方面差异明显，呈现出由东向西逐步递减的规律。越是东部和东南部，农作物及其他植物生长越好，农业也越发达。

此外，山东省在渤海、黄海的近海水域均为温带型浅海，其水温、盐度等受温带季风的影响，年较差较大。因而，渤、黄两海的海洋生物资源具有明显的温带特征，其种类、数量虽不及东、南两海，但也比较丰富。底栖鱼类主要有大黄鱼、小黄鱼、带鱼、鳕鱼等，上层鱼类主要有鲱鱼、鲅鱼、鳓鱼及对虾、乌贼、毛虾、梭子蟹等250多种，另外还有比较丰富的贝类、藻类资源。

由于山东北部沿岸浅海湾内有大片的浅滩地带及较大的水温年较差，每年冬季有不同程度的海冰出现。但主要集中于烟台以西的沿岸地区，而烟台以东、以南地区的港湾则常年不冻，对发展港口和海上运输业极为有利。

三 经济区位优势明显

虽然伴随着科学技术的发展,先进的通讯设施和便捷的交通工具将地球各点之间的距离较前大为缩短,但是历史上所形成的经济区位优势并没有因此而减弱,反而大大强化了。这是为什么？回答只有一个,就是无论是"大哥大"等先进的通信手段,还是波音747等快捷的交通工具,都代替不了由于经济地缘关系所带来的经济效益。在此大背景下,山东省沿海地区的地理区位就愈显重要。

1. 位于亚太经济圈西环带的重要部位

自从80年代以来,富有活力的"亚太经济圈"开始形成,中国处于这一经济圈的西环带,而山东半岛则是该地带经济集散度高、国内外交往活跃的一个重要部位。日照港是我国北方重要能源输出港,是陇海线亚欧大陆桥东部桥头堡群的重要组成部分。山东沿海地区与日本、朝鲜、韩国隔海相望,从青岛、烟台等港口出发,到朝鲜、日本,或经朝鲜海峡或对马海峡到俄罗斯,比从大连、秦皇岛等北方港口路程还近。威海成山头与韩国之间仅300公里,地缘上的接近,使中、韩、日各国人民的习俗有很大的相似性和兼容性,并有着相互交往的悠久历史。山东沿海地区与日本、韩国、俄罗斯远东地区的经济互补性很强。日本、韩国经济发达,产业结构层次较高,但资源较少；俄罗斯远东地区资源丰富,但又缺少劳动力和资金。这些国家和地区都有一个共同特点,就是海洋产业历史久远,十分发达。因此,引进其海洋开发的先进经验、技术和资金,加强合作,共同开发山东的海洋资源,既可加快"海上山东"建设的步伐,又可为山东省过剩的劳动力找到了转移的出路。当然,山东省沿海地区的区位优势较之上海、海南、广东略显逊色,不应估计过高。

2. 沿黄经济协作区的主要对外窗口

山东半岛是国务院批准的全国五大开放地区之一,并拥有青岛、烟台两个沿海开放城市,青岛、烟台两个经济技术开发区和威海高新技术开发区。龙口、烟台、威海、石岛、青岛、日照、岚山7个一级开放港口,汇成了一排开放的长廊,成为青海、甘肃、宁夏、内蒙古、陕西、山西、河南、山东8省（区）组成的沿黄经济协作带物资的主要出海口与进口货物通道。同时,由于两者经济发展水平及产业结构的差异性和互补性,地区间又存在着紧密的协作关系，沿海经济协作带内的地区既是山东沿海地区重要的能源，轻工原料的供应地，又是其工业产品的主要消费地之一。

近些年来，我国对外开放和经济建设呈现由南向北梯度推进的趋势，80年代经济热点地区是珠江三角洲，90年代是以上海浦东为中心的长江流域地区，预计到21世纪，环渤海地区将成为中国改革开放和现代化建设的下一个热点。这是山东沿海地区经济崛起千载难逢的有利时机，应当充分发挥山东省沿海地区的经济区位优势，迎接新的经济热点的到来。但是有一个问题值得我们注意。由于山东省在自然地理上相对独立，加之适中的位置，发达的农业，在历史上就形成了相对独立的经济体系，随着南北区域经济的形成和发展壮大，山东处于一个相对低谷区，这是历史传统造成的不利条件。因而在今后"海上山东"建设中，山东应加强与南北相邻经济发达地区间的交往与合作。

四 海洋资源丰富

山东省海洋资源丰度高，品质好，综合评价居全国前列。山东省渔业资源品种多，经济价值高，特别是海参、鲍鱼、扇贝等海珍品的优势，是全国其他沿海地区无法比拟的。山东省还有丰富的滨海油气资源、黄金矿藏和地下卤水资源；除青岛、日照、烟台等大港外，还有许多不同类型的港口资源；沿海风光秀丽，气候宜人，人文历史悠久，旅游资源也具有重要地位。这些为建设"海上山东"提供了雄厚的自然物质基础。但主要资源品种平均密度居沿海11省（市、区）第8位，对集约经营和规模效益带来不利影响。本书后面有一章专门对山东省海洋资源进行论述。

五 居全国之首的海洋科技优势

山东省既是海洋资源大省，又是海洋经济大省，更是海洋科技大省，它在海洋科技方面的优势是全国任何其他地区所不可比拟的。山东有中央和地方海洋科研教育机构40余处，海洋科技人员万余名，占全国的35%，高级专业技术人员1100多人，约占全国的40%。青岛市是我国著名的"海洋科学城"和海洋教育基地。目前全市共有25个海洋科研、教育、管理机构。科研机构有中国科学院海洋研究所、中国科学院声学研究所北海研究站、国家海洋局第一海洋研究所、中国水产科学研究院黄海水产研究所、化工部海洋涂料研究所、地矿部海洋地质研究所、冶金部钢铁研究院青岛海洋腐蚀研究所、中船公司第七研究院七二五研究所青岛分部、山东社会科学院海洋经济研究所、山东省海洋仪器仪表研究所、山东省海水养殖研究所、山东省海洋药物科学研究所、青岛市海洋气象科学研究所、青岛海水资源综合利用研究所、青岛盐业科学研究所等。教育机构有青岛海洋大学、青岛远洋船员学院、青远公司船员职业学校、海军潜艇学院、海军航空技术学院等。管理机构有国家海洋局北海分局、山东省科委海洋处、青岛市海洋与水产局、青岛市科委海洋处等。青岛市现有中科院院士2名、工程院院士4名，全在海洋口。另有国家级专家17人，部级专家11人，享受国家特殊津贴的专家213人，省级特殊津贴9人，得到广泛认可的海洋学科带头人270人。海洋科研、教育学科门类比较齐全，设备比较完善，拥有各种海洋调查船22艘，3万余吨。在海洋生物、海洋物理、海洋水产、海洋地质、海洋化学、海洋腐蚀与保护等学科的研究与教学方面居全国一流水平。"八五"期间取得重大海洋科技成果90项，其中获国家级奖励的20项，获3项国际大奖的PSS（藻酸双酯钠）已经取得了巨大的经济效益和社会效益。

六　雄厚的经济实力

1995年，山东省国内生产总值5002亿元，居全国第3位；三次产业增加值比为20.2∶47.7∶32.1，地方财政收入179亿元，社会存款余额3424.4亿元，外贸进出口总额154.4亿美元。沿海地区经过长期发展，成为全国经济发达地区之一，国内生产总值占全省的50%以上。交通、邮电、供水、供电等社会公用设施进一步加强。据预测，经济发展将继续保持旺盛的势头，居民生活消费水平将稳步提高，可为"海上山东"建设在资金、装备、市场等方面提供强大的支援。

第二节　"海上山东"建设的成就和问题

1991年3月，在山东省七届人大四次会议上，赵志浩省长在政府工作报告上，正式提出了要建设"陆上一个山东，海上一个山东"的战略构想。为此，省委省政府组织起数百人的规划设计队伍，对"海上山东"

建设的总体目标、产业布局、科技投入等几十个课题进行了广泛深入的调查研究，分析论证，在此基础上编制出规划方案和实施措施。此后，省政府又连续出台了一系列鼓励政策，为开发海洋提供了良好的政策环境。

7年来，"海上山东"建设取得了令人瞩目的成就。1996年，全省海洋与水产业产值逾800亿元，占全省国内生产总值的13%以上。水产品产量、水产业产值和渔民人均收入分别达到了415万吨、500亿元和4600元。全省水产品产量、产值连续6年居全国第一。

与此同时，山东渔业经济增长方式开始由产量型向效益型转变。1996年以来，全省海洋与水产系统通过多种形式，深入贯彻落实1995年9月召开的全省水产工作会议精神，名优高效渔业发展迅速，已初步形成以鲍鱼、虾夷虾贝、对虾、鲈鱼、魁蚶、蟹、鲆鲽、罗氏沼虾、大银鱼和鳖等十大名优品种为龙头，多品种全面发展的新格局。1996年全省名优新珍稀品种产量达90万吨，产值62亿元，占整个养殖水产品产值的41.3%。

海洋化工成为山东省的支柱产业之一。山东海洋化工集团纯碱生产能力达到80万吨，名列亚洲同类生产厂家榜首。原盐、溴素、灭火剂，均为全国最大的生产单位。如今，山东海洋化工集团已建成全国最大的海洋化工基地。

山东海洋与水产对外合作也取得了重大进展。1996年全省已办水产三资企业和海外企业600多家，自营出口水产企业12家，直达日本、韩国等国家和香港地区的运销渔船244艘，约占全国总量的80%，实现利润8300万元。全省效益最好的运销渔船利润高达242万元。远洋渔业有新的拓展，全省远洋渔船总数达137艘，远洋捕捞产量15万吨，产值1亿美元，分别比上年增长69.3%和90%。全省远洋渔业的龙头企业——山东水产企业集团总公司捕捞产量6.5万吨，创汇1800万美元。

山东省海洋综合管理起步稳健，目前，省里、沿海7市和19个县市区已组建了海洋与水产厅（局），一个海洋综合管理体制框架基本形成。抓了规划、立法和海域使用管理试点，正在着手编制建设"海上山东"规划，拟订《山东省海域使用管理规定》。海洋综合管理起步较早的烟台市，海域管理使用试点工作卓有成效，积累了一定的经验。

在"海上山东"建设取得重大成就的同时，也出现一些问题，主要表现在以下几方面。

1. 海洋科技转化为现实生产力的道路还不完全畅通

虽然山东省海洋科技力量雄厚，但真正能够从事海洋高新技术成果研究与应用开发的复合型人才缺乏，能够从事海洋新兴产业市场预测、技术经济分析、产品营销研究、科学信息处理的软科学人才更是稀少。

科研成果的产业化作为一个连续运行的过程，有一系列的相关环节。发达国家科研与生产的力量投入是顺次加重，而我们则是重科研、轻中试和推广，虎头蛇尾，后续环节上投入的人力、物力偏低。这种不合理的科技结构，直接影响科技成果的应用推广，迟滞产业化的步伐。

2. 存在盲目开发污染海域等情况

在海洋资源的开发方面，盲目开发，或重开发，轻保护的现象时有发生。如盲目扩大捕捞能力，从事掠夺性捕捞，使重要的经济鱼类资源枯竭，给渔业生产带来很大损失。另外，海洋污染严重，部分干部群众缺乏海洋环保意识。

3. 海洋资源综合利用率低，工业生产技术设备落后

海洋新兴工业产业是对技术要求比较高的产业，与陆地产业同类技术相比，产业技术成本高，产业劳务的技术密集大，一部分具有优势的海洋高新技术成果之所以没能迅速转化为产品，形成规模效益，除了科研、资金因素外，与海洋工业产业的新技术成果接受能力也有密切的关系。例如青岛市目前海洋工业企业的技术设备大部分停留在20世纪七八十年代的水平上，技术相对落后，使新技术、新产品开发迟缓。而海洋高校、科研机构在无力中试，企业无力开发的状况下，只好让有条件的外省市企业获取利益。

第三节 "海上山东"建设的初步经验

在建设"海上山东"时，山东省各级政府和干部群众，群策群力，推动了"海上山东"建设稳步前进，同时也创造了一些经验。

一 推动渔业产业化

1996年，山东省各地围绕渔业主导产业抓系列服务，不断完善了产前、产中、产后环节相互衔接的产业链，加快了产业化的发展。省里成立

于河蟹协会，莱州、荣成等市县成立了鲈鱼、鲜销渔船等渔民协会，在信息服务和行业指导方面发挥了积极作用。加强了饲料和种子质量监督，积极引进大菱鲆等优良品种，培育出了"901"海带等新品种。全省鳀鱼鱼粉生产线已达100条，年可加工鱼粉近10万吨，产值5亿元。鳀鱼加工问题的解决，使鳀鱼一跃成为年产60万吨的大宗捕捞产品。

二 注重战略引导的作用

海洋经济发展较快的地区，无不把研究好海洋开发战略作为海洋开发的基础性工作，当作一件大事来抓，在充分调研的基础上，明确了开发的思路，制定出发展战略和开发规划，从而较好地实现了海洋经济的腾飞。

山东省的海岛开发在全国是比较早的，而且搞得比较好，其成功之处就在于有一个政府制定的海洋开发的总体战略规划。山东省委、省政府连续4年每年召开一次全省海岛工作会议，每次会议根据当年出现的问题总结经验，解决在规划、科技、人才、政策上的问题，得以迅速推动了海岛经济的发展。

进入90年代后，山东省委、省政府又把建设"海上山东"作为一个战略问题来考虑，继而进一步把"海上山东"建设和开发黄河三角洲并列为山东两大跨世纪工程，上升为通管全局的长期性大战略。为了配合这一战略的贯彻、实施，1992年4月，山东省计划委员会、省科学委员会、省社会科学院、水产局等单位在青岛、潍坊连续召开了"科技兴海"、"建设海上山东"两个大型工作研讨会议，有关党政领导、专家学者，兄弟省市代表百余人参加，会后都出版了论文集。同年7月，省政府派出副省长带队的调查组，赴各地市与当地领导座谈落实问题，时隔一年，省政府又派出专门调查组到沿海7市检查实施情况。两次研讨会后，尤其是工作组逐地调研、检查之后，建设"海上山东"已由起初一些政府部门、沿海地方政府把它当作一个时髦的口号，只在有关文件中"穿靴戴帽"地提提而已，而变成沿海各级政府和群众的自觉行动。山东省计划委员会、省科学委员会、省水产局等制定了本部门专门规划，与此同时，地区性的"海上青岛"、"海上烟台"、"海上东营"、"海上威海"、"海上日照"等战略规划也纷纷出台。海洋经济的发展很快呈现了引人注目的势头。

因此，"海上山东"建设的实例说明，海洋开发，首先要制定正确的发展战略，同时把软科学摆在重要位置上，为发展战略服务，这样才能将发展战略实施下去。

"海上山东"建设已取得了很多经验，本书代前言中总结了很多，这里不再重复论述。

第四章 "海上山东"建设的目标和任务

第一节 "海上山东"建设的发展方向

一 发展趋势与方向

人类社会的发展与进步直接取决于人类所处地球环境条件及自然资源的利用,可以说:资源决定着人类社会的发展方向。哪种资源丰富,哪种资源开发成本低,利润率高,哪种资源产业及其相关产业就发达。相反,哪种资源处于枯竭,哪种相关产业的前景必然十分暗淡,改弦易辙也就势在必行,这就是产业发展的最基本规律。当今世界,随着人口、资源、环境三大危机的出现,资源问题越来越突出,特别是人口密集地区的陆地资源供给日趋紧张,迫使人们转向其他方向去寻找替代资源。这种趋势就导致了世界范围的"上天下海",寻找新资源,新产业增长点成为头等重要大事。在世界经济发达的沿海地区,这种改变已形成声势,且迅速向周边辐射,带动其他落后地区开始行动。山东处于我国沿海开放前沿地带,紧跟时代潮流,推出"海上山东"战略体现了山东的时代感。全面推动"海上山东"建设,向海洋进军,向海洋要资源,要效益,要新的经济生长点,从而带动山东经济的全面腾飞,形成海陆一体化,各有特色,各主天下的新局面,这是"海上山东"的发展方向。

二 发展预测方法和相关指标

"海上山东"所涉及海洋各产业大部分是海洋新兴产业或海洋高新技术产业,即使是传统的海洋渔业、海上交通运输业、海盐业,由于受资源条件限制和科技水平所限,产业发展尽管整体趋势向上,但变化幅度上下升降很大,很难作出准确的估计评测;这给海洋产业的发展预测带来了相当大的困难，再加上海洋产业只是近年来才逐渐被单独列出，以前的统计均被列入陆地产业中，没有被划分出来，使本来就有限的产业发展数据更加捉襟见肘，这些都是海洋产业预测的主要障碍。因此，采用纯数学模型进行预测由于基础数据缺乏，给预测结果带来很强的偶然性，从而造成结果的实用性大为降低，很难用于制定科学合理的中长期产业规划。考虑到以上这些问题，这里采用定性与定量相结合，工具预测和专家评测相结合的方式进行综合结果分析，从而力求结果的合理性和实用性。从产业经济学和区域经济学，资源经济学的基础原理出发，运用基本经济投入——产业规律，结合数学的线性回归、灰色模型理论和系统动力学基本模式而形成的整体预测模式不仅代表了当前预测学的潮流，也符合山东地区的经济社会实际，从实测结果来看，较好地反映了山东海洋产业的发展趋势和发展水平。本预测模式所采用的指标多样，不仅有经济方面的，也有社会、环境、生态等方面要素指标，所形成的指标体系相对全面，能从各个不同侧面来反映"海上山东"建设的实际。

三　预测分析模式

相对于具体发展的目标框架体系及方向纲要性概念，只能从大方向上给出概念性、轮廓性的证明，不可能体现在基于教学工具的准确数字基础上，且这些纲要性的目标体系相对于数字化的目标值有着更加实用的价值，它的科学性，准确实用与否直接就关系到发展目标的实现可能性的大小，因而人的因素，特别是行业专家的因素在目标决策中所起的作用远大于纯数学模型因素，没有建立在专家经验体系之上的目标决策案是没有生命力的，因而其目标值也是虚幻的，没有实际价值的。有鉴于此，科学的决策须建立在科学的预测体系基础之上，它的形成不仅要有数学工具的利用，也要有专家经验的结合，建立在专家经验基础之上的数学工具才能真正发挥其准确严密的特长，才能充分体现其科学性。一个目标决策体系的建立最基本的框架体系和基本方针应来自于专家的大脑，这里说的专家不是指某一个人，而是一个智囊集体。它的实用性不仅决定于专家个人的经验，也取决于专家本人长远的洞察力及高瞻远瞩的能力，世界上只有人才有决定自己发展命运的能力，但只有智人，也即具有专家能力的个人，才能决定某一发展方面的长期方针，这不仅取决于专家的主观能动性，也取决于他们对环境、社会的了解。一个好的目标的提出要经过多方面、多层次专家的酝酿、完善才能最终成形,这时只是一个大体的框架结构,只有在大方针正确的前提下,目标框架才能被继续细化,从而达到其实用性和可操作性。在科学的框架体系确立后,数学工具的作用体现在各目标的量化上,只有量化的目标才能用于实际运作。量化的过程初始阶段利用纯数学上的理想状态进行历史数据的量化延伸,但这样由于只基于历史资料而没有涉及目前及未来各种社会、经济、环境条件的变化直接得出的结论只有理论上的参考价值,在此基础上,按照已由专家确立的目标框架体系,结合多因素分析的系统动力学理论,从局部混沌中,从不可知中得出整体性的规律性和可知性,多角度、多层次考虑目标量化指标,力求以最少量指标因素考虑得出最优可能的结果,这种量化过程涉及多学科、多理论内容,相对难于具体操作,且由于各条件因素随时间的变动较大,要想得出完全准确的结论是不大现实的,只要其量化指标在一定波动范围内符合未来的实际就达到的预期目的。通过这种模式得出的结论在具体运作中可以起到相应的指导作用,从而避免工作中的方向偏颇和失误。

第二节 "海上山东"建设的目标体系

一 总体目标

围绕"海上山东"建设,山东省海洋经济取得了不少令人瞩目的成绩,海洋工作有了明显改进,特别是山东省海洋与水产厅的成立,标志着山东的海洋开发事业迈上了新台阶。近几年,海洋产值以高于20%的速度飞快发展。到1996年,全省海洋产值达到了创纪录的800亿元,其海洋产业增加值占当年GDP的6%左右,属于全国先进行列。随着"海上山东"建设的深入,依据山东省"九五"规划和2010年发展规划要求,确定"海上山东"建设"九五"规划及2010年中长期规划基本框架有如下内容。

到2000年,稳定传统海洋产业,大力发展科技含量高的高效现代化渔业,提高新兴海洋产业比例,重点发展海洋交通运输业和浅海增养殖业,争取到2000年实现海洋产业增加值500亿元,占当年GDP的7%左右;到2010年,实现以海上交通运输业、滨海旅游业、海水增养殖业及海产品精加工工业为主体，海洋油气业、海洋精细化工、海洋药物及保健品、海洋能源业为辅并占有相当比重的山东海洋产业新格局，实现海洋产业增加值1500亿元，占当年GDP的10%左右，从而从根本上改变山东落后的海洋产业结构体系，基本实现以海洋第三产业为龙头，海洋机械制造业为基础，海洋农牧化为保障的现代化海洋产业格局，从市场经济和经济理论角度实现"海上山东"建设的基本构想，达到"科技兴海"的海洋产业开发目的。

三 产业目标

1. 海洋渔业

作为山东海洋经济的支柱产业，海洋渔业1996年实现海洋水产品产量400余万吨，海洋水产业产值达到近500亿元，占当年海洋产业总产值的60%左右，是"海上山东"建设初期名副其实的支柱产业，今后几年要坚持以养为主，养殖、捕捞、加工并举的方针，大力发展生态立体养殖业，实现浅海农牧化，因地制宜地发展鱼、虾、贝、藻等海洋经济水产品的立体养殖技术，加强渔业海域的环境保护力度，调整渔业格局，实现渔业资源开发与保护、生产与经营、近海与远洋并重的现代化渔业生产方式，强化水产的流通、加工、服务等基础设施建设，争取到2000年，实现海洋水产品总产量500万吨，渔业产业增加值200亿元，其中，海水增养殖业要实现产量300万吨，有区域、有重点地建立几个大型水产增养殖示范基地和研究开发基地，深化海水增养殖的开拓力度，以高科技、现代化的养殖模式逐步替代现有的落后的养殖技术，以求实现海洋农牧化。海洋捕捞业要稳步发展，远洋捕捞力度要加强。争取到2000年实现远洋产量100万吨，占当年总捕捞产量的一半左右，要加快调整渔业捕捞力结构，淘汰落后的原始捕捞技术，要加快落实以高科技为主体的现代捕捞船队建设，并尽快实现远洋渔业保障体系的建设。海产品加工业要在鲜活海产品基础上，实现海洋生物资源的高附加值和提高资源利用度，实现海洋生物资源的综合利用，以多样化、有特色、高质量的海洋精加工水产品打开市场，实现海洋水产品的全面增值。到2000年，争取实现水产品加工总量200万吨，完成产业增加值50亿元。

2. 海洋交通运输业

海洋交通运输业要以海上运输业为起点，以港口建设为基础，全面提高其综合运输能力，实现港、航、船的协调发展，形成比较完善的海上运输体系。要根据山东乃至整个沿黄经济协作区经济发展的需要，有重点地建设青岛、日照、烟台等大港建设，开展各种有针对性的专业运输和集装箱运输，实现货运品种齐全，功能有特色，集疏能力强，具有现代化水平的山东海洋运输体系。要优先发展集装箱运输和客货滚装船运输，提高综合运输能力和服务水平，降低运输成本，增强在运输市场上的竞争力，争取到2000年实现海上货运量1.5亿吨，集装箱运量200万箱。要积极开拓国内外新航线，加快海上交通网的布局，实现具有较强竞争力的海上航线网络，突出青岛、日照新陆桥桥头堡的作用，使海上航路与陆路实现有机的结合，从而从根本上优化山东的交通运输网络体系的建设，为"海上山东"建设提供基础交通保障。

3. 滨海旅游业

滨海旅游业要把滨海旅游资源的开发和保护结合起来，以海洋自然风光和人为景观的有效保护带动旅游业。反过来，又要以滨海旅游业的开发来强化海洋旅游资源的保护，两方面缺一不可。山东海洋旅游业要以青岛、烟台、威海、蓬莱4个风景区为中心，连接东营和日照两地，形成海域自然风光、沿岸古迹和现代化娱乐度假相结合的、有山东特色的滨海旅游区。

要重点开发青岛国家旅游度假区、崂山风景区、黄河口自然保护区，开发威海、烟台古遗址的旅游资源，同时努力开发海岛旅游资源、海上娱乐设施及与滨海旅游相配套的餐饮服务、旅游产品，建立起海洋特色明显、功能齐全、形式多样的山东滨海旅游新产业，从而带动山东滨海旅游服务业的全面发展。

4. 其他海洋产业

（1）海盐及海洋化工。要稳定海盐生产，在海盐生产稳步发展的基础上，大力发展海洋精细化工业，基本形成结构合理，布局优化的山东海水综合利用新工业体系。制盐业要在稳定原有盐田面积基础上，挖潜降耗，努力提高制盐业的经济效益，同时加强与盐化工的合作，实现盐碱联合，解决实际中的供需矛盾。盐化工及精细化工业要采用新工艺、新技术和先进的环保设备，在减少环境污染的同时，全面提高产业的综合经济效益，在老产品的基础上，努力开发新产品，以医药中间体、染料中间体、感光材料等开发为重点，实现海洋化工业的振兴。

（2）海洋油气业及海洋能源。要本着油气兼顾，深浅并行的方针开发渤海湾的油气业，在"九五"期间加快投资力度，争取到2000年实现原油产量200万吨，完成陆上油田的海上延伸。

海洋自然能的开发要以波浪能和风能为起点，进行群体科研攻关，加速开发步伐。到2000年，要在风能资源丰富的海岛基本实现风能发电试验基地建设，并基本完成波浪能电站的试验开发工作，创建2~3个波浪能发电试验站。

（3）海洋机械制造。海洋机械制造业是山东省海洋产业的一个薄弱环节，也是山东海洋第二产业比较落后的主要原因。"九五"期间，要针对山东目前的发展现状，扬长避短，重点发展修船业和海上设备制造业。要围绕运输业和渔业发展，充分发挥山东中小船舶制造的优势，以先进渔业船只和娱乐船只为突破口，引进人才、技术，加大资金投入，主攻440千瓦以上的中远海作业渔轮和与之配套的渔业辅助船只，以及娱乐游艇等生产，并逐步在大型修船厂的基础上，发展大吨位货轮的生产。海上设备制造的重点要放在海上石油钻采设备制造上，围绕海上油气开发、海洋矿产资源的开发、海洋仪器仪表的开发等全面提高山东的海上机械设备制造水平，争取在国内以至在国际上占有一席之地。

（4）海洋药物及保健品。"九五"期间，山东省海洋药物与保健品开发应以拳头产品的开发研制为契机，以苷糖醋、生物毒素提取、多糖复合材料为重点对象，进一步强化海洋药物及保健品的开发工作。以山东省内的重点科研院所为依托，结合各生产厂家，完善海洋药物及保健品的研制、中试生产、销售的一体化体系，到2000年，争取实现海洋药物与保健品生产在山东的产业化规模经营，成为山东海洋经济体系中重要的一支新军。

第三节 "海上山东"建设的主要任务

一 建设规划的制定

"海上山东"建设这个概念提出已有多年，而且已被大多数群众和领导阶层所接受,受到全社会的普遍重视,很多地方和产业部门已投入行动,具体地做了很多有效的工作,对当地和本行业的生产起到了应有的带动作用。从全省总的海洋经济发展来看,虽然取得了很大的成绩,一些方面已处于国内先进水平,可总的发展规划和目标方针至今仍未出台,各种非正式的"海上山东"建设目标规划随处可见,可没有形成一个统一的意见,也没有一个权威性的规划方案。尽管大体思路一致,但发展的重点和方向却有较大差别,对于各地、各行业的指导作用不大;一个具有法律约束力的行政规划对于"海上山东"建设具有最为迫切的意义。在"海上山东"建设"九五"规划及2010年远景规划出台的基础上,各地区、各行业依据自己的实际,制定出一套和全省"海上山东"规划条款相协调,相促进的海洋产业发展中、短期规划,形成一个适合实际具有可操作性的全省"海上山东"建设实施规划体系,是"海上山东"建设是否顺利实施的关键。

这些规划体系不仅涉及海洋经济各方面大的发展思路和方向,而且要涉及各方面的发展重点和具体发展步骤,形成一个合理有序的阶段发展方案,对于各海洋重点产业的发展起到适时适地的指导作用,其可操作性是关键。

二 相关法制建设

作为"海上山东"建设实施的保障因素,相关法律、法规的出台,不仅从行政管理上弥补了管理力度不够所带来的缺陷,也对海洋产业的规范化发展起到了促进作用。依法办事、依法管理给海洋综合管理提供了最为有力的保障,这也是"海上山东"各项规划得以开展的基本条件。

尽早出台《山东省海域使用管理规定》,以法律条款规定海洋空间资源的利用、开发行为,从根本上杜绝海域资源的滥开发、滥使用现象,从而保障海域资源得到最大限度的效益开发。另外要切实抓好《山东省海洋水产资源管理办法》、《山东省海洋资源保护区管理办法》、《山东省海珍品管理办法》、《海洋开发基金筹集及使用管理条例》、《海洋环境保护条例》等法规、条例的制定和修改工作,争取尽快出台,形成一个比较全面的法律体系,从资源开发、管理、生产、环境保护、产业管理各方面以法律的形式规定各种限制及保证因素。

各种法律、法规的出台要有强有力的执法保证，建立一支高素质的海洋执法队伍也就势在必行了，尽早组建省、市、县海洋监察总队、支队、大队，形成覆盖全省海洋监察网络，担负起涉海工程、海上巡逻、海洋管理等执法职能，依照各项海洋法律、法规条文实施其海洋开发管理、监督职能。

三　海洋综合管理的实施

海洋资源的层次性、多面性决定了海洋管理的立体性、交叉性，海洋管理是一项复杂的系统工程，只有加强领导，统一规划，动员各方力量协同作战，才能有所保证。要把对海洋产业的宏观综合管理纳入全省国民经济和社会发展整体规划体系，理顺其管理体制，建立综合管理机构，才能协调各涉海部门的统一管理。目前尽管山东海洋综合管理部门——海洋与水产厅已正式挂牌成立，但由于其基础在于水产局，其基本管理范畴比较狭窄，如何尽快向全方位海洋管理转化，其时效性非常重要。因此，一要抓住时机，制定山东海洋综合管理海洋事务的实施细则，从概念上明确各部门的管理责任权限和工作范畴，做到各负其责各尽其职，在大面上覆盖山东各海洋开发局部、明确任务、实施条款、工作程序，从而尽早完善海洋综合管理概念内容。二要使海洋综合管理尽早进入实质性实施阶段，依据综合管理细则和各项海洋法律、法规，建立起各层次的海洋管理机构体系，从点到面形成一个管理结构框架，全面出击，实施全方位的海洋管理职能，要及早行动起来，完善其管理功能，保证"海上山东"建设的顺利实施。三要做好各涉海及有关部门的协调工作，管理调节各涉海部门、行业的利益冲突，避免海域、资源利用无谓的争斗现象，以大局为重点，充分做到海域资源的最佳效用。四要在全省试行海域使用许可证制度，将海域使用纳入法律轨道，在海洋综合管理部门的指导下，做到海域的合理、有序、有偿利用，从而有效避免资源的浪费现象。五要初步建立健全全省海洋环境监测网络，使各海域环境问题得到关注，最终实现海洋资源的可持续发展。六要加强海洋自然保护区建设，实现海洋生态环境的人为维护，保证海域的生态平衡。

四　渔业产业化建设

渔业作为山东省的海洋重点产业基本支撑了山东海洋产业的半边天，

它的发展好坏直接关系到"海上山东"建设的目标能否实现,其决定作用不言而喻。随着渔业资源的衰退,传统的渔业生产正面临着前所未有的挑战,如何保持山东渔业的持续发展是山东渔业部门面临的一个最主要的问题。目前各地开展的渔业产业化思路不失为一项创举。以"荣成模式"、"胶南模式"为样板,实行集团经营,规模经营,壮大集体经济,培植龙头企业,从而带动地域经济的发展,实现共同富裕,有创建性地实现渔业与其他经济行业的联合,形成渔经一体化的渔业生产新格局。通过强化产前、产中、产后服务,壮大和延伸大宗骨干产品的产业链,形成产业层次的立体化、纵深化发展。

海洋各级主管部门和各科研院所参与海洋水产海珍品的名优工程和示范工程建设也在相当程度上促进了渔业产业化的发展,山东名优水产品在全省水产品中占比重还不是很大,争取尽快实现海参、鲍鱼、河蟹等海珍品的规模生产及"901"海带优质产品的生产,从而实现全省十大名优水产品的生产规模上百亿元。与此同时,要加强名优特水产品的生产管理示范建设,抓好名优特水产的苗种繁育、饵料生产、病害防预示范点的建设,以沿海水产经济发达地区的水产生产示范点的建设带动全省海洋渔业产业化的全面实施。

五 重点开发工程

山东省"海上山东"建设重点工程涉及三大方面内容。

1. 海洋水产开发工程

在山东半岛西北海岸带大力开发宜渔荒滩建设,争取近几年实现开发宜渔荒滩涝洼地3.34万公顷,着重开拓发展滩涂贝类养殖和虾池综合利用,尽快形成千亩以上的连片渔业综合基地30片。实现以养殖渔业为主的西部海洋渔业新格局。东部沿海重点向深海大流水域拓展,开发远洋渔业和外海渔业,实现渔业重点区域的转移,实现近海资源的可持续发展;同时大力改造传统的海洋与水产品加工工艺,引进国内外先进的加工技术和设备,尽快消化吸收,使山东的水产品加工产业尽快上水平、上档次,完成海洋水产品加工产业的产业结构及水平的升级换代,重点在海洋药物、保健滋补品,藻类、贝类和低值鱼类加工上下功夫,争取开发出一些山东名牌水产品,综合提高海产品的附加值,从而大幅度提高水产品加工业的经济效益。

2. 海洋能源工程

作为未来能源的希望，海洋能源有着其他能源所不可比拟的优势。海洋能源不仅贮量丰富，而且具有较强的可持续性，符合目前世界能源开发的最新潮流。

海洋能源目前主要包括海洋油气和海洋自然能两大类，对于山东这样一个能源短缺的较发达省份来说，海洋能源产业的发展对于"海上山东"建设和山东省未来的社会、经济发展都具有十分重要的现实意义。

山东省浅海海域的油气资源比较丰富，是胜利油田未来原油产量替代的重要阵地。目前的重点在于加强勘探和积极备战，先期保障投入，本着先进、实用、经济、可靠的原则，择优开发，滚动发展，力争做到低风险、低投入、高效益，抓好"海上油田"的试采工作，争取为大规模的海洋油气开发打下坚实的基础。

海洋自然能在山东海域主要考虑潮汐能和波浪能，要在现有开发实验的基础上，加速科技攻关步伐，逐步实现海岛和沿海地区的海洋能利用，争取建立 10 个左右的海洋自然能利用示范点和示范区，为海洋自然能利用作好先期准备。

3. 海洋机械制造业

海洋第二产业即海洋工业的发展一直是山东省海洋产业发展的薄弱环节。海洋产业的进步，海洋产业结构的优化都离不开海洋工业的大发展，尽管近年来山东的海洋第三产业发展迅速，已占有相当比例，甚至超过了第一海洋产业和第二海洋产业，但这种超越基本基于海洋工业的落后水平之上，比较的基础就不合理，哪里还谈得上什么产业结构的优化。因此发展海洋工业是非常有必要的，要想海洋产业在山东国民经济中占有相当地位，海洋工业的大比重是绝对不可缺少的。

海洋工业包括海产品加工和海洋机械制造两大类，海产品加工划归渔业工程类别，重点发展自不必论，海洋机械制造在山东海洋产业的发展中一直处于落后状态，多年来未有改观，这与决策不无关系。作为海洋产业的装备基础，海洋机械制造，主要指轮船修造、海上设备维修制造等产业类型的落后局面是到了非加强不可的地步。本着发挥优势，扬长避短，修造并举，加强配套的原则，重点扶持一两家大型修造船企业，一两家重点海上钻探设备修造和海上工程配套设备修造企业，加速山东船舶工业上水平、上档次、上能力，并一举带动其海洋相关产业的发展，从而全面实现海洋第二产业的腾飞，从根本上实现海洋产业结构的优化。

六 科技兴海

科技是第一生产力，对于海洋开发来说，海洋科技的开发同样是第一生产力。针对海洋开发特点，坚持科技兴海，充分发挥山东海洋科技力量雄厚的优势，加快海洋科技开发进程，加大科技投入，促进产、学、研一体化的海洋科技开发体系，重点加强科技成果推广，建立海洋高新技术中试及开发生产基地，运用海洋高新技术来改造、优化海洋产业和开发海洋高新技术产业，从而加快"海上山东"建设的进程，实现省委、省政府提出"科技兴海"的伟大构想。

"科技兴海"的实现首先要提高海洋科技基础研究水平，实现重大科技领域的突破基础研究是海洋科技成果转化与生产力的基础和基本前提，保持基础研究的投入开发是未来海洋生产力大发展的先决条件。保持在一些特定的海洋基础研究领域的领先地位，不仅是海洋科技界的优势因素，也是海洋产业界的优势因素，海洋科技成果的产业化必须建立在广泛的先进的海洋基础研究成果之上，缺少了这一环节，海洋应用科技的开发也就失去了存在的基础。其次要实现海洋技术转化的突破，科研成果走出实验室，走向产业的过程并不是很容易就实现的，要经过应用科研人员的不懈努力和产业实际的需求检验才能得以实现，科研成果转化为生产力要经过技术开发这一关键环节，技术开发的成功才最终标志着科研成果在海洋产业领域的实际运作。应用技术的开发在山东主要涉及海水养殖技术、饵料技术、水产品加工技术、海洋机械制造技术、海洋能源技术等的开发利用技术。从目前来看，这些技术取得突破的可能性较大，有希望形成一定的规模产业。最后要彻底改造传统产业，培植高新技术产业生长点，加速对传统海洋产业的升级换代，提高海洋资源利用率，减少环境的污染和资源的浪费是"海上山东"建设非常重要的一方面，利用海洋科技的力量，实现海洋产业结构的优化，逐步改造传统的落后海洋产业是科技兴海的初衷之一，要在海洋产业试点改造的基础上，全面推广传统海洋产业改造计划，实现海洋产业的全面科技化。同时要加强海洋高新技术的实用开发，以海洋高新技术产业生长点的建设带动海洋高新技术产业的全面起步，逐步形成新兴海洋产业群，以海洋高新技术为龙头，带动整个山东地区海洋产业的全面发展，要紧跟世界海洋科技潮流，及时抓好几项前途广阔、有强大生命力的高新技术项目，协调各方力量，做好海洋高新技术产业生长点的试点工作，争取近几年形成几个优势项目，并逐步形成几个海洋高新技术产业类群，从而从整体上带动山东海洋经济的腾飞。

七　海洋减灾及海洋服务

近年来，由于全球气候变化加剧和人为因素所引起的自然灾害和环境灾害日渐加剧，特别是海洋自然灾害如风暴潮、台风、海冰等给沿岸居民造成了巨大的社会、经济损失，如何预防和减轻灾害，保障海上生产经营活动的顺利开展，保护沿岸设施和人民生命财产的安全已成为海岸带地区海洋工作的重要组成部分，也是海洋服务的重点工作范畴。

海洋服务目前在山东的重点一是海洋环境预报，二是海洋环境监测。海洋环境预报的重点任务是海洋气象保障，即投入相当资金，积极采用世界先进技术，建立和完善海洋灾害性天气监视、监测系统，做到监测、预报、防御系统化，完善海洋监测设施，采用先进的卫星飞机遥感技术、卫星通信导航系统、气象雷达、自动气象站等新技术，努力提高监测预报水平，从而最大程度地预防和减轻自然灾害所带来的巨大损失。要积极筹建全省海洋灾害预测预报网，以各地海洋气象台、站为基点，辅以现代化的通信技术设备，形成全省海洋灾害监测网，同时要建立海洋灾害应急规章，制定一系列的方法条例来指导全省的减、抗灾行动，形成一个有效的灾害应急防御体系。

海洋环境监测的重点在于海洋环境保护，主要以近岸海域环境保护为中心，重点抓好居民密集、工业发达地区的海洋环境保护工作。工作重点在于抓好入海河道，大中城市污水排放，以及一些半封闭海湾如胶州湾、荣成湾等的治理。要从陆上污染源抓起，尽最大努力控制陆源排污，特别是工业污水的前期治理工作，从根本上控制污水的直接排放。在"九五"期间要加大污水、污物的处理能力的投入，使固体污染物定点放置，严格控制倾废区，污水液态污染达到相当比例的净化处理，对于海上油气业、海水养殖业造成的污染要加大监控力度，以立法的形式加以强制性管理，与此同时，要科学地划定一批海域自然保护区，对于特定的海域和岸线要重点加以保护，给沿岸居民一个洁净、安全的海域环境，为海岸带地区的可持续发展打下良好的基础。

第五章 "海上山东"的产业结构

海洋产业结构是指各海洋产业部门之间的比例构成，以及它们之间相互依存、相互制约关系。海洋产业结构是海洋经济的基础结构，是决定海洋经济的其他结构如就业结构、技术结构等重要因素。因此，对"海上山东"的产业结构进行优化，对加快"海上山东"建设，具有重要的意义。

本章首先对山东省海洋产业结构的现状进行了分析，指出目前山东省海洋产业结构的特点及存在的问题；在此基础上，对"海上山东"的产业结构优化目标进行了分析，提出了分阶段的"海上山东"产业结构优化目标；最后，提出了为实现"海上山东"产业结构优化目标所应采取的政策和措施。

第一节 山东省海洋产业结构的分析和评价

一 海洋产业及其分类

研究海洋产业结构，必须首先明确海洋产业的概念，它所包括的范围及其分类问题，这是研究海洋产业结构的基础。

1. 海洋产业的概念及范围

关于海洋产业，目前尚没有一个规范性的定义。我们认为，海洋产业是与"陆地产业"相对应，是将产业按主要活动区域即是在"陆地"还是在"海上"而对产业所作的划分。当然，海上的产业活动不可能脱离陆地进行。据此，可以把海洋产业定义为：人类在海洋、海岸带开发利用海洋资源和海洋空间以发展海洋经济的事业。此定义有三层涵义：一是海洋产业的主要活动区域是在海上或海岸带区域；二是海洋产业是以开发海洋资源和海洋空间为手段；三是海洋产业是以发展海洋经济为目的。掌握了这三层涵义，就易于区分哪些产业属于海洋产业，哪些产业不属于海洋产业。

海洋产业所包括的范围是动态变化的。近几十年来，随着海洋科技的进步及人类开发利用海洋深度和广度的扩大，海洋产业已由过去的海洋捕捞、海洋交通运输、海盐三大传统产业迅速增加到十几个产业。不仅海洋石油、海水增养殖、滨海旅游、滨海砂矿、海洋化工等新兴海洋产业已形成规模，而且像深海采矿、海洋能利用、海水综合利用等未来海洋产业已具雏形。可以预计，在即将到来的"海洋世纪"，将会出现更多的海洋产业，使海洋产业所包括的范围进一步扩大。

2. 海洋产业的分类

海洋产业可以按照不同的标准进行分类。标准不同，划分的类别也不同。已知的海洋产业分类法至少有5种，但在海洋产业结构研究的理论与实践中，较多采用的是以下三种分类法：

一是部门分类法，即按产业部门将海洋产业划分为海洋渔业、海洋交通运输业、海盐业、海洋化工、滨海旅游、海洋石油等产业；

二是一、二、三次产业分类法，即按社会生产分工次序，将海洋产业划分为海洋第一产业、海洋第二产业、海洋第三产业等；

三是传统、新兴、未来产业分类法，即根据对海洋资源开发利用的先后以及海洋科技的进步，将海洋产业划分为传统海洋产业、新兴海洋产业和未来海洋产业。

上述三种分类法对海洋产业所作的分类结果之间的关系可用一个二维表表示，见表5—1。

表5—1　　　　　　　　　　　海洋产业的分类

分类	海洋第一产业	海洋第二产业	海洋第三产业
传统海洋产业	海洋捕捞	海盐及盐加工	港口及海运业
新兴海洋产业	海水养殖	海洋油气 海洋矿业 海洋机械制造 修造船 海水产品加工 海洋化工等	滨海旅游 海洋教育 海洋科研 海洋信息服务

续表

分类	海洋第一产业	海洋第二产业	海洋第三产业
未来海洋产业	海水增殖	海洋能源 海上建筑 海水综合利用	海洋综合服务

二 山东海洋产业结构的现状和特点

山东省虽然是中国的一个沿海大省，具有丰富的海洋资源，但在漫长的海洋开发历史中，山东省对海洋资源的开发利用仅限于"渔盐之利、舟楫之便"，海洋捕捞业、海洋运输业和海盐业三足鼎立，构成了山东省海洋经济的主体，这种局面一直持续到20世纪60年代。

自20世纪70年代特别是自中国实行改革开放政策以来，山东省不断加大海洋开发的力度，海洋经济获得了长足的发展。据统计，仅在1990—1996年的短短6年间，山东省海洋产业产值由115亿元增加至800亿元，年平均增长速度高达38.16%，远远高于同期国内生产总值的年平均增长速度。在海洋经济总量高速增长的同时，海洋产业也日趋增多。海洋捕捞、海洋运输、海盐业等传统产业逐步走向成熟；海水养殖、海洋石油、滨海旅游、海洋化工等新兴产业从无到有、从小到大迅速发展；海洋药物、海水综合利用、海洋能源等产业已初具雏形。据不完全估计，目前山东省海洋产业数目已有10多个。这就打破了三大传统产业三足鼎立的局面，使山东省的海洋产业呈现出多元化格局。

下面试按部门分类法、一、二、三产业分类法和传统、新兴、未来产业分类法对山东省海洋产业结构现状及其变动情况作一分析。

1. *海洋产业的部门结构*

按部门分类法，目前山东省已初具规模的海洋产业主要有海洋捕捞、海水养殖、水产品加工、海盐及盐化工业、海洋交通运输、滨海旅游、海洋石油、海洋药物、滨海矿等产业，1994年上述海洋产业产值及构成如表5—2所示。

表 5—2　　　　　　山东省海洋产业产值的部门构成

（按 1990 年不变价格计算）

产业部门	产值（亿元）	构成（%）	排序
海洋捕捞	90.08	37.46	1
海水养殖	80.08	33.46	2
海盐业	9.87	4.12	6
盐化工业	17.96	7.50	4
海洋石油	1.00	0.42	8
海洋药物	3.50	1.46	7
海洋交通运输	20.66	8.63	3
滨海旅游	16.20	6.77	5
合计	239.35	100.00	—

资料来源，据有关资料综合整理

由表 5—2 可见，在山东省诸海洋产业部门中，海洋捕捞、海水养殖均占有较大的比重，两者均占海洋产业总产值的 30% 以上。其后依次为海洋交通运输、盐化工业、滨海旅游和海盐业，海洋药物和海洋石油所占比重较小。

2. 一、二、三产业结构

据表 5—1、表 5—2，归类得到 1994 年山东省一、二、三海洋产业结构，如表 5—3 所示。

表 5—3　　　　　　山东省一、二、三海洋产业结构

产　业	产值（亿元）	构成（%）
海洋第一产业	170.16	71.09
海洋第二产业	32.33	13.51
海洋第三产业	36.86	15.40
合　计	239.35	100.00

由表 5—3 可见，山东省海洋三次产业结构为：71.09：13.51：15.40。由此可见，山东省三次海洋产业结构的特点是以海洋第一产业为主、海洋第三产业为辅的产业结构；海洋第二产业的比重既小于海洋第一产业，又小于海洋第三产业。若从近年来海洋三次产业结构的变动情况

看，山东省海洋三次产业结构虽有所改变，但上述特点仍未改变（详见表5—4）。或者说，近年来山东省海洋三次产业结构只发生了量变，尚未发生质变。

3. 传统、新兴产业结构

据表5—1及表5—3，归类得到1994年山东省传统海洋产业、新兴海洋产业结构，如表5—5。

由表5—5可见，1994年山东省传统、新兴海洋产业结构为50.39：49.61。这一结构特点是传统与新兴海洋产业基本上是平分秋色。若从历史上考察，可以看出，在山东省的海洋产业中，传统产业所占比重逐年降低，新兴产业所占比重逐年增加，但传统产业在海洋产业中的主导地位尚未从根本上得以改变。

表5—4　　　　山东省海洋三次产业结构的变动　　　　（%）

年份	海洋第一产业	海洋第二产业	海洋第三产业
1990	69.9	13.0	17.1
1991	69.8	13.3	16.9
1992	71.6	13.4	15.0
1993	71.9	13.4	14.7
1994	71.1	13.5	15.4

表5—5　　　　山东省传统、新兴海洋产业结构

产　业	产值（亿元）	构成（%）
传统海洋产业	120.61	50.39
新兴海洋产业	118.74	49.61
合　计	239.35	100.00

三　山东省海洋产业结构评价

客观、公正地评价海洋产业结构现状，找出其存在的问题，是合理确定海洋产业结构优化与调整目标和方向，制定正确的海洋产业结构政策的前提。因此，在确定山东省海洋产业结构优化目标之前，先对山东省海洋产业结构的现状作出评价。

分析山东省的海洋产业结构，可以得出如下结论。

1. 海洋产业门类齐全，部分产业在全国占有重要地位

山东省海洋资源类型较多，为各类海洋产业的形成和发展提供了有利的资源条件。近几十年来，山东省充分利用这一有利的资源条件，发展海洋经济。在短短的几十年中，不仅传统的海洋捕捞、海洋运输、海盐业等产业得到发展壮大，而且还先后出现了海水养殖、海盐化工、滨海旅游、海洋石油等一大批新兴海洋产业，同时海洋能利用、海水综合利用等产业已初露端倪。目前，山东省已初步形成了集海洋一、二、三次产业于一体，传统、新兴、未来产业纵横交错的海洋产业体系。在这些海洋产业中，海洋捕捞、海水养殖、海盐及盐化工、海洋药物等产业均在全国占有重要的地位。

2. 海洋产业结构仍处于初级阶段，结构优化任重道远

根据产业结构理论，产业结构的演进大致分为原始、初级、中级和高级四个阶段，在这四个阶段中，一、二、三次产业比重排序特征为：

原始阶段：一、二、三

初级阶段：二、一、三或一、三、二

中级阶段：二、三、一或二、一、三

高级阶段：三、二、一

产业结构高级化过程是指产业结构之间的比例关系发生质变的过程。产业结构高级化过程可有两条途径（见图5—1）：一条是产业结构沿一、二、三→二、一、三→二、三、一→三、二、一的方向转化；另一条是方向转化，产业结构沿一、二、三→一、三、二→三、一、二→三、二、一。

途径：一、二、三 ＜ 二、一、三→二、三、一 ； 一、三、二→三、一、二 ＞ 三、二、一的方向转化

阶段：原始 ——→ 初级 ——→ 中级 ——→ 高级

图5—1 产业结构高级化过程

由前述的分析已知，目前山东省一、二、三次海洋产业产值排序为一、三、二。对照图5—1可见，目前山东省的海洋产业结构处于初级阶

段，使其实现高级化的任务相当艰巨。

目前，发达海洋国家的产业结构经过几十年的调整，已初步形成了结构顺序为二、三、一或三、一、二的海洋产业结构，这些国家的海洋产业结构处于中级阶段。显然，山东省的海洋产业结构与发达国家相比，存在较大的差距。

不仅如此，即使与全国平均水平相比，山东省的海洋产业结构也显落后。据统计，1995年我国海洋产业产值为2464亿元，一、二、三次产业结构比例为57∶11∶32。山东省与之比较，第一产业比重过大；第三产业比重过小；第二产业大致相当。因为，第二、第三产业的发展是实现产业结构转换的必要条件，因此，虽然山东与全国海洋产业结构处于同一层次，但山东显然落后于全国平均水平。

3. 海洋新兴产业虽然发展较快，但以传统产业为主的产业结构尚未发生根本变化

新兴海洋产业与传统海洋产业相比较，具有产品技术含量高、附加价值高及对自然资源依赖程度低等特点。因此，加快新兴海洋产业的发展，使新兴海洋产业的比重超过传统海洋产业的比重，无疑是实现海洋产业结构升级的重要途径。目前，在某些发达海洋国家，新兴海洋产业的比重，已远远超过传统海洋产业。在这些国家，新兴海洋产业已成为海洋经济的主体。

历史上，山东省的海洋产业主要是海洋捕捞、海洋运输、海盐业三大传统产业。自60年代以来，山东省新兴海洋产业有了较大发展，其在海洋产业中所占比重逐年增加，像滨海旅游、海盐化工、海洋石油等新兴海洋产业已在海洋产业中占有越来越重要的地位，但新兴海洋产业在海洋产业产值中所占的比重仍未超过传统海洋产业。

4. 海洋主导产业不明确，缺少带动海洋经济快速发展的领头产业

海洋主导产业是指一个国家或地区在一定时期内，海洋经济发展所依托的重点产业，它的发展对其他海洋产业的发展具有强烈的前向拉动和后向推动作用。一般认为，海洋主导产业应具有如下特征：①具有较高的需求收入弹性，即要求该产业具有广阔的市场；②具有较高的技术进步速度，即要求该产业能以较少的生产要素投入创造出较多的使用价值；③与其他产业部门具有较强的关联度，即要求该产业部门的发展对其他产业部门的发展具有较强的带动和促进作用；④具有较高的附加价值率，即要求

该产业部门对国民经济具有较大的贡献。从海洋主导产业的特性可以看出，在建设"海上山东"过程中，根据山东省海洋经济状况和海洋产业的性质，正确选择海洋主导产业，并通过相应的产业政策扶持这些产业的发展，对加快"海上山东"的建设步伐和促进山东省海洋产业结构的升级，都具有重要的意义。

然而，令人遗憾的是，山东省多年来一直没有明确"海上山东"建设的主导产业，曾有人提出，把海洋渔业作为建设"海上山东"的主导产业，我们认为是不恰当的。海洋渔业虽然在"海上山东"建设中占有重要的地位，其产值目前占山东省海洋产业产值的70%多，但若据此把其作为建设"海上山东"的主导产业则是不恰当的。因为：①海洋渔业在海洋经济中的地位是历史形成的，不是人们选择的结果；②海洋渔业受资源、环境等因素的制约，进一步发展潜力有限；③海洋渔业与其他产业的关联程度较低，对其他产业的带动和促进作用较小；④海洋渔业在产业递进关系中居最低层次，以其作为主导产业不利于海洋产业结构的升级。

当然，说海洋渔业不能作为建设"海上山东"的主导产业，并非否定海洋渔业在建设"海上山东"中的地位和作用。事实上，海洋渔业应作为"海上山东"建设的支柱产业。支柱产业是在海洋经济中占有一定地位的产业。支柱产业与主导产业是既有区别又有联系的两个概念，二者的区别和联系表现在：①支柱产业可以是主导产业，也可以不是主导产业；②现阶段的主导产业不一定是支柱产业，但主导产业经过一段时间的发展，必须成为支柱产业。

根据上述分析，我们认为海洋渔业应作为"海上山东"建设的支柱产业，但不能作为主导产业。为加速"海上山东"和山东省海洋产业结构升级的步伐，需要尽快明确"海上山东"建设的主导产业。

第二节 "海上山东"的产业结构优化目标

一 海洋产业结构优化的原则

优化海洋产业结构，就是要在国民经济整体效益最优的目标下，根据本国、本地区的海洋资源条件、海洋经济发展水平、海洋科学技术能力、海洋产业产品的市场需要以及海洋经济与非海洋经济的关系等因素，对各海洋产业的发展速度、规模进行宏观调控，以达到一种既能合理有效地利用海洋资源，又能保护好海洋生态环境，保持海洋经济持续、快速、健康发展的海洋产业结构的过程。优化海洋产业结构的目的和作用主要体现在以下几个方面：一是有利于促进海洋资源的合理开发、利用和保护；二是可以带动和促进海洋经济其他结构，如海洋技术结构、海洋企业组织结构、海洋劳动力结构等的优化；三是有利于解决地区间海洋产业趋同问题；四是可为制定海洋产业政策提供依据。

优化海洋产业结构，关键在于确定优化的指导思想和原则。根据山东省的实际情况，我们认为，优化"海上山东"产业结构的指导思想是：坚持以国际、国内两个市场为导向，以海洋科技进步为动力，以提高海洋开发的经济社会和生态效益为目标，积极、稳妥地调整各海洋产业部门的发展速度和规模，做到既保持海洋经济总量的持续、快速、健康增长，又注意各产业部门的协调发展，注意资源与环境的保护，使海洋产业能做到可持续发展。

为保证上述指导思想的实现，在对"海上山东"产业结构进行优化过程中，应遵循以下原则。

1. 产业结构升级原则

这一原则要求在优化"海上山东"产业结构时，遵循产业结构由低级到高级阶段逐渐演进的一般规律。它包括两方面的含义：一是一、二、三次产业之间的比例关系在产业升级中由一、二、三为序的倒"金字塔"形结构转变为三、二、一为序的正"金字塔"形结构；二是产业内部也发生着同样方向的调整，即产业先由资源密集型、劳动力密集型，过渡到资源—劳动力—资金密集型，最终过渡到资金—技术密集型。上述规律既然是产业结构演进的一般规律，海洋产业当然也不能例外。优化"海上山东"的产业结构，只有遵循这一规律，才能使山东省海洋产业结构的演进顺应历史潮流，最终达到优化"海上山东"产业结构的目标。

2. 市场需求导向原则

市场需求对产业的发展具有重要的导向作用。市场需求旺盛的产业其发展就有潜力，反之市场需求不足的产业其发展就受到制约。但是，由于市场需求是动态变化的，这就要求我们随时对市场需求情况进行预测分析，从中掌握市场需求的变动态势，及时对产业结构进行调整。

3. 科技进步推动原则

海洋产业与陆地产业相比较，更需要先进的科学技术做后盾。没有先进海洋科学技术做后盾，海洋产业只能停留在原始阶段，不仅传统产业得不到技术改造，而且新兴产业和未来产业的发展也无从谈起。因此，优化海洋产业结构，必须把发展海洋科学技术特别是海洋高新技术放在重要的地位，坚持以科技进步推动海洋产业结构优化的原则。否则，海洋产业结构的优化将无从谈起。

4. 可持续发展原则

可持续发展是1992年世界环境与发展大会制定的《联合国21世纪议程》的基本精神，是当代全球经济和社会发展的一种新发展观。我国政府先后制定的《中国21世纪议程》和《中国海洋21世纪议程》也强调了可持续发展的思想。可持续发展是"既满足当代人需求，又不损害子孙后代满足其需求能力的发展"。它在社会观方面主张公平分配；在经济观方面主张保持地球自然系统平衡的同时经济持续发展；在自然观方面主张人与自然和谐相处。海洋作为一种有助于实现人类可持续发展的宝贵财富，在对其开发和利用过程中，更应该坚持可持续发展原则。要树立"海洋是我们从子孙后代手中借来的"观念，保护好海洋经济持续发展的资源和环境基础。同时，要本着公平的原则，使各种海洋资源在各产业部门之间、地区之间实现公平分配。

5. 以海为主，海陆兼顾原则

"海上山东"建设既具有一定的相对独立性，又与"陆上山东"建设存在有机的联系。因此，优化"海上山东"的产业结构必须从国民经济的整体出发，在考虑海洋产业结构问题的同时，兼顾陆地产业问题，注意海洋经济与陆地经济的协调发展，但考虑的重点仍是海洋产业问题，否则就无法称其为是对海洋产业结构进行优化。

6. 综合效益原则

效益是一切事业的根本，优化"海上山东"的产业结构同样必须坚持效益原则，不仅要追求经济效益和社会效益，还要追求生态效益。优化产业结构的一切措施不能顾此失彼，应力求实现经济、社会和环境效益的统一。

二 "海上山东"的产业结构优化目标

根据对山东省海洋产业结构的现状分析，结合对"海上山东"建设目标的预测，我们认为，"海上山东"产业结构优化的总的目标是：在"海上山东"建成之时，实现山东省海洋产业结构的高级化。分阶段目标是：

第一阶段，到 2010 年左右，实现山东省一、三、二次海洋产业结构由一、二、三为序的结构向三、一、二为序的结构转变；按目前划分标准的传统、新兴、未来产业结构实现由传统、新兴、未来产业为序的结构向新兴、传统、未来产业为序的结构转变。本阶段的目标实现后，山东省海洋经济可由初级阶段过渡到中级阶段。

第二阶段，到 2030 年左右，实现山东省一、二、三次海洋产业结构由第一阶段的三、一、二为序的结构向三、二、一为序的结构转变；按目前标准划分的传统、新兴、未来产业结构实现由第一阶段的新兴、传统、未来产业为序的结构向新兴、未来、传统产业为序的结构转变。本阶段目标实现后，山东省海洋经济可由中级阶段过渡到高级阶段。

上述目标实现后，"海上山东"的产业结构可基本实现由目前的初级阶段向高级阶段的转变，完成山东省海洋产业结构的高级化过程。

第三节 优化"海上山东"产业结构的对策

为实现"海上山东"的产业结构优化目标，应采取如下对策。

一 制定和实施《山东省海洋产业发展规划》，明确不同时期的海洋主导产业

如前所述，主导产业不明确，是山东省海洋产业结构中存在的一大缺憾。因此，有必要立足于全球海洋产业的发展趋势，着眼于可持续发展，由海洋主管部门组织各方面专家制定以优化海洋产业结构为中心的《山东省海洋产业发展规划》。重点明确各时期"海上山东"建设的主导产业及扶持政策。规划制定后，要以法律形式确定该规划的合法性与权威性，避免出现"规划规划、墙上挂挂"的弊端，使其成为指导全省优化与调

整海洋产业结构的指南。

主导产业的选取是涉及面广、涉及因素多的工作，需要组织专家、学者认真论证。根据前述"海上山东"产业结构优化的目标及对山东各产业发展现状、资源潜势及产业市场前景等因素的综合分析，我们建议，第一阶段应以港口海运和滨海旅游业为主导产业，加大其发展力度，同时扶持海洋化工、海洋药物、滨海石油、海水增养殖等产业；第二阶段以海水资源综合利用、海洋化工为主导产业，加大其发展力度，同时扶持滨海旅游、海洋服务业、海洋能源利用等产业的发展。

二 加快海洋捕捞、海洋运输、海盐业等传统产业的技术改造，使其逐步向资金、技术密集型转化

海洋捕捞、港口海运、海盐是山东省的三大传统海洋产业，在山东省海洋经济中占有重要地位。近年来，这些产业虽有一定的发展，但与发达国家和地区相比，产业的技术构成明显落后。如在海洋捕捞方面，大、中、小型渔船比例严重失调，能从事外海和远洋捕捞的大马力渔船太少，而中小马力渔船特别是小马力渔船过多；在港口海运方面，港口装卸的机械化、自动化水平较低，海洋运输船舶的自动化程度不高，大型运输船舶小，集装箱运输虽有发展，但仍不能满足需要等；在海盐业方面，盐业的机械化程度不高，至今仍未完全摆脱手工扒盐的生产方式，在某种程度上仍然是"靠天吃饭"，等等。这些情况无不说明对传统产业的技术改造已提到议事日程。因此，要有计划、有步骤、有重点地对这些传统产业进行技术改造，积极调整这些传统产业的内部结构，使这些产业由目前的劳动、或劳动—资金密集型向资金—技术密集型产业转变，提高其产品的技术含量和附加价值，使这些传统产业能为"海上山东"建设目标的实现做出较大的贡献。

三、利用高新技术，培植和壮大具有生命力的新兴海洋产业

新兴海洋产业与传统海洋产业相比，其突出特点是大都是资金—技术密集或技术密集型产业，其产品具有高附加价值、高技术含量、低资源消耗、少环境污染等特点。这些特点决定了发展新兴海洋产业对优化海洋产业结构具有重要的意义。因为，从某方面来说，优化海洋产业结构的目的就是要不断提高海洋产品的附加价值和技术含量，减少其对资源的依赖程度和对环境的不利影响。

目前，山东省已初具规模的新兴海洋产业有滨海旅游业、海洋化工、海水养殖等，已具雏形的新兴海洋产业有海洋石油、海洋药物等。在这些新兴海洋产业中，除前面提到的滨海旅游业应作为主导产业扶持外，还应对海洋化工特别是海洋精细化工及海洋药物给予高度重视。因为这两类产业不仅具有典型的"二高、二低"（高附加价值、高技术含量、低资源消耗、低环境污染）的特点，而且山东在发展这两类产业方面具有独特的优势、良好的基础和条件，较大的发展潜力。相形之下，海水养殖和海洋石油只能适度发展。因为，海水养殖对环境影响和依赖较大，且目前全省普遍存在养殖密度过大、养殖区域环境质量下降等问题；而海洋石油除了对海洋环境影响较大外，还对资源具有巨大的依赖性，而在海洋石油资源方面，山东省不具备明显优势。

除了上述已具规模和已具雏形的新兴海洋产业外，我们还应密切注意海洋高新技术进展情况，一旦在某方面取得突破，要能及时将其转化为现实生产力，培养出一批具有生命力的海洋产业，使之成为"海上山东"建设的新增长点。

四 高度重视未来海洋产业

海水资源综合利用（包括海水直接利用、海水淡化、海水化学资源提取）、海洋能利用等产业是极具生命力的未来海洋产业，具有广阔的发展潜力和空间。这些产业的形成和发展，不仅对优化"海上山东"的产业结构具有重要意义，而且对山东省解决未来发展所面临的水资源问题、能源问题具有重要意义。

海水资源综合利用技术与海洋能利用技术是海洋高新技术领域发展比较快、科技成果转化为现实生产力比较好的一个结合点，其产业化越来越得到国内外海洋界专家、学者及产业界人士的重视。山东省在海水资源综合利用、海洋能源利用方面已经起步，只是规模还不够大，成本还比较高，在这方面的投入也比较少，开发利用发展缓慢，与国外先进国家或地区相比差距较大。例如在海水直接利用方面，日本80%的工业冷却水用海水；德国是70%。我国的香港地区，用海水冲厕已有十几年历史，现在70%的厕所用海水冲洗。而在山东省,仅青岛、烟台等城市有一些工厂直接利用海水作为冷却水。

与其他海洋产业相比较,海水综合利用、海洋能利用等未来海洋产业对资金和技术特别是对海洋高新技术依赖性很大,使其实现产业化的任务非常艰巨。为此,要从战略的高度对这些产业的发展给予重视,有计划、有步骤地组织科研人员进行攻关,及时解决这些领域产业化开发过程中遇到的各种问题,使其能在2010年左右基本实现产业化,在2030年左右成为山东海洋经济的支柱产业。

五 调整企业组织结构,组建大型海洋产业集团

山东省海洋产业的缺点之一,就是有些产业组织分散,缺乏规模,尤其是缺乏年产值几十亿、上百亿元的大产业,从而限制了全省海洋经济实力的提高。实际上,许多海洋企业都存在密切的产前、产中、产后联系,可以按"科工贸一体化、产供销一条龙"的原则组建大型企业集团,以实现规模经济。山东海化集团的成功给我们有益的启示。山东海化集团是以山东潍坊纯碱厂和山东羊口盐场两个国有大型企业为龙头,通过股份制形式等,由40多个国有大型企业和一批乡镇配套企业组成的大型企业集团。自1995年,成功地实现盐碱联合以来,通过大力度进行结构调整,资产总额由联合之初的27亿元猛增到35.1亿元,实现利税由联合之初的1.9亿元增加到3.37亿元。目前,该集团纯碱生产能力达到80万吨,原盐生产能力达200万吨,已有十多种产品打入国际市场,年创汇达2200多万美元。成为全国最大的海洋化工生产和出口创汇基地。海化集团成功的例子说明,联合出效益,联合是经营困难的企业摆脱困境的出路。

借鉴山东海化集团的成功经验,基于山东省海洋产业多以中小企业为主的事实,我们应积极引导企业根据产前、产中、产后关系,按专业分工与协作关系、资源开发利用关系,组建全省或区域性海洋集团,以改善山东省海洋企业的组织结构,提高企业的经济效益,并为优化"海上山东"的产业结构做出贡献。

六 加快滨海地区基础设施建设,为海洋产业的发展创造良好的环境

海洋产业的发展不仅需要交通、通信、能源等一般性的基础设施,同

时由于产业部门自身特点所致，还需要相应的基础设施相配套。如海水养殖和海盐业需要相应的防护工程设施的保护，港口需要有相应的陆上交通设施担负经港物资的集疏运。海洋环境监测、海洋灾害预报、海洋信息服务等是公益性的基础海洋产业，没有这些产业的发展，其他产业的发展将受到很大的制约。因此，政府应重点支持滨海地区的基础设施建设和海洋服务业的发展，为海洋产业的发展创造良好的环境条件。

第六章 "海上山东"生产力空间布局

第一节 海洋生产力合理布局的重要性

海洋生产力是决定海洋经济发展的基础。海洋生产力结构、布局的优化合理与否,直接关系到海洋经济的发展进程和发展方向,没有高效、合理的海洋生产力地区布局,海洋经济大发展只能是一句空话。海洋经济的腾飞必须要有合理的海洋生产力结构和地区布局作为前提。

一 海洋生产力的合理布局是国民经济综合管理的要求

国民经济系统是一个复杂、多层次、多方面的有机的生产力复合结构,它的存在及有效运转需要其各组分的相互协调,相互制约,相互促进而完成,任何一部分的差异性发展将会导致整个系统发生结构的变化,从而导致整个系统向不同的方向发展,其结果尽管很难准确预测,但其大体发展态势是可以评估的,因而如何保持整个系统的平衡稳定,促其向人们所要求的方向稳步发展,成为国民经济管理的基础。

海洋生产力作为沿海各地区国民经济的主体,在当地国民经济发展中所起的作用是非常大的,它的发展好坏,直接影响当地经济发展目标的实现,因而海洋生产力的调配成为当地国民经济管理的主要内容,不但海洋生产力的结构要优化,海洋生产力的布局也必须合理,只有产业结构的优化,地区生产力布局的合理化目标达到以后,才能实现其国民经济结构系统化和完整性,也才能为整个国民经济实现良性运转提供相关因素保障。国民经济管理要求国民经济各要素尽量达到最优化的要素配置,通过各地区之间的要素优化布局来实现整个系统要素结构的均衡,并在特定要素的配置上实现地区特色,做到轻重缓急有序配置,这些都是海洋生产力地区布局所要重点突出的内容，因此海洋生产力的合理布局是沿海地区国民经济管理不可或缺的基本管理内容之一。

二 海洋生产力的合理布局有利于维护环境和生态平衡

海洋生产力发展的前提条件之一是海洋资源的保障，海洋资源的地区分布可以说从根本上决定了海洋生产力的发展和布局，海洋资源的丰度推动了相应海洋产业的发展，反过来，各海洋产业的发展也加剧了海洋资源的开发进程，从而导致了海洋资源的过度利用问题。从某种意义上说，海洋生产力的大发展是造成海洋资源枯竭的元凶，而海洋资源的衰竭又带来了相应的环境问题，反过来又在很大程度上制约着海洋生产力的进一步发展，如此形成的恶性循环将最终导致海洋生产力物质基础的崩溃。如何面对现实，彻底或从根本上解决或缓解这一矛盾，是海洋生产力持续发展所面临的最为迫切的问题。生存、发展是沿海各地区社会发展的前提，没有物质生活基础的保证，没有经济的发展，没有人民生活水平的提高，单纯维护资源，保护环境是不现实的，也不会得到人民的认可，因而如何在保证发展的前提下，尽可能地维护资源，保护环境，维持生态系统的平衡是海洋经济发展的中心问题。如何解决这一矛盾，是海洋生产力发展最为棘手的问题，如何根据海洋资源的空间分布，种类、质量、环境状况等合理配置海洋生产力，做到对海洋资源开发的最优配置，在保证环境的前提下实现海洋生产力的深入发展是海洋经济今后的必由之路，仅仅依靠对资源、环境的直接行政干预或其他社会、经济、行政手段进行维护不是根本解决办法，只有实现资源、环境的有偿化、市场化，通过经济手段来实现海洋生产力布局的合理调整，最终其海洋生产力布局的市场化的优化又保证了环境的质量维护和资源的高效配置，这是海洋生产力布局的发展方向，也是实现环境资源高效利用的基本途径。

三 海洋生产力的合理布局有利于缩小地区之间的差距

地区生产力发展的不平衡现象直接导致了地区经济发展水平的差异，从而导致了地区之间人民生活水平的差异，也从而引发了一系列社会、经济问题。近年来随着各沿海地区海洋经济的起飞，这种地区间的差距有加大的趋势。当然地区差距的存在有着多方面的原因，有历史的，也有现实的，但深入分析发现，相当程度上是其生产力结构与布局不合理造成的差距，如山东胶东地区与莱州湾沿岸，黄河口地区及日照市沿海地区相比，尽管其有一定的资源优势和物质基础，但这不是决定因素，很多地区在资源优势上并不弱于胶东半岛烟台威海地区，发展进步阶段也并不落后很多，但其海洋生产力发展的差距却是非常明显，由其而发的地区社会、经济不均衡现象也十分明显。尽管不均衡发展在很多地区国民经济发展中是不可少的一个阶段，在某些方面，这种发展的差异也在某种程度上促进了当地国民经济的发展。但从长远来看，这种地区间的不均衡将最终影响地区整体经济的持续稳定发展，会带来很多社会问题，从而在很大程度上对经济发展起到制约作用，只有最终达到整个国民经济的平衡发展，才能保证整个国民经济系统的稳定持续发展，这也是国民经济管理的最终目的之一。依据国民经济总体目标规划，合理调配海洋生产力，做到海洋生产力的均衡配置，从而推动海洋经济系统在整体范畴的均衡，促进落后地区经济的振兴，维持发达地区的发展后劲，只有这样，才能保证不同地区经济要素的优化配置，逐步缩小地区之间的各种差距，推动"海上山东"建设的深入进行。

四 海洋生产力的合理布局有利于沿海地区战略防御体系的形成

沿海地区的战略防御体系在不同历史时期有不同的内涵，在战争或地区冲突阶段沿海战略防御体系是御敌于国门之外，拓展防御范畴，以强大有效的军事防御或突击力量在沿海地区进行局部战争的基本战略。沿海地区的海洋生产力布局在这种情况下，就必须有明确的防御观念，能够有效保存工业能力，提供后勤支援。战略装备提供能力等都是沿海海洋生产力布局所必须具有的。在和平时期，当然也是在历史的主流中，所谓的战略防御体系是指抵抗自然灾害和人为灾害的应急能力及灾后恢复能力，及时、迅速反应，严密、准确行动，有序、高效的抗灾、减灾系统，这对沿海地区的海洋生产力结构及布局提出了较高的要求，海洋生产力的合理配置不仅可以从区域、时间上提前防御，避开主要自然灾害的破坏，也可以在一些突发性自然灾害发生后，有效地减轻或消除部分自然灾害所造成的严重后果，不仅从经济上，也从社会和环境效益上减灾防灾，从而把灾害带给我们的损失降到最低限度，为沿海地区的社会经济持续发展保驾护航。因此，沿海地区根据灾害防治史料及科学预测，进行海洋生产力的合理布局是抗御海域冲突、局部战争及各种自然灾害的有效手段之一，是保障沿海及整个地区社会、经济稳定，人民生活持续增长的保证。

第二节 海洋生产力布局的原则和依据

一 布局原则

海洋生产力的布局应按照客观经济规律，以宏观国民经济管理理论为基础，结合"海上山东"建设的实践，遵循以下原则进行。

1. 根据经济发展的平衡原则，均衡配置生产力要素

沿海经济体系作为整个国民经济体系的一个有机组成部分，其要素构成及相互联系，制约作用机理基本一致，作为一个多生产力要素相互嵌合而成的一个经济子系统，各要素生产力的发展是不均衡的，步调、过程差异较大，在某些作用机制上互相促进，但在大环境下其促进与制约因素相互协调，共同维持着沿海经济子系统的有效运转，但运转效率如何，决定于作为基本要素组分的各海洋生产力之间的相互关系。各海洋生产力要素间的绝对优化组合是不现实的，但相对优化和地区布局优化是完全可以实现的，只有在海洋生产力平衡发展的前提下，沿海经济子系统的正常运转才有可能实现，当然这里所说的平衡发展并非人们一般理解上所指的齐头并进或大而全、小而全的全面发展，而是依据子经济系统需要，在整个国民经济系统范畴内做到有重点的优化配置海洋生产力要素，在突出重点的同时，也要突出地域特色，促进各海洋生产力要素间的协调与推进，减少不必要的要素摩擦和抵毁，从而达到海洋生产力要素的最大程度利用。这种海洋生产力要素的均衡配置不仅体现资源开发利用的价值观，也要体现环境、社会价值，只有做到了各方生产力要素均衡下的优化，才有可能真正达到海洋生产力的优化布局。

2. 遵循地域分工规律，发挥优势，突出重点

地区经济的发展应看作是一个独立的子系统，其相应的有机组分缺一不可，不同地域在整个子系统所起的作用和所处的地位是不同的，雷同的

类似地域子系统下的小系统的存在于整个子系统的发展中是非常缺乏竞争力的,只有突出各自的地域特色,以己之长克人之短,并在统一协调的基础上扬长避短,统一调度,有机结合成一个整体,才能充分发挥整个地区子系统的优势,才能在经济大潮中具有强有力的竞争力,在市场中处于不败之地,也才能最终促进地区经济的腾飞。否则,缺乏竞争力,没有自己特色的地区经济子系统的潜力很难得以充分发挥。按照各自的地域分布,资源优势,有重点、有计划地配置海洋生产力要素,做到各自的特色鲜明,优势突出,从一开始的阶段就立足于不败之地,这是海洋生产力地区布局的先决条件之一,以不同的地域承担不同的责任和义务,并分担相应风险,从而充分优化各地域海洋生产力要素的配置,这不但符合经济区域发展规律,也是市场竞争的需要,海洋生产力合理布局充分发挥各自的地域优势,共同形成整体优势明显的地区经济子系统,以抗御各种环境及社会、经济不利因素的影响,减少风险因素,从而最终达到经济的持续发展。

3. 遵循劳动生产率规律,实现合理布点

社会经济的发展离不开劳动生产率的提高,劳动生产率低下,其他条件再好,发展速度再快也是一时的表面繁荣而已。其发展潜力和后劲的不足最终导致发展的停顿甚至倒退,同时也会造成资源的巨大浪费,使发展不会持续长久,最终会造成整个国民经济的衰退。劳动生产率的提高除了科技、资金因素外,生产力的水平高低也是相当重要的一个因素,沿海地区国民经济系统中海洋劳动生产率的提高也逃脱不了海洋生产力的制约。要想达到较高水平的劳动生产率,不仅要提高海洋生产力素质,同时也要优化海洋生产力结构和布局,其中,海洋生产力布局的优化对于提高海洋劳动生产率的作用相当明显。地域不同,资源状况不一样,社会经济发展水平也不一样,同一海洋产业类群在不同的地域其发展趋势有明显差别,在适宜的地域,劳动生产率很高,不适应的地域,由于各方面制约因素较多,从而导致了劳动生产率的低下,这不能适应"海上山东"建设的要求,如何对海洋产业合理布点,实现海洋生产力的优化配置,直接影响到劳动生产率的高低,要想尽快实现较高的劳动生产率,必须满足其对各方面制约因素的要求,海洋生产力的布局优化作为推动劳动生产率提高的一个有机组分,必须以劳动生产率的提高为前提,从而推动"海上山东"

建设的进程。

4. 遵循基本经济规律和生态规律，防止过于集中或过于分散

海洋生产力的布局必须以市场规律为导向，在基本经济规律指导下，在遵循生态规律，不破坏环境的前提下进行。首先其海洋产业的产品必须适应本地及其他地方市场的要求，其成本—效益比必须符合经济规律要求，没有市场的产品形不成产业，没有产业群体也谈不上海洋生产力，就更不用说产业布局了。海洋生产力的发展布局必须以市场需求为导向，结合本地实际进行，必须要见效益。要切实推动地方海洋经济的发展。其次海洋生产力的布局要注意环境因素，要注意保护生态平衡，因海洋生产力的布局不合理并导致生态环境的破坏是遗患子孙的，是不可取的，只有实现了经济和环境效益的整体优化才能保证海洋经济的持续发展，只有这样的海洋生产力布局才有其生命力。最后海洋生产力的布局要遵循全局观念，尽管有时一个地方可能适于多种海洋产业的发展，但同时进行多种海洋产业活动所造成的负面影响最终可能会超过其正面效益，从而使其生产力失去竞争力，因此海洋生产力的布局要按照均衡原则进行，有条件的前提下也不要一哄而上，要有远见，站在全局观上考虑问题，按国民经济发展的实际及远景规划要求来进行合理分布，从而避免过于集中或过于分散，减少海洋生产力的整体活力。

二　海洋生产力布局的主要依据

1. 山东经济和社会发展总体规划及山东省海洋产业发展规划

要以山东经济和社会发展总体规划为基础，在不违背基本要求和发展方向的前提下，确定山东省海洋产业发展规划，在此规划的范畴内确立各海洋产业的发展方向及远景规划。各海洋产业的规划要求实现所需要的各种要素、保障条件的细化是海洋生产力布局的基本依据。海洋生产力的布局要以宏观海洋产业发展规划最终实现山东国民经济社会发展规划为目的。一切前提条件满足的基础在于照章行事。没有一个明确的目标和规划，海洋生产力的布局就失去了存在的意义和优劣比较的必要。海洋生产力布局的优劣要以对实现目标规划的作用来评价，理论上局部的海洋生产力布局如果不能很好地实现海洋产业发展目标也是没有现实意义的，因此山东国民经济和社会发展规划以及山东海洋产业发展规划是海洋生产力布

局最基本的指导原则。

2. 山东海洋功能区划

山东海洋功能区划是根据山东海域自然属性同时兼顾社会属性，在对海域及依托陆域的自然环境、自然资源、开发现状和社会经济等多方面资料，国家及沿海其他省市有关海洋规划、功能区划进行综合评估的基础上，按照环境、资源条件、产业开发前景等方面进行综合分析的结果。它不仅对国家重点项目、本地区主导产业和发展项目优先保证，并且对多功能海域和滩涂进行全面的功能划分，确定了功能开发顺序，缓解不同功能之间的矛盾使之真正能实际应用于海洋产业开发，对海洋生产力的布局起到科学的引导作用，从而避免了海洋开发的盲目性，减少了对海洋资源的浪费。因此，山东海洋功能区划作为山东海洋生产力合理布局的指导原则之一，不仅从海洋资源上做到了最优化配置，对于未来的海域环境效益也将起到很大的促进作用。

3. 联合国海洋法公约

联合国海洋法公约作为一个世界沿海各国之间的协议，体现了现代海洋开发的趋势和基本要求，它不仅要求各国家政府要切实遵守，也要求各国的基层政府来作为此公约得到切实执行的保障部门。作为各国认可的海洋开发及管理法规，基本观点反映了大多数国家的海洋开发意愿，不仅包括领土规范，也包括资源开发规范，在很多方面不仅涉及各国家的中央政府，也涉及地方政府，在很多方面提出了对各国沿海基层政府的要求，因此山东海洋生产力的布局，须考虑到公约的某些要求，在自觉维护国际权限的原则下设定自己的海洋开发规范，从而在海洋经济得到发展的同时，使国家的海洋权益和义务也得到保障。

第三节　山东省海洋功能区划基本内容

山东省海洋功能区划按照全国海洋功能区划简明技术规定的要求和功能区划指标体系，依据各地的自然环境、资源及社会经济发展状况将山东省沿海地区划分为五大类三级体系，共计大小功能区 321 个，具体情况如下。

一 功能区划区域类型

1. 开发利用区

包括已开发利用和尚未开发利用但有某种开发利用功能的区域,包括空间开发利用区、矿产资源开发利用区、生物资源开发利用区和化学资源开发利用区。

2. 治理保护区

对海洋资源和环境进行恢复保护的区域,包括资源恢复保护区、环境治理保护区。

3. 自然保护区

是保护海洋资源和生态环境、珍稀和濒危动植物、主要地质剖面和地质遗迹及环境景观,以及重要海洋历史遗迹等而开辟的野外研究基地。区划范围内包括长岛、成山头、日照海洋综合自然保护区,马谷山地质修珍保护区和胶州湾科学实验区。

4. 特殊功能区

具有特殊综合功能和特别用途的区域,包括排污区和倾废区等。

5. 保留区

为了有效开发利用某种资源,必须暂缓实施开发利用,以及功能特定或功能有争议的未开发区域,保留区共划分3个。

二 主导功能区划分布

1. 近海区

指养殖区以外的区域,主要功能为渔业;其次为油气开发及海运。

2. 庙岛区

包括蓬莱至北隍城之间的庙岛及周围海域,本区渔业资源丰富,主导功能为渔业,其次为旅游业。

3. 滨海Ⅰ区

从大口河河口至朝河河口,包括惠民地区的无棣、沾化两县。本区盐业资源丰富,滩涂广阔,贝虾类资源储量较大,适于养殖业的发展,本区主导功能为盐和盐化工,其次为油气、渔、牧、农业。

4. 滨海Ⅱ区

本区范围为淄脉沟至潮河之间,包括东营市区、垦利县和河口区,该区具有油气和土地两大资源,主导功能为油气开采;其次为牧、渔、农、盐。

5. 滨海Ⅲ区

本区范围从淄脉沟到虎头崖,包括潍坊地区和东营市广饶县的沿海地带、滩涂和浅海。本区最大的资源在于丰富的地下卤水资源,另外具有广阔平坦的滩涂资源。本区的主导功能是盐业和盐化工,海水养殖,其他功能包括渔、农、牧业。

6. 滨海Ⅳ区

本区范围从虎头崖至蓬莱阁,包括莱州市、招远县、龙口市和蓬莱市蓬莱阁以西的沿海地带和浅海。本区的主要优势是矿产资源丰富,主导功能多为矿产业,其他依次是港口、农业、果业、渔业。

7. 滨海Ⅴ区

本区从蓬莱丹崖山到荣成市的凤凰尾,包括蓬莱、烟台市区、牟平、威海市区和荣成市的沿海地带及临近海域。本区有三大资源优势:港口、渔业和旅游,主导功能依次为港口、渔业、旅游和农业。

8. 滨海Ⅵ区

本区从荣成市的凤凰尾到崂山区的文武港,包括荣成市、乳山市、文登市、海阳市、莱阳市、即墨6市的沿海地带和临近海域。本区河流丰富,土地肥沃,滩涂丰富,贝类及对虾等养殖前景广阔,本区主导功能为渔;其次是盐业、农林、果业。

9. 滨海Ⅶ区

本区从崂山文武港到胶南的牛岛。本区岸线曲折,港湾众多,港口资源丰富。本区主导功能一是港口、二是旅游。其他还有渔业和盐业,为港口旅游区。

10. 滨海Ⅷ区

本区从胶南的牛岛到日照的绣针河口,包括胶南东部沿海大部分地区和日照市的东部沿海地区及临近海域。本区港口、渔业资源较发达,主导功能依次为港口、渔业和盐业。

第四节 山东海洋生产力空间布局调整建议

依据山东海洋开发规划和山东海洋功能区划内容，结合山东沿海各地资源及各方面条件的特点及各地发展现状，遵照海洋产业重点发展方向及重点，山东海洋生产力布局可考虑以下分布。

一 总体布局

1. 渤海沿岸盐油开发区（滨海Ⅰ～Ⅳ区），包括滨州、东营、潍坊和烟台的莱州市

本地区优势是大面积的宜盐滩涂和宜养浅海水域及丰富的卤水、油气资源。劣势在于港口发展落后，工业基础薄弱。今后发展重点应为海盐及盐加工业、港口建设和浅海滩涂增养殖业。首先，应加强莱州港和滨州港的建设；其次，应在稳定发展莱州湾盐业生产，发展潍坊盐化工的基础上，重点发展滨州地区的海盐生产和东营市的盐化工业。开发黄河口大片浅海滩涂，大力发展虾、贝增养殖业；最后，应积极做好渤海油气开发的前期准备工作，争取下个世纪把东营建成我省渤海沿岸海洋石油化工基地。

2. 烟威渔业、旅游工业区，包括烟台市和威海市（滨海Ⅴ区、Ⅵ区及庙岛区）

本区优势为丰富的港址、旅游和渔业资源，不足之处在于产业结构相对落后，渔业占比例过大。主导产业为渔业和港口。本区应以烟台、威海两市为中心，依托烟台、龙口、威海三港，重点发展浅海海珍品及贝藻增养殖业，逐步提高其养殖层次，向集约化、生态立体化发展。在发展港口运输的基础上，改善海洋捕捞结构，发展高效海水增养殖业，以优质、出口鲜活海珍品的养殖为主，以水产增养殖的振兴带动水产加工和滨海旅游业的发展，建成我省海产品出口加工基地和滨海疗养旅游基地。

3. 黄海沿岸港口旅游区，包括青岛市和日照市（滨海Ⅶ区、Ⅷ区）

优势是拥有天然深水良港、独特的自然、人文景观和雄厚的海洋科技力量。重点发展产业为海洋交通运输业、滨海旅游业和海洋未来高新技术产业。充分利用青岛海洋科学城的优势，带动本区海洋高新技术产业的发

展。以青岛、日照两大港口的建设带动整个地区经济的繁荣。以青岛高新技术开发区、青岛经济开发区和日照高新技术开发区为基础，率先进行海洋药物及保健品、海洋精细化工、海水综合利用、海洋能源等未来产业的开发前期准备工作。以青岛国家旅游度假区和日照万坪口旅游开发区为依托，发展创汇旅游，建成青岛国际化大都市和日照亚欧大陆桥头堡。

二 行业布局

1. 海洋渔业布局

山东省海洋渔业资源丰富，渔业生产环境优越，长期以来，渔业在山东海洋产业中占有绝对主导地位，是沿海地区经济发展的主要原动力。近年来，由于捕捞强度增长过快，环境污染加剧，导致了渔业资源的急剧衰退，最终严重影响了山东沿海各地海洋渔业的深入持续发展。调整渔业结构，优化产业布局已成为山东海洋渔业能否持续稳定发展的必由之路，其调整势在必行，主要调整方向如下。

（1）稳定捕捞、发展养殖、突出加工。在保护海洋渔业资源，维持捕捞业持续发展的前提下，稳步发展捕捞业，提倡发展远洋和外海捕捞作业，严格限制近海捕捞力量，以减缓我国近海水产资源的衰退，为渔业的今后发展留出一条后路。与此同时加快增养殖业的发展，积极转移捕捞剩余劳动力和资金，向增养殖业靠拢，在发展滩涂养殖的基础上，重点开展浅海的增养殖业开发，以弥补捕捞业的资源不足问题，在获得水产品高产的基础上，开展水产品深加工系列开发，以提高其附加值，大幅度提高水产品收入，使山东省的"大渔业"达到一个新的层次。

（2）提高技术水平，发展高效渔业。以先进的技术装备、生产技术来武装本省现代化的渔业生产。在捕捞、养殖、加工各单位现有技术装备的基础上，加快其技术设备更新改造步伐，积极筹措资金，进行老设备、老技术的更新换代，以最新技术设备来发展山东现代化的远洋船队，发展高效益的海珍品养殖和高附加值的海产品精加工业，以科技生产力为重点，努力提高山东省渔业生产效益，在保护资源的基础上，使山东的渔业发展更进一步。

（3）渔业重点的战略西移。由于受到资源、环境、劳动力等各方面条件的限制，胶东一带渔业开始出现徘徊局面，未来前景并不是很乐观。

而山东西北部沿海地区，如惠民、东营等地渔业还相当落后，有大量的滩涂、浅海资源而不能充分利用，造成了资源的很大浪费，再加上这些地区生产落后，人民生活还不富裕，急需尽快有所改善，因此，考虑到山东省渔业发展出路，为了增强其发展后劲，尽快开发山东西北部沿海地区渔业不失为一项明智之举。

2. 港口及海洋交通运输业布局

尽管目前山东已具有沿海大小港口25个，对外开放口岸7个，万吨级泊位达40个，国内航线遍及全国沿海各地，已初具规模，形成了比较合理的，功能齐全的港口群，但相对于山东的国民经济发展结构和海洋产业布局原则，目前的海上运输及港口分布仍存在明显的不足，主要表现在港口空间分布和不同口岸运力差别上。

相对于山东省沿海三大产业集团区而言，港口布局明显不合理。渤海沿岸盐油开发区无一大中型港口，目前仅有东风港、下营港、富国港几个小型港口，年吞吐能力尚不及100万吨。东营港年吞吐能力虽达百万吨以上，但一直未正式投入运营。这远远落后于该区经济发展对海上运输的需求。烟台至威海地区虽然港口较多，但大多为中、小型港口，除烟台港年吞吐能力超过1000万吨，龙口、威海两港吞吐能力在百万吨以上外，其余皆为年吞吐能力几十万吨到几万吨的小型港口，与山东半岛南岸的日照至青岛地区相比仍有较大差距。随着青岛港和日照港近年吞吐能力的迅速提高，南北差距有进一步扩大的趋势。目前，青岛、日照两港的总吞吐能力达1亿多万吨，占全省总吞吐能力的70%以上，所占比重明显高于半岛北部沿岸港口。因此海上运输业的产业布局优化要以提高综合运输能力为重点，加快港口及运输能力的平衡发展，形成以青岛、日照、烟台三港为枢纽港，龙口、东营、威海、石岛、岚山等中小港口为辅的综合平衡的山东沿海运输体系。其产业布局调整方向如下。

（1）港口布局。依据国民经济发展需要，加快青岛前湾港，烟台西港池、日照港二期工程、滨州和龙口等大港的建设，配套改造中小型港口。重点开展青岛集装箱、石油运输、日照港煤炭、化工材料运输、烟台港杂货运输，使半岛两面形成青岛、日照、岚山港群、烟台、龙口、威海港群，以及东营港、滨州港等三大港群体系。在加强老港改造，搞好配套设施的同时，加快新港建设，尽早形成青岛港亿吨吞吐能力，烟台、日照

5000万吨吞吐能力，龙口、滨州、威海尽早跨入全国大港行列，实现山东半岛南北两岸港口平衡发展、合理分工、有机结合的港口布局。

（2）海运船队建设。调整船舶运输结构，优先发展集装箱运输和客货滚装运输，提高综合运输能力和服务水平。以先进技术设备对船舶进行更新改造，不断提高运输船队的现代化水平。加强海洋运输管理，提高运输人员素质，强化运输服务体系，合理配置运力，提高船舶的利用率，以增强其在国际上的竞争能力。

（3）海上航线。坚持国内、国际航线并重，在增加国内航线的同时，大力开辟国际航线，在开通青岛、烟台至全国各主要港口航线的基础上，对于重点地区增加航班。国际航线要加强对韩国、澳大利亚、中南美洲及非洲的航线开辟工作，利用山东省处于沿黄协作带八省区入海口的有利条件，依托胶济铁路兖石铁路、连接亚欧大陆桥，使青岛、日照两大港口成为大陆桥的两大桥头堡。

3. 海盐及盐化工布局

山东省海盐生产已多年稳居全国第一，主要产盐区为潍坊，占全省总产量的70%左右，其次为烟台、青岛、惠民地区。其中莱州湾沿岸地区是山东盐业生产、盐化工的主要生产基地。由于受市场需求的限制，盐业生产近年来一直呈徘徊局面，盐化工业近年来发展迅速，特别是潍坊盐化工集团的成立大大推动了盐及盐化工业的发展。

海盐及盐化工布局主要调整方向如下：

（1）海盐。山东省黄海沿岸（包括日照市、青岛市、威海市和烟台东部盐区），由于受滩涂面积所限制，盐业外延扩大再生产困难，只有靠挖掘自身潜力增加原盐生产，今后应随着当地经济的发展逐步控制其生产规模。而渤海沿岸（包括惠民地区、东营市、潍坊市和烟台市的莱州）由于具有丰富的宜盐滩涂及卤水优势，是今后山东盐业发展的重点区域。

（2）盐化工。①溴素。由于溴素生产的主要原料是地下卤水、制盐中级卤或盐田苦卤，这就决定了其生产布局必须与盐的规模及企业经济技术水平相适应，而不能盲目发展，今后山东省溴素的主要发展地区应集中在潍坊市、东营市。②其他盐化工产品的生产除继续保持青岛、潍坊两大盐化工基地的稳定发展以外，逐步把盐化工工业重点向东营市转移，建成山东省第三大盐化工基地，以东营市和惠民地区丰富的盐业资源为基础，建设几个重点骨干盐化工企业。争取到 2000 年，其产量及能力都达到与潍坊市相当水平，21 世纪初成为山东乃至全国最大的盐化工基地。

4. 滨海旅游业布局

山东滨海旅游业尽管发展速度很快，但地区发展不均衡差距较大。一些区域旅游发展给当地环境带来的压力较大，在某种程度上已开始影响整个海岸带系统的环境稳定，而在某些地区，尽管有丰富的自然、历史景观，但由于多方面原因，却没有得到有效开发利用，使旅游资源白白浪费，如何充分开发利用在沿海各地的旅游资源，推动山东沿海旅游业的振兴是山东滨海旅游业布局调整的重点。

山东省沿海旅游业内部结构布局的优化要建立在合理利用旅游资源和基本建设，以及服务水平稳步提高的基础上，把海洋自然景观和人文景观有机地结合起来，以现代化的旅游观光设施和高质量的服务为起点，重点建设青岛、烟台、威海、日照四大风景区，形成地方特色明显、旅游功能齐全、旅游类型多样的现代化的山东滨海旅游业。

青岛旅游区：以前海风景区、石老人国家旅游度假区、崂山风景区为基础，重点发展海洋、山川自然风光旅游；依托青岛港对外开放门户的优势，积极招商引资，在加快经济贸易发展的同时，推动青岛市商务旅游的发展。同时开辟薛家岛、田横岛等海岛自然资源，开发建设新的旅游景点。在开展国内旅游的基础上采取适当措施，逐渐减少游客数量，提高游客质量，缓解由于季节性旅游人数过度膨胀给青岛市带来的各种不利影响。重点加强国际旅游的发展。在搞好国际商务旅游的同时，加快其他旅游形式的开发步伐，争取到本世纪末，青岛市的涉外旅游业有一个较大的发展，把青岛建成国际旅游业发达的国际化大城市。

烟台旅游区：继续开发芝罘、蓬莱两个旅游区和养马岛旅游度假区。芝罘旅游区在完善现有景点的基础上，加快新的人工景点的建设，开展以"古山海林"为特色的海滨旅游中心。蓬莱旅游区要突出古建筑特色，以蓬莱阁和明代水城为主，修复戚继光水师府，修建古城墙、八仙居别墅群，以及海滨公园、海水浴场等，把古建筑、现代建筑、自然风光有机结合起来，形成集海上观光、海上运动、民俗文化于一体的现代海上仙境。养马岛旅游度假区要突出度假观光的特色，以马上运动为先导重点开展旅游度假村及旅游基础服务设施的建设，争取尽快建成一个多功能海岛旅游度假区。

威海旅游区：以刘公岛、成山头为旅游区开发重点，搞好人文古迹观光及田园自然风光的旅游开发，以"甲午忠魂"、"天尽头"等为主要景点，建成以威海为中心，北起刘公岛东至成山头，南至石岛的风光度假区。目前该区最大的问题是旅游基础设施建设不配套，交通、服务跟不上，今后应重点加强。

日照旅游区：属于旅游开发新区，相关旅游基础设施及服务水平尚比较落后，今后应重点加强其基础设施建设，以自然海滨风光、田园风光吸引国内外游客，发展有自己特色的风光旅游，不能盲目发展各种人工旅游景点。目前，日照旅游区最大的优势也在于其未受污染的海滨自然风光，发挥自己的优势是日照旅游区未来发展最大的希望。

东营旅游区：属于未来重点国际旅游开发区。重点开发黄河入海这一人类罕见奇观，黄河口国家自然保护区的原始风采，各种狩猎体育活动，以"奇、特、野"吸引国际国内的游客。

第五节 调整"海上山东"空间布局保障措施

"海上山东"空间布局的调整作为海洋经济发展的主要任务之一，涉及多方面、多层次的内容，其科学合理的调整是一项复杂的系统工程，需要多方协作，积极配合来完成，需要有各种相应的政策措施出台来保证"海上山东"空间布局调整的顺利实施。

一 "海上山东"战略决策的全民意识

"海上山东"战略作为一项跨世纪的战略措施是山东省委省政府为了加快山东国民经济发展步伐，促进外向型经济发展，进一步推动山东整体社会经济实力的提高，拓展资源开发视野，向高新技术产业进军的一项符合当今世界资源开发潮流，避免陆地资源危机的新思路，新意识战略系统工程。它的开展与实现涉及山东国民经济的各个方面、各个层次，特别是在海洋生产力的空间布局结构上，和山东沿海地市及省政府相关部门的通力合作，需要在全民各层次的广泛参与基础上才有可能顺利实施，没有这方面的保证，其空间布局调整只能是一句口号而已。

这种全民动员、广泛合作的基础是全民的海洋意识，也是全社会各层次对海洋资源开发的深入了解和对海洋产业的高度重视，这种认识要涉及海洋开发的全方位各层面，不能片面地只重一方，而轻视或视而不见其他方面。这种全民的整体性的海洋意识不仅需要大众化的海洋意识普及教育和海洋基础教育，更重要的是各级管理部门，各个领导同志的海洋意识。他们的意识强弱直接涉及各项海洋开发的规划与实施，是海洋产业大发展的决定层次，因此，加强他们的海洋观念是"海上山东"建设措施的首要问题。不仅要有所意识，而且要深入了解，只有从根本上意识到海洋资源对于人类的重要性，才能从行动中体现出来，这种管理层的海洋教育是"海上山东"能否实现的关键。

二 "海上山东"建设空间布局的法律法规保障

人治不如法治，这在很多经济管理领域已被广泛认同。强有力的法律法规体系是保障任何经济活动实现的客观保证，科学、合理、严格的各种规章制度在国民经济的各个领域正起到越来越大的作用，在海洋开发领域更是如此。海洋资源开发的高风险、高投资、高产出更对法律法规体系建设提出了更高的要求，这种要求的提高从客观上避免了人们主观思维的盲目性，从根本上把海洋开发的风险降低，在管理上，也给管理者带来明确的管理规范，一切按章办事，这是减少风险，避免纠纷，提高效益的一种有效保障。

法律法规体系的建设要切实适应本地海洋开发的需要，要有广泛的群众基础，要保证满足海洋管理的要求，所涉及的方方面面要系统化、科学化。不仅海洋资源管理要有法律法规，海洋产业开发、海洋规划、海洋环境、海洋人文建设也要有相应的法律法规。在层次上不仅要有全国性、世界性的海洋法律法规，地方性海洋法规建设也要健全，要从上到下，从大到小形成健全的海洋法律法规体系。要在全方位、各层次实现对"海上山东"建设的客观保证。

三 海洋开发财政、金融政策体系的保障

"海上山东"建设空间布局调整的前提必须有一个具有可操作性的规划，同时有相应的政策来配套各项规划思路的执行，这种保障政策体系不

仅有来自管理方面的，更多的来自于财政、金融部门的政策措施，由于海洋开发的高投入，需要有大量的资金来保证海洋开发的顺利进行，如果开发过程中或在开发立项时没有相应的财政、金融方面的优惠政策，在很多方面，海洋开发就失去了和陆地资源开发的竞争力，也谈不上海洋开发的大发展，就更不用说海洋产业空间布局调整了。

在一些有效的财政、金融政策出台的同时，也需要有地区倾斜性，全方位的优惠尽管鼓励了海洋产业的开发，但同时也造成海洋开发一哄而上，全面开花现象，不利于海洋开发的宏观布局管理，因此分地区、分产业、分时间的有重点的倾斜性财政、金融政策的完善是保障"海上山东"建设空间布局调整实现的有力促进因素。

四 海洋行政管理、监督系统的保障

海洋产业的空间布局调整不是自发而就的，尽管市场因素在某些方面可以起到客观调节作用，但目前市场体系特别是海洋市场体系的不健全严重影响了海洋产业结构优化的布局调整的走向，不仅速度滞后，而且时常发生方向错误，因此本着从大局着眼，从长远着眼的方针出发进行宏观调控和监督是十分必要的。这种宏观调控与监督的主导手段是各级海洋管理机构的日常工作保障，他们这方面工作的成绩大小及好坏直接关系海洋产业的整体布局结构。如何依据规划逐步完善海洋产业结构与布局，监控海洋产业走势是各级海洋管理机构日常工作的重要组成部分。

各级海洋管理机构的机构设置、管理条例、工作方式应满足现代化海洋管理的要求，要适应海洋开发管理市场的要求，要有预警和应急反应能力，能随时随地根据海洋开发规划条例要求制定出相应的反应措施，从而对海洋开发起到指导和监督作用，在最大程度上满足"海上山东"建设的空间布局要求。

第七章 "海上山东"建设中的资源开发

第一节 山东海洋自然资源及其评价

山东地处亚欧大陆的东岸，西北太平洋的西缘，位居中国东部沿海，她三面环海，以其中国面积最大的半岛纵伸入渤海与黄海之间。山东大陆岸线绵长曲折，蜿蜒3121.9公里，海岸类型多样，港湾众多，岛屿星罗棋布，海岛岸线737公里，其海岸线长度与陆域面积之比系数为2.428（公里/每百平方公里），远高于全国海岸线系数0.188（公里/每百平方公里），居全国前列。这种优越的海陆相对位置，使山东除陆域面积外，还拥有相当于陆地国土面积的海域面积，这是十分宝贵的蓝色国土。海洋资源不仅种类多，而且储藏量也十分丰富。据国家海洋信息中心选择滩涂、浅海、港址、盐田、旅游和砂矿等六种资源对沿海各省市进行丰度指数评价，山东位居第一。表明山东海洋资源具有显著的综合优势，是我国海洋资源大省。山东海洋资源丰度指数排序是：盐田、港址、旅游、滩涂、浅海、砂矿，表明山东的盐业资源、港口水运资源、滨海旅游资源、滩涂水产资源在全国具有重要地位。下面我们将对山东海洋资源（包括：港口水运资源、海洋水产资源、地下卤水资源、滨海旅游资源、海洋矿产资源、海洋能资源）的状况进行介绍和评价。

一 港口海运资源状况与评价

1. 港口资源状况

山东海岸线长度约占全国的1/6。在绵长曲折的海岸线上分布有众多的大小入海河口，千余处岬角，数百处海湾。其中面积大于1平方公里的海湾51处，水深大于5米的海湾32处，水深大于10米的海湾18处。

山东拥有各种不同类型的海岸，自然环境优良。有着许多适合建港的天然港湾、基岩岬角和河口等，如胶州湾、龙口湾、芝罘湾、威海湾、石岛湾、古镇口湾等都具有建港的优良条件。屺姆角、龙洞嘴、羊龙湾、八角、鱼鸣嘴、朝阳嘴、石臼嘴、岚山头等，由于岬角伸入大海深水处，适合建造抗风浪强的大吨位的深水泊位码头。此外，在河口处可建中、小型港口。

2. 港口资源评价

山东海岸2/3以上为山地基岩港湾式海岸，岬湾相间，水深坡陡，具有优越的建港条件，在全国亦属得天独厚。它是我国长江口以北具有深水大港预选港址最多的岸段之一，可建深水泊位的港址有51处，其中10万—20万吨级港址有23处，5万吨级港址14处，万吨级港址14处。就港口密度而言，我国沿海可供选择建中级泊位以上的港址平均密度为169.6公里（即1000公里岸线有5.9处港址），山东为155.6公里（相当于每1000公里岸线有6.4处港址），高于全国平均水平。锚地和航道条件也比较优越，锚地以胶州湾自然条件为最好；天然航道有老铁山、大钦、砣矶、登州、成山、斋堂、灵山及胶州湾的沧口、中央、洋河水道。但虎头崖以西平原泥沙质岸段的河口港，其航道水深条件差，淤积严重。

二 海洋水产资源状况与评价

1. 海洋水产资源状况

山东海域辽阔，浅海滩涂面积宽阔，水深15米以内的浅海海域面积为14835平方公里，滩涂面积3223平方公里。由于地处暖温带，气候适宜，雨量充沛，日照充足，水质肥沃，适合鱼类和水生生物的生长繁殖，沿海水产资源种类多，资源量丰富。据调查，山东近海有鱼类155种，年平均资源量约为354万吨；主要经济鱼种有斑鰶、梭鱼、黄鲫、青鳞鱼、牙鲆、白姑鱼、银鲳、带鱼、鲈鱼、海鳗、蓝点马鲛、鳓鱼、小黄鱼等。有经济甲壳类和头足类20余种，资源量4.5万吨；主要有对虾、梭子蟹、鹰爪虾、枪乌贼、口虾蛄等。此外，还有131种藻类和479种无脊椎动物。其中多数为多毛类、小型甲壳类、贝类、棘皮动物和藻类。它们有的是经济鱼虾类的天然饵料，有的是营养价值很高的水产品，有的可作医药原料或工业原料，有很大经济价值。其中分布面积广、产量大的有海带、裙带菜、石花菜和贻贝、毛蚶、文蛤、栉孔扇贝、四角蛤蜊、菲律宾蛤仔、皱纹盘鲍、光滑河蓝蛤、突壳肌蛤、托氏蜎螺、泥蚶、西施舌、缢蛏、青蛤、中国蛤蜊、褶牡蛎、近江牡蛎、刺参等20多种。

2. 海洋水产资源评价

山东15米水深以内的浅海区域面积约占全国的12%，在沿海11个省、市（自治区）中居第四位。滩涂面积约占全国的15.6%，居第二位。浅海不仅面积广阔，而且水质肥沃，饵料生物资源丰富，是我国重要水产动物的繁殖场、育幼场和索饵育肥场。据海岸带调查，浅海资源结构特点是种的多样性较高，鱼类资源的种类组成有明显的季节变化，反映出多种鱼类交替利用沿岸水域进行繁殖、摄食、成长，说明沿岸水域与黄海和渤海区整体渔业资源的密切相关。就渔业资源的总体而论，由于过度捕捞，造成幼鱼和小杂鱼偏多，质量不高。就渔业资源的种类组成状况来说，牙鲆、梭鱼、半滑舌鳎、斑鰶、黄鲫、小黄鱼、白姑鱼、带鱼、鳓鱼、蓝点马鲛、银鲳、真鲷、鲬鱼、鲈鱼、黑鲪、海鳗、木叶鲽、黄盖鲽、星鲽、短吻舌鳎，以及绿鳍马面鲀等重要经济鱼类，在资源结构中占有相当重要的地位。此外，还有少量黑鲷、斜带髭鲷、横带髭鲷、凤鲚、大银鱼、红鳍东方鲀等其他经济鱼类，优质鱼种较多，且拥有一定种群数量，加之沿岸海域的自然生态条件较好，如能加强对渔业资源的科学管理和采取有效的增殖措施，将可使资源质量逐步提高，数量增多，保证渔业资源的可持续利用。广袤的滩涂中有机质丰富，十分有利于滩涂贝类增养殖和池塘鱼虾养殖业的发展。特别是岩礁海岸环境中刺参、盘鲍、扇贝等海珍品和海藻十分丰富，发展海珍品增养殖的条件得天独厚。

三 盐业、盐化工资源状况与评价

1. 盐业、盐化工资源状况

海水是用之不尽的制盐原料。山东近岸盐度一般较高，渤海湾沿岸大多可达3°Bé，山东半岛东部和南部沿海则多在3°Bé以上。除海水外，山东莱州湾沿岸及胶州湾西岸还赋存有高浓度的地下卤水资源，其浓度高于海水2—6倍，化学成分与海水相似。它储存浅，易开采，是制盐和盐化工业的好原料。据勘查，山东卤水分布区总面积约1794平方公里，卤水净储量为74亿立方米，估算含盐量6.46亿吨。山东烟台以西黄海和渤海沿岸，日照时间长，蒸发量大，降水量小，气候条件特别适于海盐生产。此外，山东环渤海沿岸地段，属粉沙淤泥质海岸，滩涂宽广地势平缓，适于晒盐。可用于盐业生产的滩涂达2740平方公里，目前尚有2000平方公里未开发。

2. 盐业盐化工资源评价

山东是我国四大海盐产区之一，良好的地理环境，丰富的地下卤水资源为山东盐业、盐化工业发展提供了得天独厚的条件。山东宜盐土地及滩涂资源多达2740平方公里，占全国的32.6%之多，居全国首位，为盐业的发展提供了广阔的场所。从海盐生产的气候条件来看，山东所在的北方地区也优于南方。丰富的地下卤水资源使山东发展盐业、盐化工业占据绝对优势。以地下卤水为原料制盐比用盐水晒盐可节省40%左右的建设投资。直接用卤水生产氯碱、纯碱与盐化工产品，既可减少工序又可节约设备投资，有利于提高企业经济效益，像山东莱州湾沿岸这样高浓度的地下卤水，在我国漫长的海岸上实属罕见，是得天独厚的一个大型地下盐矿。

四　海洋矿产资源状况及评价

1. 海洋石油资源

海洋石油是山东最重要的矿产资源。主要分布在渤海南部和南黄海北部。渤海湾—莱州湾海区，沉积厚度大，生油条件好，储油构造发育，地质条件与胜利油田十分相似，是渤海油田的重要开发区。青岛以南海岸正东的南黄海北部的含油盆地，是能够找到石油的远景区。目前，胜利油田在黄河口浅海海域已探明和控制的石油地质储量已达2亿吨。

2. 稀有金属资源

主要有锆石、钛铁矿、金红石等。主要分布在半岛东端的荣成和南部的即墨、青岛、胶县、胶南、日照沿岸和浅水区。目前已探明的大小矿床及矿点约50多处，其中以荣成石岛和胶南白果树锆石砂矿最为重要。石岛锆石砂矿，矿层延伸3000余米，宽500米，厚1—3.6米，平均每立方米含锆石3千克—5千克，并伴有钛铁矿、磁铁矿、金红石等矿物，估计远景储量约有25万吨。

3. 砂矿资源

山东沿海有着极为丰富的建筑材料用砂和铸造用的型砂。现已查明的大、中型砂矿8处，小型矿点数十处。半岛北岸分布有较纯的石英砂矿，已探明的有牟平云溪、威海双岛、荣成旭口及仙人桥等4处大型矿床，中型砂矿有龙口1处，纯度都在90%以上。为玻璃工业提供了丰富原料。鲁北无棣、沾化的贝壳砂数量十分可观。储量可达720多万立方米，约含1000多万吨，是制作白水泥的优质原料。

4. 海底金矿

山东省海底金矿资源有两类：一类是由陆上延伸入海的原生金矿；另一类是堆积的砂金矿。半岛西北部是我国著名的金矿产区。龙口至三山岛的近海区是寻找海底金矿的有利地区，目前已发现小型砂金矿3处，含金品位可达工业指标，储量比较丰富。

五　滨海旅游资源状况及评价

1. 滨海旅游资源状况

山东沿岸及其海岛有丰富的旅游资源，有很高的特色，不论自然景观还是人文景观都有鲜明的开发利用价值。旅游资源主要分布在起自蓬莱的黄海沿岸。这里有起伏叠翠的山峦，千姿百态的悬崖奇峰，碧波荡漾的海湾和柔软似毯的黄金海滩，有如珠似宝的海岛和沿岸众多的名胜古迹以及冬无严寒、夏无酷暑的滨海气候，这一切为开发沿海旅游业提供了优越的自然条件。

(1) 海滩、浴场资源。山东沿岸分布许多优良的海滩，这些海滩多由柔软舒适的中细砂组成。海湾内海水清澈，海底坡度小，流缓浪平；湾顶或是翠山环抱，或是低平开阔。盛夏7—8月的沿海平均气温25℃—28℃，很少有超过30℃的天数，这里是兴建海水浴场开展避暑疗养的理想场所。据统计，山东滨海地区有适于建设浴场的岸线124.5公里。

(2) 山岳景观资源。山东滨海地区的山岳景观资源主要分布在胶东丘陵地带。这里有我国重点风景名胜区——崂山，有省级自然保护区——昆嵛山，有"大东胜景"之称的荣成铁槎山，有对研究我国书法艺术具有较高价值的国家重点文物保护区莱州文峰山摩崖石刻以及对研究地质构造有重要学术价值的即墨马山。此外，海阳的招虎山、招远的罗山、胶南的大珠山、小珠山等，也各具特色，具有较高的旅游开发价值。

(3) 海岛旅游资源。山东沿海共有326个海岛，这些星罗棋布的大小岛屿,海岸地貌奇特,风光幽美,气候宜人,海产品丰富,为旅游避暑佳景。除可进行海岛观光外,可以进行海水浴、日光浴、赶海、垂钓、划船、赛艇、参观海珍品养殖场和鸟类保护区等旅游活动,具有较高的开发价值。如庙岛群岛以其古老的文化,千姿百态的礁石闻名于世的海市蜃楼奇观,赢得了"仙岛"的美誉;与甲午海战一起载入史册的刘公岛,因岛上保留着较多的,比较完整的清朝北洋海军遗址,不仅是一个重要的旅游景点,而且还是进行爱国主义教育的理想场所。其他如养马岛、田横岛、屺姆岛、灵山岛等也具有较高的旅游开发价值。

(4) 文物古迹。山东沿海地区悠久的历史文化,为我们留下许多古文化遗址和众多古代宗教师祖、帝王及文人墨客的遗迹。日照市两城新石器文化遗址出土文物丰富,代表中国古代文化发展的一个重要阶段;另外,胶州三里河也发现新石器时代遗址,比两城文化稍晚。长岛县黑山北庄发掘出的母系氏族社会村落,是我国目前唯一的大型村落遗址。崂山的下清宫、上清宫等是我国少有的几座道教庙宇。人间仙境蓬莱阁是传说中八仙过海的地方,阁中有苏东坡等名人的书法碑刻,阁东侧筑有水城,我国古代名将戚继光曾在此守备,码头、灯楼、炮台保存完好,加上海市蜃楼奇观时有出现,对游人颇具吸引力。刘公岛上还有清朝北洋水师基地等。山海、古迹交相辉映,使海岸充满神奇的色彩,引发人们访古寻奇的兴趣。

2. 滨海旅游资源评价

与我国其他沿海省、市(区)比较,山东滨海旅游资源较为丰富。据统计,全国沿海共有旅游景点273处,其中山东有34处,占全国的12.5%,位于广东、福建之后,居沿海11个省、市(区)的第三位。特别是在海滩浴场、奇异景观、山岳景观、岛屿景观和人文景观方面,山东均具有一定优势。在34处著名的滨海旅游景点中,人文景点占20处,山岳景点6处,海岸景点4处,奇特景点2处,其他2处。其他旅游资源如海洋娱乐体育活动场所、疗养度假等方面也具有很大的开发价值。综合各方面的分析可以认为,山东滨海旅游资源在沿海11个省、市(区)中居中上游水平。

从山东省内各沿海地市的情况看,滨海旅游资源分布不平衡。青岛市、烟台市、威海市是自然旅游资源和人文旅游资源均较丰富的地区;其次是潍坊市和日照市,分别在民俗旅游资源和自然旅游资源具有一定的优势和潜力;而东营市和滨州市无论是自然旅游资源还是人文旅游资源都相对贫乏,东营市虽具有一定的自然旅游资源,但近期开发的可能性不大。

六 海洋能资源状况及评价

海洋能一般指蕴藏在海水中的潮汐能、波浪能、海流能、潮流能、温差能及盐差能等可再生能源。当前世界沿海各国对海洋能的利用较为重视,尤其是潮汐能的利用和发展较快。波浪能的利用目前仍处在试验阶段。温差、盐差能正处在原理性研究和实验室研究阶段。温差、盐差、海流和潮流的利用,在我国尚属空白。

1. 资源分布

潮能大小主要依据潮差和流量的大小而定。山东半岛沿岸潮差在2.0—5.3米,成山角以西海区平均潮差为0.6—1.52米,最大可能潮差为1.88—2.93米;成山角至丁字湾为0.9—2.68米,最大可能潮差为2.08—5.54米。丁字湾至石臼所平均潮差为2.5—3.0米左右。山东省可供开发利用的强潮流区有3处,即黄河口五号桩外海区(注:分潮无潮点附近),胶南市斋堂岛附近水域,以及流速在200厘米/秒以上的成山角强流区。

2. 利用和发展现状

山东海岸带潮能资源的蕴藏量为 4×10^7 千瓦。海浪和潮流能蕴藏量为 2×10^9 千瓦。但目前山东对潮汐能利用率不高,只在乳山县白沙口建立起一个小型试验电站,年发电量仅为230万度。山东半岛潮差虽不及东海大,但可供开发的潮能潜力不容忽视。斋堂岛附近海区,自然条件优越,距陆较近,无泥沙回淤。该区是青岛市规划中的旅游区和水产增养殖区的重点地段,但该区电力较缺乏,若能选择有利的地域位置,合理地建立起中、小型电站,将可部分解决沿海地段发展生产所缺少的电力。其余地段因地理位置、泥沙淤积、交通运输、港口建设布局及潮差小等多种因素,不宜发展潮汐电站。海浪和潮流能目前尚未开发。

此外,黄海冷水团夏季表、底层温差可达20℃左右,是温差发电的潜在能源。应考虑投入部分技术力量进行温差发电的技术和方案研究。

第二节 山东海洋资源利用的现状分析

一 港口海运资源开发利用现状分析

1. 港口海运资源开发利用现状

山东沿海拥有商、渔等各类港口及修船码头160余处，分布在沿海100多个港址上，占有岸线30公里以上，泊位450多个。其中港口25处，195个泊位，有万吨级以上深水泊位46个。现有青岛港、烟台港、威海港、石臼港、龙口港、岚山港、石岛港等10个对外开放港口，国际航线遍及五大洲60多个国家和地区的300多个港口。港口货物吞吐量大于50万吨以上的港口6个，吞吐量万吨以上的港口22个。1995年全省港口吞吐量达10594万吨，比1994年增长了22%，比1990年将近翻了一番。

2. 港口海运资源开发利用评价

山东省沿海港口吞吐量主要集中在6个年吞吐量在50万吨以上的港口。按吞吐量多少排序依次为：青岛港、烟台港、威海港、石臼港、龙口港、岚山港。

在全国范围内，山东海港的吞吐量仅次于上海位居全国第二。约占全国海港总吞吐量的13%。以港区自然岸线长度进行比较，山东为83.3公里，其中泊位234个，泊位长22.3公里，居全国第三。用开发系数（已开发岸线/港区自然岸线）来表示开发程度的大小，山东开发系数为0.27，居河北、辽宁之后列第三位。表明目前山东港口资源的开发尚有一定的潜力，如尚未开发的深水港址就有多处。

二 海洋水产资源开发利用现状分析

1. 海洋水产资源开发利用现状

改革开放以来，山东海洋渔业发展迅速。1980—1995年间，山东海洋水产品总产量由57.09万吨增加到327.3万吨，年平均增长12.36%。自1989年起，山东海洋水产品产量一直位居全国首位，约占全国海洋水产品总产量的1/5以上（见表7—1）

表7—1　　　　　　山东海洋水产业现状一览表　　　　　　　　万吨,%

年度	海洋水产品产量	占全国比重（%）	其中：海洋捕捞产量	占全国比重（%）	海水养殖产量	占全国比重（%）
1994	305.3	24.6	160.8	18.0	144.5	41.8
1995	327.3	22.7	161.8	15.8	165.5	40.1

（1）海洋捕捞资源开发利用现状。山东海洋捕捞生产历史悠久，并长期作为我省海洋渔业生产的主体，占据着重要地位。山东近海海洋捕捞资源由50年代初期的开发利用不足，逐步走向充分利用以至利用过度，海洋捕捞产量除60年代有过近10年的徘徊外，其他各个时期基本呈持续稳定增长，尤以80年代特别是1985年水产品价格放开以来的增长最快（见表7—2）。

表7—2　　　　　　山东主要年份海洋捕捞生产情况　　　　　　　万吨,%

年份	1950	1960	1970	1978	1982	1986	1990	1991	1992	1993	1994	1995	1996
捕捞总量	11.92	25.99	27.07	50.15	47.77	59.93	103.26	113.84	143.13	155.56	160.82	161.81	187.84
占海水产品	—	—	—	72.5	78.1	74.3	67.8	63.9	62.3	53.7	52.7	49.4	54.1

1996年海洋捕捞产量187.34万吨，占当年海水产品产量的54.1%，比1986年增加了2倍多。但由于捕捞过度和大量损害幼鱼，重要经济鱼类资源遭到严重破坏，尤以底层和近底层传统经济鱼类资源的衰退最为严重，产量大幅度下降。代之而起的是一些小型中上层鱼类和头足类资源（见表7—3）。

表7—3　　　　山东近海重要经济渔业资源的利用状况

资源利用状况	主要经济鱼类
严重衰退状态	小黄鱼、带鱼、黄海鲱鱼、牙鲆、真鲷、毛蚶
过度利用状况	鲆鲽类、鳓鱼、黄姑鱼、梭鱼、马面鲀、三疣梭子蟹、魁蚶
充分利用状态	鲅鱼、鲐、鲳、鲈、对虾、鹰爪虾、毛虾、乌贼、海蜇
中等利用或利用不足	青鳞鱼、黄鲫、小鳞鱵、斑鰶、鳀鱼

为了减轻近海渔业资源的捕捞压力，山东省积极组织了大马力渔船，发展外海、远洋渔业，目前全省常年在外海作业的渔船有1200余艘，远洋渔船有130多艘，年捕捞量达15万吨。

山东海洋捕捞产量约占全国海洋捕捞总量的15%以上，仅次于浙江、福建居第三位。主要捕捞对象鱼类依产量大小排次为：鳀鱼、鲅鱼、小黄鱼、鳕鱼、带鱼、鲐鱼、比目鱼、梭鱼、鲳鱼、大黄鱼、马面鱼、海鳗、远东拟沙丁鱼、鲈鱼、鳓鱼、鲷鱼。虾蟹类按产量大小排次是：毛虾、梭子蟹、鹰爪虾、对虾、青蟹。贝类按产量大小排序为：杂色蛤、毛蚶、魁蚶、墨鱼。

按海区分，黄海捕捞量最多，约占总捕捞量的65%；渤海次之，占20%；再次为东海，占10%；其他海域占5%。按捕捞渔具分，拖网产量所占比例最大，为60%；其次是定置网占近20%；再次为流刺网占10%；钓业只占1%；其他约占10%。按内外海分，内海产量占80%，外海占20%，内海产量占据总产量的4/5。

(2) 海水增养殖资源的开发利用现状。山东是全国海水养殖业发展最早的省份之一，也是全国海水养殖业最发达的省份之一，海水养殖面积和产量多年来均居全国之首。从五六十年代单一的海带养殖，六七十年代以贻贝为代表的贝类养殖，到70年代末至80年代中期蓬勃发展的对虾养殖，山东海水养殖业走过了一条品种由单一到多样，规模由小到大的发展道路，彻底改变了过去海洋渔业以捕捞为主的局面。1973年海水养殖产量仅占海水产品总量的27.4%，到1995年上升到50.6%，建立了养捕并举的新格局。目前海水养殖已进入了综合发展期，这一时期的特征是：贝、藻养殖向更高层次上进展，虾类、鱼类、海珍品养殖蓬勃发展，养殖品种明显增多，养殖面积、总产、单产、经济效益都有较大幅度的增长。1995年全省海水养殖面积达13.19万公顷，产量165.5万吨，占当年海洋水产品产量的50.6%，分别为1990年养殖面积、产量的1.9倍和3.4倍（详见表7—4）。山东海水养殖业居全国前列，养殖面积和产量分别占全国的20%和40%，居全国首位。主要养殖品种有：对虾、扇贝、贻贝、缢蛏、杂色蛤、牡蛎、毛蚶、鲍鱼、海参等几十个品种（详见表7—5）。养殖品种主要为鱼、虾蟹、贝、藻四大类。1996年度，鱼类养殖产量占养殖总产量的0.97%，虾蟹类养殖产量占1.14%，贝类占71.61%，藻类占 26.23%，其他占 0.05%，贝类和藻类养殖产量所占比重最大，虾蟹类和鱼类养殖产量所占比重均较低（见表 7—5）。养殖面积按水面类型分，浅海养殖产量占 63.11%，港湾养殖产量占 2.28%，滩涂养殖产量占 34.61%（详见表 7—6）。其中浅海养殖面积、产量最大，居全国首位，浅海养殖已拓展到二三十米等深线以外，滩涂养殖面积居全国第二位；港湾养殖居全国第三位。

表 7—4 山东省海水养殖面积和产量发展情况

年份	1976	1978	1980	1982	1984	1986	1988	1990	1992	1994	1996
养殖面积（万公顷）	2.18	1.78	1.90	2.35	2.52	3.78	6.95	6.99	7.7	13.16	16.16
养殖产量（万吨）	10.82	18.99	15.40	13.41	16.82	20.67	41.06	48.93	87	144.49	159.61

表 7—5 1996 年山东海水养殖面积和产量

养殖品种	鱼类养殖	虾蟹类养殖	其中：对虾	贝类养殖	其中：贻贝	扇贝	藻类养殖	其中：海带
面积（万公顷）	0.40	4.67	4.6	9.78	0.33	2.05	1.23	1.17
产量（万吨）	1.55	1.81	1.55	114.29	14.10	75.39	41.86	39.62
所占比率（%）	0.97	1.41	—	71.61	—	—	26.23	

表 7—6 海水养殖水面类型一览表

水面类型	浅海养殖	港湾养殖	滩涂养殖
面积（万公顷）	3.86	1.97	10.33
产量（万吨）	163.93	5.92	89.89
所占比率（%）	63.11	2.28	34.61

山东的海水增殖业在全国起步早，发展较快，获得了明显的经济效益和社会效益。1993 年底时，我省已建有增殖站点近 30 处，有配套育苗水体约 5 万立方米，放流苗种暂养培育池约 1334 公顷，为增殖业的发展奠定了一定基础。

山东省自 1984 年开始，首先在山东黄海和渤海沿岸开展了较大规模的对虾增殖放流试验，截至 1992 年，黄海和渤海沿岸各放流虾苗 79.34 亿尾和 30.39 亿尾。截至 1991 年，我省黄海沿岸对虾增殖经费投入 5813 万元，回捕对虾 13370 吨，回捕率 7%左右，直接产值 40110 多万元，是增殖投资额的 6.9 倍，取得了良好的经济效益和社会效益。此外，山东省还先后进行了梭鱼、乌贼、海蜇、紫石房蛤、魁蚶、毛蚶、牡蛎、杂色蛤、缢蛏、海参、鲍鱼等品种的增殖，取得了一定成效。1995 年长岛县浅海底播增殖面积已达 1.3 万公顷，荣成市底播面积也在 3000 公顷以上，其他一些县市也开展了底播增殖，绝大多数品种取得了较好的成效，正在逐步形成规模。

除增殖放流苗种外，我省还在威海、蓬莱、胶南等地沿海进行了建造人工鱼礁的试验，获得成功，表明人工鱼礁对改善海洋生态环境和增加渔业资源有明显的效果。

2. 海洋水产资源开发利用评价

（1）近海捕捞强度过大，渔业资源严重衰退。由于近年来水产品供求矛盾突出，水产品价格飞涨，受经济利益的驱动，沿海各地海洋捕捞船只不断增加。1995 年全省共有渔船 10.2 万艘，72.77 万吨，分别是 1990 年的 3.3 倍和 1.7 倍。致使捕捞强度远远超过资源的再生能力，导致捕捞单位产量不断下降五六十年代，捕捞力量由不足变为基本与资源状况相适应，平均单位产量逐年上升；60 年代后期捕捞力量控制不力，机动渔船迅速发展，从此，每千瓦单产大幅度下降，如将 1989 年与 1970 年相比，20 年间，渔船动力增长 17.36 倍，而捕捞总产量仅提高 3.33 倍，总产量的提高远远落后于捕捞能力的增长。特别值得注意的是，近年来大批小功率渔船盲目发展，这些小型渔船只能在沿岸浅海作业，对渔业资源造成严重危害。目前，小黄鱼、带鱼、鳓鱼、真鲷、牙鲆等因过度捕捞已严重衰退，甚至濒临绝迹。近年来捕捞生产主要依赖的渤海秋汛对虾资源、鲅鱼资源也每况愈下，可捕量越来越少。取而代之的是营养层次低，生命周期短的鳀鱼、青鳞鱼等中上层小型鱼类。从渔获结构看，优质鱼类占总渔获量的比例，已从六七十年代的 30%—50%，下降到目前不足 30%，渔获物生物特征呈明显的低龄化、小型化。

我省近海渔获量通常占总捕捞量的80%左右，从总体上来说，这一区域的渔业资源已经过度利用，外海渔业中的底层鱼类也已充分利用。所有渔场基本上已得到开发，尚未开发或未充分利用的资源只是分布在局部区域的少数种类，总体潜力不大，资源衰退的状况短期内难以扭转，进一步发展海洋捕捞生产的资源制约度越来越大。

（2）海水增养殖资源开发潜力大。就海水养殖资源的开发程度来看，无论是已养品种、产量，或已养面积占可养面积的比重都较低。1995年全省海水养殖面积13.19万公顷，尚不足全省浅海滩涂面积的10%，进一步扩大养殖规模的潜力仍然巨大。另一方面，在养殖品种结构上，贝、藻所占比重较大，贝类占71.61%，藻类占26.33%，虾蟹类和鱼类所占比重均较小，分别只有1.14%和0.97%。在单品种养殖上，各地产量高低悬殊，海水养殖水平极不平衡，这意味着通过科技进步，提高单产的潜力巨大。

海水养殖业存在的主要问题是：①养殖品种仍较单一，质优高效养殖品种规模小，形不成规模效益；②由于品种单调，缺乏统筹规划、合理布局，造成养殖业自身污染严重，病害增多，限制了养殖业的发展。

目前，省海洋渔业增殖正处于起步期。存在的主要问题是：①缺少对增殖海区及其周围海域环境条件、基础生产力等情况的综合调查，因此放流计划的安排和布局都有一定的盲目性；②缺乏全方位的管理制度，苗种放流后得不到应有的保护；③增殖放流科研和生产资金不足，限制了增殖业的发展。

三 盐业及盐化工资源开发利用现状分析

1. 盐业及盐化工资源开发利用现状

山东盐业及盐化工业比较发达，原盐、纯碱、烧碱、溴素等产品产量均居全国首位，是山东的优势产业。盐田总面积740平方公里，其中生产面积617平方公里，是我国四大海盐产区中最大的一个。1995年山东原盐产量900.9万吨，雄居全国首位，占全国原盐总产量的40.6%。山东发展盐业及盐化工业的条件得天独厚，渤海及莱州湾沿岸是粉砂淤泥质海岸，地势平坦、光照充足、气候干燥、蒸发量大，地下卤水资源丰富，沿海宜盐荒地至少还有1800平方公里，增产潜力很大。

预计"九五"期末原盐生产能力可达到1000万吨左右。丰富的原盐资源为盐化工业的发展提供了十分有利的条件。"七五"期间新建了潍坊纯碱厂，扩建了青岛碱厂，使产品和技术装备达国内先进水平。1992年纯碱产量93万吨，烧碱产量43万吨；溴素产量达8000多吨。盐化产品正向多样化、系列化、精细化方向发展，氯碱、溴和苦卤的利用取得了新成绩，溴化锂、硫酸钾等新产品开发也形成了一定规模。综上所述，取之不尽的海水资源和丰富的地下卤水资源、广阔的宜盐滩涂和土地，适宜的气候条件，加上良好的基础和实力构成了山东发展盐业和盐化工产业的强大优势和巨大潜力。

2. 开发利用评价

尽管山东发展盐业及盐化工的条件得天独厚，在全国处于领先水平，有很大的发展潜力。但仍然存在着一些制约盐业生产进一步发展的问题。其中比较突出的是：①生态环境脆弱，产量不稳定。山东盐业生产同其他海盐区一样，均采用提取海水或地下卤水在滩涂盐田上晒盐，存在着严重的"靠天吃饭"问题。天气的好坏，尤其是风暴潮等灾害天气，直接影响原盐的产量。②工艺技术水平和生产装备还较落后。山东盐区80%以上的产量集中在莱州湾南岸和黄河三角洲冲积平原的亚砂土地带，土质疏松，卤水渗漏严重，卤水总损失率有时高达50%左右，制约着原盐稳产、高产和效益的提高。盐田机械属国际70年代水平，且腐蚀严重，使用寿命短。盐田塑料苫盖收放机械仍处于单机或手工作业的初级阶段，工人劳动条件差、强度大。③卤水资源开发管理较为混乱，井盐区密度过大，缺乏科学合理的布局规划，滥用滩涂的现象依然存在，长此发展下去，地下卤水有枯竭的危险。④产品单一，综合开发、综合治理能力差。目前，山东盐业及盐化工产品只有原盐加工盐、溴、纯碱、烧碱、氯化钾、氯化镁及溴、镁系列灭火剂等。而海水或苦卤所含的其他元素并没有充分利用。这不仅浪费了资源，而且由于部分地区工业苦卤大量排放，造成环境生态失衡，不仅危及盐业生产本身，也加重了海域的环境污染。而一些发达国家盐业的综合开发水平较高，不仅可提取上述所列举的产品，而且还可提取溴化铵、氢溴酸、溴化氢及溴化盐类、溴化烷类、氢化盐类、各种钾盐、镁盐及酸、碱等，品种多达50多个。

四 海洋矿产资源开发现状分析

海洋石油是山东的优势资源。目前，胜利油田在黄河口浅海海域已探明和控制石油地质储量达2亿吨。已建成我国最大的浅海油田——胜利埕岛油田。山东海洋石油开采获得了很大进展。1993年正式投入开发的当年，胜利油田浅海石油开采量还只有10万吨，1996年胜利油田浅海石油开发已投产油井达83口，有各类原油平台28座，铺设海底管线25.6千米，海底电缆18千米，形成了128万吨的年生产能力，原油年产量突破百万吨，完成产值10.5亿元。原油产量是1995年的2倍，并超过了前3年的总和，实现了原油生产超常规、跳跃式发展。预计1997年可生产原油150万吨。

山东省海上石油开发起步较晚，目前仍处于小规模生产阶段。近几年增长较快，胜利埕岛油田已成为我国最大的浅海油田。1996年原油突破100万吨大关，完成产值10.5亿元，人均年创利润38万多元，居全国同行业领先水平。海上石油全省石油产量的比重也逐步上升。我省海洋油气资源丰富，开发潜力大，随着开发步伐的加快，海洋油气业对国民经济的影响和作用将越来越显著。可以预见，不远的将来，海洋油气将成为山东省新兴的海洋支柱产业。

五 滨海旅游资源利用的现状分析

自我国实行改革开放政策，特别是山东沿海地区被列为沿海经济开放区以来，山东滨海旅游资源的开发和利用步伐大大加快，新开辟了许多滨海旅游景点和滨海景区。如青岛新建了石老人旅游度假村和薛家岛旅游区等一大批旅游景点，使青岛的旅游景点由长期的"沿海一线"拓展为"一线六区八个度假村"，其中石老人度假区已被国务院列为全国11个国家旅游度假区之一；威海市重新修复了赤山法华院、修建了张保皋纪念塔，挖掘开发了道教名山圣经山，修复了山上的道教遗迹等一大批新的旅游景点。在加快滨海旅游资源开发的同时，山东滨海地区旅游接待设施的建设速度也大大加快，旅游交通条件也有了很大的改善，从而为山东滨海旅游业的发展提供了有利条件。

旅游景点和旅游景区的开发、旅游设施的建设和交通条件的改善，有力地促进了山东滨海旅游业的发展。在滨海国际旅游业方面，据统计，1988—1995年间，山东滨海地区接待国际旅游者人数由9.83万人次增加至33.15万人次，年平均增长18.96%；旅游外汇收入由2003万美元增加至12865万美元，年平均增长30.43%。与此同时滨海国内旅游业也得到了较快的发展。仅以青岛市为例，1984年青岛市接待国内游客仅305万人次，旅游回笼货币0.88亿元，到1994年接待国内旅客人数已增加至750万人次，旅游回笼货币增加至8.5亿元，年平均增长率分别达9.41%和25.45%。

山东滨海旅游业的发展现状基本上与各地旅游资源的分布及经济发达程度相一致。分析我省的滨海国际旅游业可以看出：滨海国际旅游业主要集中在青岛、威海、烟台等少数城市，其他城市规模很小。1995年青岛、威海、烟台三市接待国际旅游者人数分别占全省滨海地区接待国际旅游者人数的52.27%、24.77%、15.48%，而其他地市合计也仅占8.02%。这说明，山东滨海国际旅游业的发展极不平衡。另外，也存在着旅游线路短，内容单调，受季节变化影响大，多为短期观光性旅游等问题。

第三节 海洋资源的可持续利用

一 海洋资源可持续利用的重要意义

海洋是全球生命支持系统的一个基本组成部分，也是一种有助于实现可持续发展的宝贵财富。当今人类面临着人口、资源、环境三大难题，我国这三个方面的问题尤为突出，海洋资源的可持续利用，对于人类社会的发展有着十分重要的意义，我国的社会和经济发展也将越来越多地依赖海洋。山东作为一个海洋大省，拥有约占全国1/6的海岸线，浅海滩涂广阔，海洋资源种类多、分布广。各种海洋资源的开发活动分别形成了不同的海洋产业，传统的海洋产业如海洋捕捞业、海洋交通运输业、海水制盐业；新兴的产业有海水增养殖业、海洋油气开采业、滨海旅游业、海水直接利用业、海洋药物和食品工业等；另外还有一些正处于技术储备阶段的未来海洋产业，如海洋能利用、海水综合利用等。海洋产业已成为沿海经济的重要内容之一，经过多年发展已初具规模。1995年山东海洋产业增加值为255.1亿元，占全省GDP的比重为5.1%。搞好海洋资源的开发利用，建设"海上山东"对于解决山东省资源短缺，拓宽生存和发展空间有着十分重要的意义。

但是，在过去一段时间，由于历史的原因，山东省海洋资源开发利用是粗放式的，主要靠扩大生产规模求得经济的增长，海洋开发在迅速带来巨大经济效益的同时，也暴露出一系列的资源与环境问题，比如，近海渔业资源由于捕捞过度，已严重衰退，捕捞产量中优质经济鱼类所占比重越来越小，捕捞品种日趋低值化、小型化、幼龄化，一些名贵品种如小黄鱼、真鲷等甚至濒临绝迹；入海污染物总量不断增加，致使部分海域环境污染严重，生态环境趋于恶化，半岛近海海域特别是莱州湾连续发生赤潮，给渔业和盐业生产带来不良影响；海洋资源开发过程中缺乏高层次的规划和协调机制，造成用海行业之间矛盾纠纷层出不穷、无序开发、开发利用不合理、产业布局不合理等现象普遍存在。这些问题的发生大大降低了海洋资源的综合效益，也造成了诸多影响后世的不良后果。凡此种种都是由于人们对海洋资源可持续利用意识淡薄，对海洋开发在山东省社会经济发展中的作用认识不足。重开发、轻保护；只重当代人的眼前利益，忽视了后代人的长远利益。如果让目前这种滥用海洋资源、破坏海洋资源和环境的行为继续下去，势必导致对于海洋资源的开发和利用不仅不能满足当代人的需要，还要危及我们自身和后代人的生存发展条件。因此，我们在"海上山东"建设中必须贯彻可持续发展的原则，坚持资源、环境和经济效益的统一，绝不能走先破坏后治理的老路，更不能"竭泽而渔"，以确保当代人及其后代对海洋资源的需求都得到满足。

二 海洋资源可持续利用的几项原则

为了保证海洋资源的可持续利用，使当代人和后代人能够公平享用宝贵的海洋资源。我们在海洋资源的开发利用中，应坚持以下几项原则。

1. 适度利用原则

即资源利用的规模和速度，要有一个恰当的数量界限，即适合度。这个度对于海洋生物等可再生资源来说，就是不超出资源自身再生能力的临界点并与其他生产要素如市场需求、加工能力等均衡匹配。一方面要充分利用资源的再生能力，在开发利用规模低于其再生能力阈值时，要加大开发力度，在开发利用规模扩大以后，又要注意使其规模不超过其再生能力阈值，以达到既能充分利用资源，又能保证资源总量不减少、质量不降低的目的。我近海渔业资源由于长期捕捞强度超过渔业资源的再生能力，而出现严重衰退，虽然采取了多种控制近海捕捞的措施，但资源的恢复仍十分困难，这其中的教训是应该深刻记取的。

2. 综合利用原则

即通过对资源进行深加工达到多重目的的应用，使单一的资源产生多种使用价值，大大提高资源的使用效率。如水产品除食用外，还可将其废弃物加工成饲料、医药品，经济效益可大大提高。制盐副产物苦卤，经综合利用可提取钾盐、镁盐、溴素等，不但可以提高盐化工业的经济效益，减少资源的浪费，也减轻了苦卤排放对海洋生态环境造成的危害。

3. 节约使用原则

对于海洋金属和非金属矿产、海洋油气、地下卤水等不可再生资源，要坚持节约使用的原则，以延长资源的使用年限。

4. 无害利用原则

即对一种海洋资源的开发，不应对其他海洋资源的开发利用造成损害，应以不危害生态环境为前提，各种开发活动对海洋生态环境的负面影响尽可能减少到最低程度，并控制在其所能承受的阈值之内，即不超过海洋的自净能力。如海洋石油的开采，要时刻把环境保护放在首位。

5. 养以增用原则

即养用结合，为海洋生物资源创造良好的生态环境，对海洋生物资源进行人工养护和放流增殖，以恢复品种，增加数量，为资源的可持续利用提供不尽的源泉。如通过优良品种的移植、引进、放流种苗，建造人工鱼礁等措施，即可改善海区的种群结构，使濒危品种得到恢复，使小型种群发展成大宗种群。

6. 统筹兼顾原则

对海洋资源利用，要统筹规划、合理布局，处理好局部与全局、当前与未来的各种关系。既要使各地的资源优势得到充分发挥，又要考虑国民经济全局的需要；既要加大资源的开发力度，使其尽快发挥效益，又要注意保护为后代人留下发展的空间。

三　影响山东省海洋资源可持续利用的主要问题

1. 海洋资源权属观念模糊，无偿占用、无偿开发现象十分普遍

宪法规定，滩涂、浅海等海洋资源，除法律规定属于集体所有外，其余都属国家所有。但长期以来受传统"资源无价"的价值理论的影响，在海洋开发实践中，部门、企业甚至个人成了海洋资源的所有者，"谁占用、谁开发、谁受益"成了不成文的规定，对海洋资源的开发和使用都是无偿的。这种状况一方面造成开发活动无序，助长了开发者争抢资源、乱占滥用的短期行为，加剧了资源过快消耗，不仅使资源的优化配置难以实现，而且也导致生态环境的恶化；另一方面也使得海洋国土资源收益大量转化为部门、单位或个人的利润，国家作为海洋国土资源真正的所有者，经济收益大量流失，国有资源的所有权仅仅在法律上得到认可，在经济上却得不到实现，更谈不上国有资源的增值和保护。

2. 部分资源利用不合理，破坏严重

资源利用不合理现象十分普遍，其中最为突出的是近海水产资源的过度捕捞而导致的近海渔业资源严重衰退。1970—1989年，20年间渔船动力增长17.36倍，而捕捞总产量仅提高了3.33倍，每千瓦单产也由2.95吨降至1吨。1996年省海洋机动渔船动力进一步发展到108.23万千瓦，比1989年增长了55.3%，增船增网的势头仍未得到有效遏制，每千瓦单产也仍然在低水平上徘徊。目前，省主要经济鱼类如小黄鱼、带鱼、鳓鱼、真鲷、牙鲆等因过度捕捞已严重衰退，甚至濒临绝迹。省沿海莱州湾、海州湾产卵的黄渤海种群带鱼，1956年最高年产5万吨，现在几乎绝迹；莱州湾的真鲷春汛渔场，早已形不成鱼汛，省小黄鱼1975年产量3万吨，现在已难觅到踪迹。取而代之的是营养层次低，生命周期短的鱼、青鳞鱼等中上层小型鱼类。优质鱼类占总渔获量的比例，已从六七十年代的30%—50%，下降到目前不足30%。虽然近年来为恢复近海渔业资源采取了一系列措施，如伏季休渔、放流增殖、发展远洋渔业等，由于渔政管理力度不够，违犯休渔禁渔规定，滥捕幼鱼和产卵亲体等酷渔滥捕现象仍时有发生，使得原本已十分脆弱的渔业资源雪上加霜，资源的恢复难度相当大。

另外，因过度利用海沙资源导致浴场资源破坏及海岸侵蚀、某些海岸

工程因缺乏对海洋生态环境影响的论证盲目上马,从而造成不良后果的也不乏其例。如蓬莱西庄村即由于有人乱挖海沙,导致海水侵蚀海岸,海岸线后退,整个村子面临搬迁的威胁,村民们不得不自筑堤坝保护家园。威海杨家滩填海工程,在缺乏专家论证的情况下盲目实施,不但直接破坏了原有的滩涂资源,而且由于大量泥沙的注入引起局部海区水质混浊,导致近海养殖贝类大量死亡。后来虽然该工程下马,却使海洋生物的栖息环境及美丽的海滨自然景观遭到严重破坏,难以恢复。再如,蓬莱阁东侧某单位投资兴建的一人造景观,由于对该海域的水动力条件缺乏考察,对填海工程可能造成的后果缺乏论证,当从岸边到景点长达200多米的填海工程完工不久,因石坝把沿岸环流截断,石坝两侧开始淤积,从而使原本被海水覆盖的生活排污口裸露在新淤积的海滩上而大煞风景,结果大大降低了该景区的旅游价值。

3. 资源的综合利用和多层次利用不足,浪费严重

海洋中的许多资源,极宜于对其进行综合利用和多层次利用。然而,受资源开发利用技术水平、设施条件、管理体制等因素的限制,一些适宜于综合利用的资源,往往只利用了其部分功能。一些适宜于多层次开发利用的资源,往往只开发利用了其中一个或若干层次。前者如卤水制碱,只利用了卤水中的钠元素,而其他元素都作为废物浪费掉,通常生产1吨纯碱要产生5立方米白泥,既占用了土地也污染了环境;后者如盐化工产品的生产,大都停留在"两碱"初级阶段,溴系列、镁系列、钾系列等精细化工产品比例较小。这一方面浪费了大量的资源,降低了资源的使用效益;另一方面导致资源开发中大量废物和污染物的产生,对环境造成危害,降低了资源开发的生态效益和社会效益。再如海洋生物资源,不仅种类繁多,资源量大,而且化学组成多样,具有为人类提供食物、药物和其他材料的多种功能,像鱼的内脏、骨、皮、鳞等水产品下脚料,即可提取多种营养物质和具有生理活性物质的先导化合物,是未来开发和合成新药物的重要来源。从虾、蟹、贝壳等物中可提取甲壳素、壳聚糖等衍生物,是构成各种生物材料制品的配料。长期以来,山东省海洋资源开发走的是一条高投入、高速度、低效率、低效益的外延式粗放经营道路。只注重扩大再生产不注重提高资源利用率,忽视资源保护和保持生态的平衡,使得宝贵的资源过度消耗,造成极大的浪费,十分不利于资源的可持续利用。

4. 局部海域环境污染严重，生态环境恶化

据统计山东省主要陆源排污口年排放入海污水量达 11.65 亿吨，占全国的 13.5%；通过直排口、混排口和排污口排放入海的 14 种主要污染物质（COD、油类、铜、铅、锌、镉、汞、氨氮、磷酸盐、BOD5、砷、酚、氰化物、硫化物）36.9 万吨，占全国的 25.2%，上述两项指标均居全国第二位。据全国调查，渤海、胶州湾、莱州湾受纳的污染物质分别居全国的第一位、第三位和第四位。其中，1995 年，渤海沿岸 217 个排污口年排污染物总量高达 70 万吨，这些污染物质的大量排放入海，使得局部海域环境特别是近岸水质和沿岸滩涂底质受到严重污染，海水富营养化，底质重金属含量严重超标，损害了海洋生态环境。近年来，我省沿海赤潮频发、虾病流行无不与此有关。此外，由于污染造成的生态环境恶化，不仅使一些经济价值高和对环境敏感性强的物种逐渐减少和消亡，也造成养殖鱼虾贝藻大批致死的污染事故时有发生。而且由于污染物及有害物质在生物体内的富集降低了渔业生物的食用价值并对人类的健康造成危害。

5. 海洋灾害对资源和环境的危害日趋严重

山东历来是我国海洋灾害比较严重的省份，近年来，随着对海洋开发利用深度和广度的扩大，人为因素已成为影响和加剧海洋灾害的重要因素。除历史上影响山东的海洋灾害如台风、风暴潮、海上大风、海浪、海冰等灾害外，还出现了海水入侵、海岸侵蚀、赤潮等灾害；灾害的影响范围和危害程度也有加大的趋势，如海水入侵最早是在部分点上出现，以后连点成面、成片，目前总面积已达 800 多平方公里。日趋严重的海洋灾害，不仅对沿海居民的生命财产造成严重威胁，对海洋资源和生态环境造成不良影响和破坏，也影响了各项海洋开发活动的正常进行，成为制约我省海洋资源持续利用的重要因素。

四 实现海洋资源可持续利用的对策

1. 加强宣传，转变观念，提高全民可持续发展意识

可持续发展是一种新的发展模式，是 20 世纪人类经济和社会发展观的历史性变革，它是一种在满足当代人需求的同时，不损害人类后代的需要，在满足人类需要的同时，不损害其他物种满足其需要能力的一种发展模式。可持续发展涉及诸多方面的问题，但资源的可持续利用是其中心问

题。可持续发展必须保护人类生存和发展所必需的资源基础。作为一个海洋大省，山东的海洋资源从总量上来说在全国有重要的地位，但若按人口平均或按单位岸线密度指标，山东的多数海洋资源并不具有优势。据国家海洋信息中心提供的一份研究报告表明，山东省海洋资源丰度居全国第一位，但单位岸线密度仅居全国第八位。这就对海洋资源的持续利用提出了更高的要求。为此，我们在开发利用海洋资源的过程中，必须处理好开发与保护的关系。如对海洋中的可再生资源的利用，要限制在其承载力的限度内，同时采用人工措施促进可再生资源的再生产，维持基本的生态过程和生命支持系统，保护生态系统的多样性以及可持续利用；对不可再生的海洋资源要提高其利用率，并积极开辟新的资源途径，并尽可能用可再生资源和其他相对丰富的资源来替代，以减少其消耗。建设"海上山东"是一项长期的跨世纪工程，为了保证"海上山东"建设的顺利进行，必须搞好海洋资源的可持续利用，因此，应加强可持续发展方面的宣传和知识普及工作，要通过报刊、广播、影视等宣传媒介和有关会议加大宣传力度，使沿海地区的广大干部群众充分认识到实施可持续发展战略的重要意义，提高各级领导和管理决策者执行可持续发展战略的自觉性，并将其贯彻到各级政府的规划、决策和行动中去，使可持续发展思想纳入决策程序和日常管理工作之中。通过宣传提高公众的可持续发展意识和素养，使人们认识到海洋环境和海洋资源是我们赖以生存的重要条件，尤其是在人口不断增长、陆地资源日益枯竭的情况下，合理利用海洋资源关系到每个人的切身利益，从长远利益着眼，为子孙后代着想，必须提高全民的海洋资源和海洋环境的保护意识，树立"海洋资源可持续利用"观念。形成人人关心海洋，人人支持保护海洋的局面，真正做到靠海吃海，养海护海，使海洋能够长期持续地为人类造福。

2. 强化海洋综合管理体制和决策机制，保证海洋资源得到合理利用，发挥最大效益

强化海洋综合管理是海洋和环境可持续发展的有效途径。海洋是一个统一的自然系统，对海洋中任何一类资源的开发，都可能对另外资源产生或大或小的影响，并不可避免地打破原有的海洋环境生态平衡。这一客观规律决定了海洋分类的行业管理的局限性，以往山东海洋和海岸带的管理，基本上是有关部门和行业从陆地向海洋延伸的局面。水产、农业、土

地、水利、环保、盐业、交通、地矿等行业部门都在海岸带和海洋行使某方面的职权，形成多头管理、各自为政、职责不清的混乱局面，这势必造成盲目开发、重复建设、破坏资源等不良现象，降低海洋资源开发的综合效益。另外，导致地区之间、各产业部门之间边界纠纷，争抢资源的矛盾也十分尖锐。因此，急需建立一个强有力的、有权威的、能真正行使综合管理海洋职能的管理机构。

鉴于实施海洋综合管理的迫切性，1993年我省在原省水产局的基础上经改革挂牌成立了省海洋与水产厅，行使海洋综合管理职能。省海洋与水产厅成立以来，在海洋综合管理方面做了大量工作，但由于它是在原水产行业管理基础上转变职能建立起来的，而海洋综合管理的组织机构、工作制度和人员素质等，与原来行使的行业职能有许多根本不同之处，因此，尚需要做较大的调整充实才能使其胜任既定的海洋综合管理职能。

此外，由于海洋综合管理是海洋事业发展中新出现、新确立的管理形态，而且是处在行业部门管理之上的高层次管理方式。它要对各海洋产业开发利用海洋中的矛盾和可能出现的问题进行干预或实施必要的预防性措施。尽管这种干预有利于海洋开发整体效益的提高，有利于海洋资源的再生产和环境的保护，但也不可避免地与部门利益或一个时期行业发展的要求等发生矛盾，于是便会出现行业对综合管理的不理解和不配合。所以说海洋综合管理尚处于一个艰难的创立时期，要搞好海洋综合管理，必须进一步统一和深化对综合管理的认识，改变传统、片面的观念，理顺综合管理与行业管理、海域管理与陆域管理、资源资产所有权与经营使用权、宏观调控和市场调节之间的各种关系；必须在完善立法、增强执法力度、充实机构设置、提高管理水平、加大资金投入等方面，对海洋综合管理给予充分的重视和支持，以促进海洋综合管理体制和决策机制的不断强化和完善，为海洋资源的可持续利用提供强有力的组织保障。

3. 健全法制，加大执法力度，依法治海

"依法治海"是实施海洋综合管理的重要手段和有效措施，海洋资源的可持续利用有赖于健全的海洋法规和严格执法的管理队伍。目前，山东省现行的海洋管理法规仍是以行业为主，缺乏海洋基本法和综合管理法，尚未形成比较完整的海洋法规体系，致使各海洋产业部门从自身的利益出发，盲目开发，导致破坏资源、污染环境的现象时有发生，海洋资源的开发利用呈现出一定的无序化状态,如不及时建立、健全法制、法规,加大执法力度,海洋开发就会以资源的破坏殆尽为代价,不仅一次性资源被破坏,即便是可再生资源也会因为再生能力削弱,再生基础薄弱而大幅减少,近年来,海洋渔业资源的严重衰退就是一个明证。如果海洋资源只能得到一次性利用,而不是可持续利用,"海上山东"的建设目标也就难以实现。因此,为了实现海洋资源的可持续利用,必须建立、健全有关法规,使海洋开发管理有法可依。为此,一方面要严格执行国家已颁布的政策法规,作为我省海洋开发与管理的总的准则。另一方面还要结合山东省的实际情况,制定颁布地方性的海洋政策法规,如"山东省海洋资源开发管理法"、"山东省海岸带管理条例"、"山东省海域使用管理规定"等,明确山东省海洋开发的具体规范和依据。并对已制定并公布执行的海洋基本法规、综合管理法规、行业管理法规和地方管理法规及时进行补充、修改,使其更加完善,以适应海洋开发新形势的要求。

有了健全的法律法规,还需要一支强大的执法队伍,才能保证一系列法律法规得到认真贯彻实施。目前山东省海洋执法队伍力量薄弱,对违法行为的监督、打击力度不够。现有巡航执法队伍分属不同部门,执行各自部门的使命,相互之间缺少配合与协作,使不法分子有隙可乘。更为严重的是,执法队伍装备普遍较差,技术手段落后,不少部门巡航监视船舶数量少、船体旧、性能差、必备器材严重不足、缺少先进的装置和设备。为了强化执法力度,必须加强沿海及海上执法队伍建设,充实执法队伍,提高人员素质,配备必要的、先进的巡航监视船舶、装备及器材,彻底扭转以往有法不依、执法不严、违法不究的状况。

4. 将海洋资源纳入资产管理轨道

明确海洋资源的权属,对海洋资源实行资产化管理,是解决目前资源开发无序、资源开发效益低、浪费严重等问题的有效途径,是实现海洋资源可持续利用的必然选择。

为了对海洋资源实行资产化管理,1993年由国家海洋局财政部联合制定并颁布了《国家海域使用管理规定》并于1993—1995年间首先在河北省进行试点,取得了成功经验。1997年3月又确定山东烟台、辽宁葫芦岛市、河北秦皇岛市、浙江舟山市为海域使用管理示范区,现各地加大了实施力度,部分沿海市、县已基本形成了现行开发用海的确定使用权登记并进入实质性管理。截至1996年6月，各地共审批、颁发海域使用证960件，批准用海面积3.8万公顷，收取海域使用金257万元。

实行海域有偿使用制度是从根本上改变无序使用海域的有效措施，回收资金既可用于灾害预报、环境保护等海洋公益事业，也可投入海洋调查、海洋资源开发利用技术的研究，对海洋科研形成有力的支持，要在实践中摸索，逐步完善收费制。

5. 依靠科技进步，促进海洋资源的可持续利用

科学技术是第一生产力，开发海洋科技必须先行，要实现海洋资源的可持续利用同样必须依靠科学技术的支撑。今后首先要大力加强与海洋可持续利用有关的管理科学和应用科学的研究，为协调海洋经济和环境建设的关系，促进海洋可持续利用提供科学依据。它包括资源再生过程和环境演变规律研究，海洋资源和环境承载能力研究，海水养殖容量研究，环境质量基准和标准研究，综合管理的理论、方法和机制研究，符合可持续利用原则的海洋资源和环境政策的研究与制定等。其次，要依靠科技进步，探索新的可持续利用的海洋资源，为世代利用海洋和从海洋持续获取利益提供资源储备。如海洋油气资源勘探新技术装备的研究，开发新的、可利用的生物物种、化学元素、淡水、海洋可再生能源、海底矿产等资源。此外，还要提高海洋开发技术水平，大力开发与推广海洋资源综合利用技术、减少废弃物排放的清洁生产技术、紧缺资源替代技术、生态环境保护技术、可再生资源增殖技术，等等。这类技术的开发与推广，有助于提高海洋资源的利用效率，减少浪费和三废排放，有利于海洋生物资源的保护和增殖，最终实现海洋资源的可持续利用。

开发与推广有利于海洋资源可持续利用的先进技术，科研队伍的组织和科研成果的转化尤为重要。我省海洋技术力量雄厚，在全国位居前列。有县以上海洋科研、教学单位39所，约占全国的25%；科技人员1万多名，其中高级专业人员近1000人，分别占全国的40%和50%以上。但目前这支队伍由于分属不同的系统和部门，缺乏有效的组织，各自为战，尚不能形成合力，今后要通过市场机制和政策引导，把这支队伍有效地组织起来，为"海上山东"建设服务。要建立健全科研成果向生产力转化的动力机制与效益机制，建立健全科研成果转化的中介机构，使先进实用的科技成果能尽快转化为生产力。

6. 加强海洋生态环境的整治与保护，减轻海洋灾害

良好的海洋生态环境，是实现海洋资源可持续利用的重要保证。目前由于污染物的大量排放而造成局部海洋环境受到严重污染、海洋生态环境退化，以及海洋灾害频繁发生已严重制约着海洋资源的可持续利用。为此，针对山东海洋生态环境状况，应有计划、有步骤地开展海洋生态环境的整治保护工作，采取必要的措施，减轻海洋灾害。重点是：小清河、黄河等入海河流水污染的区域治理；重点海湾如胶州湾、莱州湾环境污染的综合治理和生态保护；莱州湾海水入侵的综合治理；建立与完善山东海洋环境与灾害监测与预报系统；建立沿海防潮坝闸工程及护岸工程；加强沿海防护林带建设等。

保护海洋环境，防止、减少和控制海洋环境污染损害和生态环境退化，尤其是近岸海域环境退化，应坚持预防为主的原则，对造成或可能造成海洋污染损害的行为，要采取防范措施。如发展清洁生产技术，使废物产出降至最低程度；提高资源的综合利用率和废物处理率；必须向环境排放的污染物，要进行陆域、海域处置对比评价，选择环境影响最小方案；禁止放射性废物及其他放射性物质向海洋倾倒，严格控制具有高度持久性和毒性的合成有机化合物排放入海。对重点海域、河口、海湾实行达标排放和对污染物总量控制制度。进一步完善海洋环境保护法规，健全管理体制；强调经济建设与海洋环境保护协调发展，贯彻"谁污染、谁治理、谁破坏、谁恢复、谁使用、谁补偿"的原则；增加对海洋环境保护事业的投入；大力推进海洋环境保护的科技进步，积极发展海洋环保产业。同时，还要加强对全体公民的海洋环境保护和可持续发展教育，提高公众的海洋环境保护意识。

防灾、减灾是一项庞大复杂的系统工程，包括建设基础性的海洋观测系统，海洋预报、警报系统，制定防灾、抗灾、救灾应急计划，开展灾情调查分析和对策研究，以及防灾工程建设等。只有采取大规模综合措施，才能有效地减轻海洋灾害带来的人员伤亡和经济损失。

第八章 "海上山东"建设中的环境保护

第一节 环境问题在"海上山东"建设中的地位

一 环境的概念

环境是一个相对概念,是指围绕某个中心事物的外部世界,中心事物不同,它的环境也不相同。在环境科学中,一般指围绕人类的空间和其中直接、间接影响人类生存和发展的各种自然因素和社会因素的总和。简而言之,是指为人类提供生存、发展的空间和资源的自然环境和社会环境。

自然环境,是指围绕并作用于人类周围各种自然因素的总和,即没有经过人工改造、受过人影响的自然界。组成自然环境的主要因素有:大气、水、土壤、矿藏、森林、草原、生物等,它们是人类赖以生存与发展的物质基础。

社会环境也叫人为环境,即经过人的改造影响的自然环境,也就是人类在自然环境的基础上,通过长期有意识的社会劳动,所创造的人工环境,它是人类劳动的产物,是人类物质文明和精神文明发展的标志,并随着人类社会的发展,主要是随着经济建设和科技进步而不断地丰富和发展。例如,城镇、乡村、名胜古迹、风景游览区等。社会环境又可分为物质和精神环境两类。

自然环境和社会环境两者互相渗透、密切联系。

以上是对环境广义理解。

狭义的环境,通常指各国法律对环境的解释。各国对自己国家的环境都有明确的规定,而这些规定大同小异、不尽一致。例如,1989年12月26日公布的《中华人民共和国环境保护法》第二条明确规定:"本法所称环境,是指影响人类生存和发展的各种天然的和经过人工改造的自然因素的总体，包括大气、水、海洋、土地、矿藏、森林、草原、野生生物、自然遗迹、人文遗迹、自然保护区、风景名胜区、城市和乡村等。"这里所指的"环境"，既包括了自然环境，也包括了社会环境；既包括了生态环境，也包括了生活环境。苏联《苏俄自然保护法》明确规定必须保护的自然客体为："土地、矿藏、水、森林和其他野生植物，居民区绿化林木；典型景观，稀有名胜自然客体；疗养区、森林公园保护带和市郊绿化区；动物（有益的野生动物）；大气。"美国《国家环境政策法》对环境作了如下规定："国家各种主要的自然环境，人为环境或改造过的环境的状态和情况，其中包括但不限于空气和水——包括海域、港湾、河口和淡水；陆地环境——其中包括但不限于森林、干地、湿地、山脉、城市、郊区和农村环境。"日本和韩国对环境的定义基本相同，"是指自然状态的自然环境和与人类生存有密切关系的财产，与人类生活有密切关系的动物和植物，以及这些动植物所需的生存环境。"

二 人类的生存环境

自然界在人类出现很久以前，经历了漫长的发展过程，形成了原始的地表环境，为生物的发生和发展创造了必要的条件。生物的发生和发展又使地表环境的发展产生了质变，为人类的发生和发展提供了条件。人类的诞生又使地表环境的发展进入更高级的新阶段。

人类环境具有多种层次，多种结构，可以作各种不同的划分，主要有以下几种。

1. 聚落环境

聚落是人类聚居、活动的中心，也是与人类的生产和生活关系最密切的环境。聚落环境是人工因素占优势的生存环境，它是人类有目的、有计划创造出来的。聚落环境可分为院落环境、村落环境和城市环境。

2. 地理环境

地理学上把从地表上下二三十公里的空间自然环境分为四个圈层：水圈、岩石土壤圈、大气圈和生物圈。水圈包括河流、湖泊、海洋和地下水。岩石土壤圈包括土壤、山脉矿藏。大气圈是围绕地球的气体圈层，厚度约20多公里。生物圈是指地球上存在生物部分。地理环境是指岩石圈表层至大气圈对流层之间的空间，是和人类生产和生活密切相关的，其中水、气、土构成生物的基本生活环境,生物包括植物、动物和微生物。

(1) 地理环境中生物之间、生物与环境之间的关系。绿色植物、一些原生动物和某些细菌是所谓生产者,为第一营养级和能量级。如绿色植物在光合作用中吸收二氧化碳,释出氧,同时把简单的无机物合成为复杂的有机物,储藏了能量。动物是消费者,在呼吸过程中吸入氧,呼出二氧化碳,其中食草类动物为第二营养级,食肉动物为第三、第四营养级。微生物是有机质的分解者,是建立在前几个营养级之上的另一个营养级。如果食肉动物以某些食草动物为食物,这样通过各营养级的生物有机体组成了"食物链",彼此形成了一种以食物联结起来的关系。由于专食性动物很少,杂食性动物比较多,所以自然界很少有单独存在的食物链,而是交织在一起的"食物网"。需要指出的是物质循环在食物链中有明显的生物富集作用。这种作用可以使有毒物质在生物体中日积月累,造成慢性中毒,影响生产和人类健康。

(2) 生物与环境、生存系统和生态平衡。生态就是生物之间、生物与环境之间组成一个内在的、有机的统一体。生态系统可大可小,生物圈是地球上最大的生态系统。此外生态系统可分为陆地、海洋、湖沼、河流、沙漠、极地生态系统等。其中陆地生态系统可分为森林、草原、荒原生态系统等。海洋生态系可分为三角洲、潟湖、浅海、岛礁、大洋生态系统等。在生态系统中,生物与环境之间不断进行物质交换,并保持一定的动态平衡。也就是说在一定条件下,生态系统能量和物质的输出输入,生物种类的组成及各个种群的数量比例,都保持较长期的相对稳定状态,这就是生态平衡。它反映了生物和环境条件的辩证统一关系。

3. 地质环境

指地表以下坚硬的地壳,平均厚达 33 公里,是岩石圈部分。地理环境为人类提供了大量的生活资料——可再生资源;而地质环境则为人类提供了大量的生产资料,也就是矿产资源这一难以再生资源。大量矿产资源进入地理环境中来,对环境必然产生巨大的影响。

4. 星际环境

人类生存环境中的能量主要来自太阳辐射,如何充分有效地利用太阳辐射这个既丰富又洁净的能源,在环境保护中占有重要位置。近代,由于各国发射的人造卫星污染了外层空间。据有关报道,目前大约有 1500 个废弃物正在以每小时约3万公里的高速在太空遨游,这些物体包括:失效的人造卫星、无用的火箭助推器、从宇宙飞船和航天飞机上排出的废物,以及许多科学仪器的零件。联合国建议在外层空间建立太空垃圾清扫站。否则,这些高速运转在外层空间的"垃圾"对未来的太空探险和开发利用将造成严重危害,同时这些外层空间的人工物体在进入大气层时受热蒸发,钠、锶、钡等会对地球的电离层带来不良影响,产生从前未曾预料的环境问题。

三 环境问题

1. 环境问题的产生

环境问题实际上是人和自然界的关系问题。由于人类活动或自然原因使环境条件发生变化,引起的环境破坏和污染,从而影响人类的生产和生活,给人类带来灾害,这就是环境问题。根据环境问题的起因有广义和狭义之分:广义环境问题,包括人为原因和自然原因两大类;而狭义的环境问题,仅指人为原因引起的。从环境保护的角度看待环境问题,主要着眼于后者,有的国家称其为"公害"。

从人类诞生以来就出现了人和环境的关系,这种关系不同于动、植物与环境的关系。动、植物的生存条件是由它们所居住和适应的环境所决定的,而人类的生产生活条件并不是动物界一分化出来就具有的,而是由人类所创造的,这也是人区别于动物的一个明显标志。人类改造自然的过程也就是创造人类生存环境的过程。当人类社会生产力低,生活消费水平不高的时候,对环境影响不大。人类与环境在进行物质交流中,一般说来保持着相对平衡,不存在明显的环境问题。随着社会生产力的发展,生活消费水平的不断提高,人们对环境的影响力越来越大。如果人们能遵循环境的客观规律,与周围环境进行合理的物质交换,就能维持生态平衡,促进环境质量的改善,为发展生产和保障人们健康提供良好的环境条件,形成良性循环。相反,如果人们只图眼前利益和经济目的,对环境横征暴敛,肆意污染环境,破坏自然资源,就必然导致生态失调,遭到环境的无情报复和惩罚,影响经济发展、危害人类健康,贻祸于子孙后代,形成一种恶性循环,这就是环境问题的产生。

2. 近代环境问题产生的原因

18世纪到20世纪初发生的产业革命带来了巨大的社会生产力,促进了社会生产的迅速发展;同时也给人类的生存环境造成严重污染,并逐步发展成危害人类社会的公害。当时主要是烟煤尘和二氧化硫造成的大气污染,还有采矿、冶炼和无机化学工业造成的水污染。20世纪20—40年代,燃煤造成的污染有新发展,石油及其制品和有机化学工业及其制品的污染日益突出。50年代以后,煤炭、石油引起的污染又有新的发展,农药等有机合成物质和放射性物质污染相继出现。噪声、振动、垃圾、地面下沉等其他公害也日益严重。工业废气、废水、废渣造成了规模巨大、影响深远、造成对环境严重污染的问题。

与工业现代化伴随而来的是都市化,农业现代化,它们在发挥积极作用的同时,也给环境带来副作用。汽车大量排气会形成光化学雾;超音速飞机会引起高空大气污染;农药、化肥造成土地、江河海洋污染;城市人口高度集中会带来住房拥挤、交通堵塞、噪声充斥、垃圾成堆、污水横流、烟尘笼罩、环境恶化,使人类癌症等疾病发病率增高。在现代化建设中,不合理的开发利用自然资源或进行大型工程建设,造成自然环境和生态的破坏,加剧了环境问题的严重程度。

由于生产、生活中的大量污染物未经处理排入环境,超过了环境的自净能力;而自然资源的不合理利用,超过了自然资源的再生能力。这一切就是环境问题产生的根本原因。所以环境问题实质上是发展与环境的矛盾问题,是经济建设与环境保护之间比例失调问题。例如世界上有名的八大公害事件(马斯河谷烟雾事件、多诺拉烟雾事件、伦敦烟雾事件、洛杉矶光化学烟雾事件、四日市事件、水俣事件、富山事件、米糠油事件)、切尔诺贝利核电站放射泄漏事件、美国联合碳化物公司在印度博帕尔市开办的农药厂毒气泄漏事件,均造成了成千上万的人致病死亡到严重伤害,同时在经济上也造成了重大损失。这就是发展与环境矛盾激化的结果。

四 我国的环境问题

我国面临着环境问题,并且随着现代化建设的迅猛发展变得日趋严峻。我国环境问题基本分环境的污染和自然环境的破坏两大类。

1. 环境污染。

(1) 水的污染。全国的江、河、湖、海受到不同程度的污染，污染严重水域鱼虾绝迹。凡是集中在大中城市附近的河流、河段，污染比较严重。有关部门经过对532条河流的监测，发现有436条河流受到不同程度的污染；七大河流流经的15个主要城市河段中，有13个河段水质污染严重，从近年水质变化趋势看，氨氮、氰化物和有机物污染呈持续上升趋势。

渤海湾、胶州湾、杭州湾、长江口、珠江口、深圳湾等海域和沿海大中城市附近海域污染严重，造成赤潮频发。某些地段鱼虾绝迹，更为严重者，乃至生物绝迹。

淡水也遭到普遍污染，有的水域臭气熏天，水质浑浊，藻类疯长，直接影响了供水水源和养殖业的发展。

地下水污染范围扩大。全国所有城市地下水都受到了不同程度的污染，范围已达80%以上，其中50%城市地下水不符合饮用标准。使饮用水源的污染范围不断扩大，人畜饮用后发病率逐年升高。对27个城市的地下水监测表明：总硬度、硝酸盐、亚硝酸盐含量大都超过国家标准，部分城市地下水中氯离子含量也在升高。此外，地下水开采过度，已有20多个城市出现不同程度的地面沉降，形成区域性漏斗，局部地区地下水源枯竭，沿海局部地区造成海水倒灌，生态进一步恶化。

(2) 大气污染。一些大中城市和工矿区的空气污染，与国外50年代类似，是典型的以二氧化硫烟尘排放为主的煤烟型污染。二氧化硫、降尘、重金属粉尘等平均值监测每年都超过国家规定的标准。统计表明，北方城市总悬浮微粒年平均值超过800微克每立方米，有的城市冬季超过1000微克每立方米，普遍超过国家大气质量二级标准300微克每立方米的2—3倍，沈阳、兰州等许多城市烟雾弥漫。

酸雨本来只是欧美、日本、俄罗斯等工业发达国家区域性环境污染的专利，但近年来，经普查，我国22个省市也出现了酸雨。其原因主要是煤烟型污染排放二氧化硫过多造成的，我国年二氧化硫排放量高达1520多万吨，出现大量酸雨是必然结果。特别是长江以南地区，如重庆、宜宾、桂林、柳州、贵阳、长沙、广州等地区更为突出，加上该区为酸性土壤，造成的危害更加严重。

（3）工业三废。我国的工业"三废"绝大部分未经处理直接排放，成为世界上工业废水、废气和废渣年排放量最多的国家。统计资料显示，1988年全国废水排放量368亿吨，其中工业废水268亿吨；1990年废水排放量354亿吨，其中工业废水249亿吨，平均每天有1亿吨废水产生，大部分未经处理，直接排放到江河湖海。排入环境中的固体废弃物年均41亿吨；其中工业固体废弃物为5.6亿吨，综合利用年仅1/4，占地3.9万公顷。受污染农田1.67万公顷，未处理的工业废渣和城市垃圾大都堆在城郊，形成了垃圾围城的局面，且有不断加剧的趋势，成为严重的二次污染源。

（4）噪声污染是四大公害之一。我国城市噪声一般处于高声级。市内道路交通噪声超过70分贝路段占70%，工业噪声和建设施工噪声污染都呈上升趋势。

（5）农药、化肥污染。我国广大农村化肥、农药使用越来越普遍，量越来越大，由于有效利用率低，绝大部分失散在土壤、水体和大气中，致使农副产品包括粮油、肉菜中普遍含有有害物质。

2. 自然环境的破坏

在我国，自然环境的破坏已有很长的历史。解放后经过治理取得了一定成效，但由于不合理的开发自然资源和工业排放大量有害物质的污染，使自然资源的破坏出现加重的趋势，成为一个全局性问题。在很大程度上破坏了自然生态系统，破坏了森林、草原、野生生物正常生活环境，破坏了自然保护区、风景名胜区等。造成的损失是巨大的，有时是无法挽回的。我国自然环境破坏主要有以下几种情况。

（1）农业耕地的减少。我国现有可耕地1亿公顷，人均占有量仅占世界人均的1/4。新中国成立后虽然开垦荒地2000万公顷，但由于城市扩建，农民盖房占用良田3333万公顷，实际上使可耕地减少了1334万公顷，这相当于四川、广东、广西三省可耕面积的总和。

（2）森林覆盖率在降低。我国森林覆盖率仅为国土面积的12%，在全世界160个国家中居第120位。像新疆、青海、西藏、宁夏森林覆盖率在1%以下。由于计划外乱砍滥伐，致使砍伐多于增植，每年森林净减150万公顷，采伐消耗量超过生长量约1亿立方米，森林资源面临枯竭的危险。

(3) 水土流失。水土流失是历史上遗留下来的比较严重的环境问题。黄河流域就是水土流失严重的典型，大量黄土随流而下，在三角洲沉积，形成了巨大的三角洲，黄土高原的水土流失占全国水土流失总面积的大部分。长江流域水土流失也趋加剧，流失面积由1975年36.4万平方公里上升到近年80万平方公里，全国水土流失面积从新中国成立初115万平方公里扩大至现在150多万平方公里，占全国1/6。

　　我国每年注入海域的泥沙量为20亿吨左右，占世界总量的13%多，带走了土壤中大量宝贵的氮、磷、钾有益元素。

　　(4) 沙漠化的危害。我国沙漠化面积约1.3亿公顷，每年还以66.7万公顷的速度扩展，首都北京也受到沙漠蔓延的威胁。沙漠化扩大主要原因是植被减少，是森林、草原等植被广泛遭到破坏后的恶果。

五　环境问题在"海上山东"建设中的地位

　　1991年4月在山东省八届人大四次会议上，赵志浩省长代表省委、省政府正式提出了"建设海上山东"的设想。1993年4月省八届人大会议上，把建设"海上山东"确定为山东省跨世纪的工程，并由省计委制定了山东省海洋开发规划。规划中除了强调海洋产业发展目标外，同时也突出强调了发展海水养殖业、滨海旅游业和海洋利用的可持续发展，以保证海上山东建设的顺利进行。

　　改革开放以来，山东沿海经济发展迅速，人口增长较快。人口与生态环境的矛盾日益明显加剧，环境污染日益严重。省委省政府领导全省人民做了大量环境保护与治理工作，取得了一定成效，但海洋环境污染还在加剧（见下一节），直接影响着"海上山东"建设计划的落实。因此，环境问题是"海上山东"建设至关重要的议题，而不是可抓可不抓的无关紧要的问题。环境保护工作做不好，"海上山东"建设就可能半途而废。我们应该以对子孙后代高度负责的责任感和使命感，确定科学的环境保护方针和目标，全面安排、突出重点、综合治理，争取在基本建成"海上山东"的同时，制定和实施山东沿海地区海洋环境保护规划，合理划分海域功能区，加强沿海污染企业的管理，杜绝陆上排放污染源，搞好海域及滩涂环境保护，使近海海域达到一类海水水质标准，近海渔区达到渔业用水标准。创造一个良好的海陆结合生态环境，为发展海水养殖业、滨海旅游业和其他产业,为海洋资源的可持续发展、利用,打下坚实的基础,使"海上山东"建设得以顺利进行。

第二节 山东海洋环境现状分析

随着生产规模的日益扩大,污染物排放量猛增,加之环境保护与治理不力,沿岸及近岸海域的生态环境已遭受不同程度的污染和破坏,并有逐步加重和扩大趋势。生态环境的恶化,对人民的健康和生物的繁衍造成了不良影响。

一 沿海海域环境状况

山东沿岸及近岸海域的污染物质主要来源于三个方面:

1. 陆源污染严重

陆上工业和生活污水沿河道入海。山东沿海有60多条大小河流直接入海,排入海洋中污水年均11.65亿吨,占全国入海污水量的13.5%,位居第二位;全国通过直排口、混排口和排污河排放入海的14种主要污染物质(COD、油类、铜、铅、锌、镉、汞、氨氮、磷酸盐、砷、酚、氯化物、硫化物、BOD5)年排放量约为147万吨,其中山东省达37万吨,占全国的25%,亦高居第二位。据调查资料,受纳污染物质量渤海约50万吨,占全国的34.4%;胶州湾居第三位,占全国的11.6%;莱州湾居第四位,占全国的11%。此外烟台、威海市区附近水域都遭受到严重污染,而且几乎高居全国首位。结果造成海洋水质恶化,使全省数万亩养殖贝类死亡,几十万亩虾池虾病蔓延,浅海区不能持续发展养殖生产,甚至危及人民群众身体健康和生命安全。

2. 海上污染

海上污染主要指船舶作业,海难事故、海洋倾废、石油开采等将污染物质排入海洋。

山东省除沿岸港口几百艘运输船舶作业外,还有3.5万条渔船,每当黄渤海鱼汛期,还有上万只外地渔船在海区捕捞,在渔港停靠,这些船舶正常作业时,要向海中排放污水、废气、垃圾。

海上船舶事故和钻井平台漏油等突发性事件是灾难性的,近几年发生大的事故就有十多次。1993年10月26日，日照市岚山港务局煤焦油站向货轮上装煤油，因操作失误漏油2吨多，造成20公顷紫菜严重污染，直接经济损失55万元；1995年4月，新加坡商人租用的巴拿马籍货轮，沉没在荣成市莫耶岛灯塔附近浅海，石油外溢达两个月之久，造成海域大面积污染，养殖区鱼贝大量死亡，直接经济损失3亿元，因污染造成的减产及旅游经济方面的间接损失约5亿元，是山东省历史上较为严重的一次海洋石油污染事件。1996年11月，一艘朝鲜轮船在威海市刘公岛附近触礁下沉，泄漏污油4000吨，污染水域1467公顷，损失约500万元；1996年10月，东营"胜利号"油井发生原油泄漏事件，长达41小时，使黄河口海岸250多公里遭污染，渔业经济损失3289万元。总之，海上船舶、石油开采造成的污染，加速了海洋环境恶化，并造成了巨大经济损失，严重影响了经济发展。

3. 养殖用水的污染

随着养殖业的发展。养殖对海洋环境的影响日益引起人们的重视。对虾、鱼类大量养殖及喂养鲜活及人工复合饵料残渣中含有丰富的蛋白质、脂肪、糖类及维生素，是造成鱼虾池中有机物增多、水体富营养化的一个主要因素。大量富营养的养殖用水排入近海，加大了近海水域的污染，影响了近海水域的生态，造成水中微小浮游生物大量繁殖，使海水变成红色，以致赤潮不断发生。这种赤潮能毒杀鱼、虾、贝类等海洋生物。据不完全统计，自1980年以来，我国发生赤潮300余次，其中1989年8—10月间渤海发生的赤潮持续72天，造成经济损失4亿元，其中山东境内莱州湾海畔的潍坊、莱州海域大量鱼、虾、贝类中毒死亡，造成直接经济损失1亿元，而河北黄骅一地，6670公顷虾池减产对虾上万吨，损失2亿元；1993年东营局部海区发生赤潮，同样造成大量鱼虾类死亡；1996年，烟台市近海发生赤潮，影响栉孔扇贝4000公顷，死亡率达30%，经济损失1356万元。特别是90年代以来，山东海域赤潮频繁发生，除直接影响渔业生产，造成经济损失外，还破坏了生态环境，使渔业资源衰减，旅游环境遭到破坏，严重者危及人民健康。

二　海洋环境的质量评价

有关部门根据1990年国家海洋局海洋环境保护所《中国近海水质评

价方法研究报告》采用标准分指数法和综合指数法将海水划分为 A、B、C、D 4 个等级。海洋生物和底质采用《全国海岸带资源综合调查规程》为标准。

1. 单项评价结果

（1）海水 pH 值。全海域在 7.60—8.48 之间，渤海区年均值 8.17；莱州湾顶达 8.41，向湾口逐步降低；黄海区年均值 8.06，潮间带为 8.20，均属正常范围。

（2）溶解氧。渤海区年均值 6.97 毫克/升（5.55—7.93 毫克/升），小清河和黄河口为低含量区，莱州湾外和老黄河口是高含量区。黄海区平均为 8.54 毫克/升（4.40—10.36 毫克/升），呈南低北高分布。潮间带含量范围在 6.0—11.4 毫克/升之间，全区除海泊河口出现溶解氧含量低于水质标准的小区外，其余均属正常，冬季常出现过饱和状态。

（3）无机氮（包括亚硝酸氮、硝酸氮和氨氮总和，简称三氮）。全区含量范围 0.012—0.316 毫克/升，总的分布趋势是西部高于东部，北部高于南部，渤海区平均值 0.088 毫克/升，最高值 0.316 毫克/升出现在黄河口外。神仙沟至老黄河口含量比较高且分布较均匀，平均值为 0.104 毫克/升，高于莱州湾（平均为 0.079 毫克/升）。黄海区年均值为 0.080 毫克/升。海州湾一带为低值区。三氮超标区域主要在黄河口外（超标 2.2 倍），老黄河口到神仙沟普遍接近或已超过一类海水水质标准。海泊河口超标 2 倍，胶州湾全湾平均值超标 1 倍多，靖海湾和五垒岛湾也已超标。

（4）活性磷酸盐。全海域含量范围 0.002—0.135 毫克/升，其平面分布与三氮十分相似，也呈西高东低、北高南低分布。渤海区年平均 0.010 毫克/升，高值也在黄河口外。神仙沟至老黄河口平均值 0.016 毫克/升，已超过一类水质标准。黄海区年平均 0.013 毫克/升，低值区在海州湾。靖海湾、王垒岛湾、石岛湾、荣成湾和胶州湾东部均超过一类水质标准，李村河口超标一倍多，海泊河口超标 8 倍。

（5）COD。是海洋中主要的污染物之一，主要来自陆域排污。近海含量高于外海，其等值线常与岸线走向相近，河流入海口、排污口附近潮间带水中 COD 含量一般较高。灵山湾内达 10.5 毫克/升，超标 2.5 倍。龙口造纸厂直排口附近含量 6.2 毫克/升，超标 1.1 倍，小清河口、弥河口、石虎咀附近、崂山湾内均存在超标区域。其余海区含量都低于一类水质标准。全省海域富营养化区域分布在胶州湾东部和东北部，面积约占胶州湾水域的1/3，黄河口、桃河口到老黄河口附近水域也有富营养化区域存在。富营养化作为诱发赤潮的物质基础之一，应引起足够警惕。

（6）石油类。海水中石油类的检出率100%，外海含量一般均低于近海。油田开发区、码头、港池、小海湾和一些排污口常出现超标。渤海区石油含量在0.020—0.216毫克/升之间，超标率约3%，超标区主要在孤东、神仙沟、桃河、广利河、小清河、滩河、虞河等河流入海口和黄河口北侧潮间带、莱州湾中部等区域。黄海区含量范围0.009—0.130毫克/升，除乳山湾近海超标外，其余大面积海域尚无发现超标，但潮间带和近岸排污口则超标普遍，蓬莱附近、崂山湾北岸、乳山河口至羊角畔、胶州湾东岸和东北岸均已超过二类海水水质标准。王戈庄河口含量高于0.5毫克/升，已超三类水质标准。表层沉积物石油类含量低于 790×10^{-6}，全海海域平均为 74.2×10^{-6}，尚未发现超标。

（7）重金属。海洋中的重金属物质主要来自陆域，故在排污口、部分潮间带中含量高于外海和近海。铜、铅、锌、汞、铬检出率都相当高。海水中铜含量较高，一般在一类水质标准的1/2以上。年均值渤海区0.005毫克/升，黄海区0.00044毫克/升，潮间带水中为0.002毫克/升。高值在太平湾东北近岸（0.11毫克/升），已超一类海水标准，其他海域标准指数大多在0.5以上，太平湾、老黄河口、老母猪河口均是铜的高含量区。底质中铜的超标分布在湾湾沟、沾利河口、黄水河口、日照的涛雒附近的潮间带及近海中，最高超标1.4倍。徒骇河口、马颊河口和黄河口沉积物中铜含量在 $25 \times 10^{-6} \sim 27 \times 10^{-6}$ 间已接近评价背景值。其余重金属（汞、铅、锌、铬）虽普遍被检出，但含量一般比一类海水标准低一个量级以上。一些河口、排污口及潮间带表层沉积物中已发现锌、铅、DDT和六六六等超标。主要有潮河口，锌超标1.3倍，蓬莱以东、套子湾西部、胶州湾东部锌超标，超标倍数小于1倍。马颊河、黄河、徒骇河、黄水河口接近评价背景值。在烟台平畅河口、胶州湾东岸沉积物铅超标、沙河口沉积物DDT超标，以及威海市附近、宫家庄附近、青岛的前海、山东头附近沉积物六六六超标，其余海区沉积物中含量一向只有背景值的1/100到1/10。

（8）其他污染物质。镉和砷在海水中已普遍检出，但均没发现超标。

海水中镉含量在 0.000280—0.00110 毫克/升间。沉积物中镉含量渤海区为 0.14×10^{-6}，黄海区为 0.04×10^{-6}。除龙口中村河口出现镉超标外，其余区域沉积物镉未超标。黄河口附近自河口向东南有一个面积约 200 平方公里的区域，其表层沉积物发现砷超标，估计与黄河大量泥沙入海有关。此外，在老黄河口外、龙口太平湾北部也存在小范围底质砷超标区。沉积物中有机质、硫化物均未发现超标，其含量一般比评价背景值低一至二个量级。

（9）海洋生物质量评价结果。评价海域海洋生物质量状况良好，但在一些地区采集的样品中已发现铜、铅、镉、DDT 和六六六超标。

鱼类中发现芝罘湾六线鱼含铅超标 2.8 倍，镉超标 1.03 倍，乳山湾南面凹鳍扎虾虎鱼铅超标 2.5 倍，镉超标 0.1 倍，太平湾东侧采集的鱼样铅超标 0.6 倍，三山岛鱼样中镉超标 0.03 倍。

甲壳类：薛家岛口虾虎铅超标 13.4 倍，镉超标 2.38 倍，日本鲟 DDT 超标 5.5 倍，太平湾新立村至石虎咀间甲壳类镉超标 0.30 倍，海庙后甲壳类 DDT 超标 0.14 倍。

软体动物类：蓬莱附近紫贻贝 DDT 超标，五垒岛湾菲律宾蛤仔六六六超标。

2. 综合评价结果

全省绝大部分海域水质为 A_1 级，即一类海水水质的一般情况，通常情况下不致影响相应功能的使用。渤海湾南岸、湾湾沟往东至莱州湾、胶莱河、沙河口附近的狭长浅海区和该区大部分潮间带均为 A_2 级。此外黄水河口、蓬莱东侧、烟台市套子湾东部至芝罘湾沿岸直至沁水河口、汶河口、威海市区沿海至刘公岛以南、荣成湾、石岛湾、老母猪河口、乳山湾到羊角畔、北湾湾顶、胶州湾东部与东北部、王戈庄河口和绣针河口等均零散分布着 A_2 小区，综合水质接近或等于一类海水，应引起人们关注。黄河口至老黄河口间水质量差，自河口、潮间带往外分布着 D、C、B 级水质区域，其中五号桩、神仙沟间潮间带污染尤为严重，出现综合水质相当于三类水质的 C 级和超过三类的 D 级水质。小清河口、烟台市附近、沁水河口、威海、老母猪河口、胶州湾海泊河口、王戈庄河口均有小范围 B 级水质区域，综合水质大致相当于二类海水水质。

综合评价结果还表明，全省海域底质质量状况基本良好，大部分海域底质综合指数小于 0.5，河口、海湾、排污口附近自潮间带向外综合指数逐渐降低。以渤海为例，其底质综合指数在黄水河口有大于 0.5 的小区，渤海湾南岸、潮河口潮间带及其邻近浅海、黄水河口潮间带外缘底质综合指数在 0.3—0.4 间。10—15m 等深线间综合指数在 0.2—0.3 间，15m 等深线外底质综合指数小于 0.2。

综上所述，全省海域环境质量状况基本良好，主要海水化学要素含量适中，一般符合海洋生物生长、栖息、繁衍的需要，为沿海发展海洋渔业、水产养殖和增殖业提供了有利的基本环境条件。无机氮、无机磷、COD、石油类、挥发酚、硫化物、砷、镉及重金属污染物已普遍检出，局部海已受到不同程度污染，部分潮间带、排污口附近污染较重，而且往往是无机污染和有机污染交织在一起，是海洋开发利用中需要关注、急需解决的问题。

值得注意的是，上述资料是 1990 年以前的调查结果，随着经济高速发展，近年海洋近岸污染速度加快，因没有做系统调查，拿不出完整资料，但加强海洋保护是至关重要的。

第三节 "海上山东"建设中的环境对策

针对山东海岸带及海域现状，提出如下对策和建议。

1. 提高全民的海洋环境意识

环境意识的产生和形成，是人类意识的一次觉醒和飞跃，提高全人类的环境意识是做好海洋环境保护工作，实施海洋环境治理的基础。要把海洋环境保护纳入经济、科技、社会发展规划和计划，使之变成人们的自觉行动。

2. 科学地进行海洋功能区划

科学地划分山东海域海洋功能区，可以合理而有效地利用海洋环境及海洋资源，对沿岸的经济建设具有积极的作用。

山东海域功能区划应在了解和掌握山东省沿岸区域工业、渔业、海洋资源开发利用及港口布局；污染源分布、污染状况及变化趋势；沿岸经济发展的近期安排和远景规划。在不同海域自净能力强弱的前提下，从全局利益出发，统筹安排，合理规划调整沿岸的工业布局和海域的合理使用。

3. 合理利用海域的自净能力

海洋自净能力是一种巨大的自然资源，开发利用这一资源既能收到环境效益，又能收到明显的经济效益。整个山东海域，连接黄海与渤海，海岸曲折，由于受地形影响，其涨潮、落潮流很难用一个固定的方向概括表述；余流的情况也比较复杂。根据海洋管区监测站近几年的调查结果：在近岸水域都具有较好的自净能力。我们要充分利用，首先表现在沿岸陆地污水的排放要采用科学的方式。不同潮时排放海洋的输运能力相差几倍，因此建议在高潮时集中排放较为适宜；另外不同位置的排污点，依据海水输运能力的不同可采取不同的污水综合排放标准，这样既能减少环保投入，又能保证海域的环境质量。

4. 尽快建立山东省海洋预报台，建立和完善全省海洋公益服务系统，搞好海洋防灾、减灾

目前，海南、广东、广西、上海、厦门、广州等（区）市已建起了海洋预报台（中心），山东省的海洋预报尚属空白。由于海洋预报滞后，每次大的海洋灾害到来之前，整个山东沿海的防灾准备工作都不够充分、及时，致使造成不应有的损失。为进一步开发和利用海洋，加快海洋经济发展步伐，加速实施建设"海上山东"战略，建议借助国家海洋局北海海洋环境预报中心的现有人员、设施设备及科技手段等，省里投入一定的固定资产，增加一定设备，与北海海洋环境预报中心联合组建山东省海洋预报台，一个机构、两块牌子、履行国家赋予的管理和建设山东沿海海洋预报服务系统的职能，为各级、各部门领导提供有效的决策依据；为沿海经济发展提供海洋环境警报、预报、海洋灾害预报和警报，增强该省防御和抵抗海洋自然灾害的能力；搞好灾情预报，为海上生产活动、沿海人民的身体健康和生命安全提供保障，更好地为经济建设、国防建设服务，使海洋灾害造成的损失降到最低限度。

5. 实施污染排放的总量控制

污染物排放的总量控制，就是在以环境质量标准为基础并考虑自然特性，计算出最大允许排放量后，综合分析区域内的污染源，建立一定的数学模式，计算每一个污染源的污染分担率和相应的允许排放量，以保证区域内污染物的排放总量不超过最大允许排放量。这样，既考虑了污染源的密集程度和污染源规模的大小，又考虑了稀释排放所出现的问题。

6. 制定地方海洋保护法规，以法保护海洋环境

从国家立法的角度来看，我国的海洋环境法律体系已初具规模，相继制定颁布了《中华人民共和国海洋环境保护法》等十几部法律、法规、条例，但与发达国家相比还显得不够，因此各地方应在不与宪法、现行法律相抵触的前提下，加紧制定一些适合本区域特别的法规、制度，将国家的法律、政策具体化。如：区域海洋自然保护区管理办法；近海环境功能区管理办法；防止陆源污染海洋环境办法；海域及海岸带管理办法。在法规的监督之下，从而有利于海洋环境的保护。

7. 加强海域的监测、监视与监督管理

海洋环境监测、监视是实施海洋管理工作的基础，也是做好海洋环境保护工作的关键。根据山东海域的实际情况，目前，应加强污染较重的河流入海口、港口，以及人口密集、工业发达的区域的监测、监视，提高监测频率，重点是近岸水域、海水养殖区域、石油开发勘探区，并开发污染事件的应急监测、监视，提供预测、预报。

海洋管理是搞好海洋环境保护的直接手段，各有关单位应按照《中华人民共和国海洋环境保护法》等有关法律规定，根据各自的分工，齐抓共管，针对山东北部沿海状况，强化目标管理，坚决禁止超标排放、违章排放的现象发生，使经济效益、环境效益和社会效益有机协调地发展。

8. 加速海洋环境监察队伍建设

省成立总队、市地成立支队、县（市、区）成立大队，实行统一领导、分级管理，形成一个完善的执法体系，以有效地实施海洋执法，维护海洋环境与海洋秩序。

第九章 "海上山东"建设的科技教育

第一节 "科教兴海"方针的客观依据

一 人类开发海洋的历史就是科技进步的历史

纵观人类社会发展史，每一次重大科学技术突破都将对人类社会进步产生重大的影响。马克思曾把科学看作是最高意义上的革命力量，是推动人类历史进步的有力杠杆，并指出"社会的劳动生产力首先是科学力量"。从某种意义上讲，人类社会文明发展的历史就是一部科学技术进步的历史。历史上的每一次重大科学发现，都使人们对客观世界的认识产生了巨大的飞跃，每一次技术革命都使人们征服和改造自然的能力上升到一个新水平，进而把人类社会推向更高一层的文明。18世纪后期到19世纪中期，由于蒸汽机及整个早期机器体系的产生，实现了由手工操作到大机器生产的第一次产业革命，从而彻底动摇了几千年来占统治地位的自然经济基础，为欧洲社会由封建制度到资本主义制度的变革起到了巨大的推动作用；在20世纪初，由于电力技术、化工技术和无线电通讯等现代科学技术的迅速发展，诱发了第二次产业革命；在20世纪中叶，随着电磁理论和电磁技术、半导体技术、核物理技术、教学逻辑及电子技术的发展和应用，诞生了现代电子工业、半导体工业、原子能工业、计算机工业等现代新兴产业，导致了第三产业革命，开辟了人类社会现代新纪元。当今世界以信息技术、生物技术、新材料技术、新能源技术、空间技术、海洋开发技术产生了划时代的影响，特别是正当人类面临人口、资源、环境三大问题日益严重的形势，海洋开发技术的发展将给人类新的生存发展机会。

海洋开发是人类社会生产活动的重要组成部分，有着悠久的历史。然而在世界第一次产业革命的前几千年时间里，人类基本上是靠手工操作来开发利用海洋的。用小木船或帆船进行捕捞和运输，手拉网，肩抬担，蒸熬海水来晒盐，在滩涂海里自然围养鱼贝等生物，生产力水平低下。随着蒸汽机带动的轮船诞生，电报通讯在船上应用，人类开发利用海洋的范围大大拓宽，劳动效率成倍增长，特别是数以千万计的往返于世界各大洲间的各种船舶大大加强了世界各国的联系，促进了国际贸易，进而推动了全球经济的蓬勃发展。20世纪50年代，随着第一座海上移动式平台的诞生，全球范围的海上油气开发迅猛兴起，使海洋开发出现了新兴产业。而无线电和卫星导航技术、水声技术、塑料工程技术、海洋生物工厂化育苗和养成技术等在海洋开发上的广泛应用，使人类开发利用海洋进入了一个崭新的历史时期，不仅使传统的海洋产业如海洋渔业、盐业和海洋运输业取得了巨大技术进步和迅猛的经济发展，而且不断形成各种新兴海洋产业，如海水养殖业和海水综合利用业。世界海洋产业产值由60年代初的340多亿美元猛增到目前的4000多亿美元，占世界经济总值的比重不断提高，海洋在世界经济发展中的地位越来越重要。20世纪七八十年代以来，海洋卫星遥感技术、深海钻探采矿技术、深潜技术、生物工程技术、人工岛工程技术等海洋高新技术的推广应用，吹响了人类向海洋世纪进军和迎接第四次世界产业革命到来的号角。海洋开发的历史有力地证明，科技进步是海洋生产发展的强大推动力。

二　特殊的海洋开发环境需要更新更高的科学技术

海洋占地球面积的71%，蕴藏着巨大的生物、矿物、能源、水和空间等资源，是人类今后赖以生存和发展的宝贵资源。淡水缺乏是制约我国和世界上众多国家和地区社会经济持续发展的突出问题，未来必须向海洋索取淡水，因为海洋水贮量高达13.7亿立方公里，占世界水总贮量的97%，人均23000立方米，可以说是取之不尽用之不竭的。但是，海水中含有浓度较高的$NaCl$及与其他盐类，人类不能直接饮用，一般农作物也不能浇灌，要使其成为人类直接利用的淡水则需要将其淡化，而目前的海水淡化方法成本高，难以大规模生产。这必须通过采用新技术、新工艺来大幅度降低海水淡化成本，方能广泛应用，不然仍将望水而渴。

海水中所含的金属和矿物量之大令人吃惊，其中$NaCl$、$MgCl$、$CaSO_4$等盐类储量达52亿亿吨，如果全部提取出来铺在地球陆地上，则可形成

150多米厚的原盐层，任人类如何使用也用之不尽。人类所必需的各种金属和化合物，特别是贵重金属金、银等海洋中的含量都非常巨大，如海洋中黄金含量高达500万吨，而镁含量高达1800万亿吨；海底锰结核中锰含量2000亿吨，镍含量90亿吨，铜含量50亿吨，钴含量30亿吨；海底金属沉积物中金、银、铜、铁等含量亦非常巨大；就是地球陆地含量非常稀少的核燃料铀在海洋中含量也相当丰富，高达45亿吨，相当于陆上总贮藏量的4500倍。海洋中金属及非金属矿产如此丰富，但由于其在海水中含量浓度较低，有的埋藏在深海底，开采技术复杂。目前除海水制盐技术设备较简单，成本费用较低，可大规模生产外，其他均难于实现大规模工业化生产。例如，要把散落在大洋几千米深海底的锰结核从几百到上千个大气压的海底环境中集中起来，提运上来进行冶炼，必须实现高压无人操作，需要高新技术和工艺设备。

人类生存所必需的食品和能源在陆地的资源量越来越少，但在海洋中的资源量却大致可以任人类如何使用都不会短缺的地步。据海洋生物学家计算，海洋中每年约生产1350亿吨有机碳，是地球耕地农产品含碳量的数百倍。海洋每年可提供30亿吨水产品，足够300亿人食用。但是，目前海洋中生物资源除通过捕捞和养殖利用一部分外，大量生物资源无法直接利用，因为这1350亿吨有机碳多数为浮游生物，采集和浓缩极其困难，且多数不能直接食用。需要使其变成可直接捕捞利用品种或养殖利用的品种，这就需要依靠科学进步，经过漫长的历程，或直接浓缩采集加工成可食用的食品，或间接养殖成人类可直接食用的品种。随着科学技术的进步，海洋将为人类提供越来越多的食品，以弥补陆上食品的不足。

随着世界人口的迅速增加，人类生活工作和娱乐的空间相对日渐减少，但可以通过采用高新技术设备和原材料，在海上、水中或海底建设海上城市、机场、海底仓库和娱乐场所等来扩大生活空间。

综上分析不难看出，海洋是人类生存和发展的巨大资源宝库，但由于海洋的环境条件比陆地困难和复杂，因而要从海洋中真正把宝贵的资源取出来为人类所利用，则必须通过科学技术的巨大进步，特别是海洋科学技术的巨大进步才能实现，这也是把海洋开发技术列为未来高新技术领域的原因所在。

三 建设"海上山东"必须走"科教兴海"之路

建设"海上山东"是山东省经济发展的必然。山东是我国人口较多经济发展较快的一个省,也是人口增加、耕地减少、陆地后备资源不足,以及环境污染等问题比较突出的一个省份。据预计,在加强计划生育和严格土地管理的前提下,全省人口将以每年1%左右的速度递增,而耕地仍将以每年0.4%的速度递减。到20世纪末,全省人均耕地将由90年代初的0.08公顷下降到0.06公顷以下,即使大力推行科学种田,提高单位面积产量,人均占有粮食也只能维持甚至难以维持在90年代初的水平。工业的进一步发展将增加对能源、原材料、淡水等资源的需求,加剧陆地后备资源短缺和环境污染。要保持山东省社会经济持续发展,必须认真对待日趋严重的人口、资源和环境问题,其重要出路在于向海洋开拓。山东省三面临海,毗邻海域面积约13.6万平方公里,海岛326个,海岸线长3121公里,浅海滩涂面积193万公顷,近海已探明的石油地质储量约1.2亿吨,东营一带地下岩盐5.88千亿吨,莱州湾沿岸地下卤水动态储量有74亿立方米,可供建港的海岸线长度有2510公里,近海海洋生物有1000多种,其中经济种类有400多种,这是一座巨大的资源宝库,是山东省社会经济可持续发展的后备资源。根据国内外海洋开发形势和山东省的实际,为了更好地开发利用海洋资源,保证山东经济持续发展,山东省委省政府于1991年提出了建设"海上山东"的战略决策,标志着山东的经济建设指导思想已由单纯开发陆地转到陆海整体开发上,拓宽了经济发展的空间。

建设"海上山东"意味着让海洋在今后山东社会经济发展中起着如同陆上山东那样的作用,这是靠传统的海洋产业实行粗放式经营所难以达到的,应该针对海洋环境复杂、开发难度大、技术要求高等特点,依靠科技进步,特别是高新海洋科技,改造传统的海洋产业,发展新兴海洋产业,大大拓展海洋开发的广度和深度,大幅度提高海洋开发效率,提高海洋经济产值在整个经济产值中的比重。为此,省委省政府明确提出建设"海上山东"必须以科技为先导,全面实施"科教兴海"战略,并将"科教兴海"工作纳入了"科教兴鲁"战略方针的重要内容,提到了重要日程。

"科教兴海"既符合中央和山东省委省政府提出的"科教兴国"、"科教兴鲁"战略要求，也符合山东省海洋开发的实际需求，是生产力发展到一定水平时生产关系和上层建筑调整在海洋生产方面的具体反映。山东省的海洋开发已有悠久的历史，海洋开发的范围比较广，海洋开发的规模也较大。山东省的海洋渔业产量、产值、盐业和盐化工产量、产值，以及港口泊位和货物吞吐量在全国居首位或第二位，海洋经济总产值居第二位，可以算得上一个海洋经济大省。但山东省海洋开发的整体水平还比较低。从产业结构上看，仍然以传统的海洋渔业、盐业和运输业为主，新兴的海洋产业除个别品种的海水养殖业发展较好外，其他产业很薄弱甚至是空白；从资源利用上看，资源利用率较低，资源浪费和破坏比较严重，近海渔业资源因掠夺性酷捕滥捕而严重枯竭；从生产方式上看，仍以粗放式为主，通过生产规模的简单膨胀来实现生产的增长，渔业靠大量增加小渔船和增加养殖面积，盐业靠增加盐田面积，港口运输靠增加码头泊位来扩大生产，海洋开发的技术水平较低，劳动生产效率较低，海洋产品质量较差，海洋生产事故不断发生；从环境保护方面看，某些海域和滩涂污染比较严重，尤其是胶州湾和莱州湾小清河入海口附近，海洋生态环境不同程度的受到破坏，海洋灾害频频发生，人员及经济损失严重，等等。这些问题的存在，归根结底是海洋开发与管理人员文化素质较差、海洋开发设备落后，科学技术和管理水平较低。因此，必须发展海洋科技教育，提高海洋开发的科技水平和管理水平，以适应建设"海上山东"新形势的需要。

第二节 山东省海洋科技教育现状与特点

山东省濒临黄渤海，是我国海洋开发历史最悠久的区域之一。历史上因"获渔盐之利、通舟楫之便，齐为大省"。勤劳智慧的山东人民，曾创造出灿烂的古代海洋文明，在海洋盐业、海洋捕捞业和海洋运输业方面有许多发明创造载入史册。闻名于世的2000多年前的齐人徐福东渡就说明了历史上山东在海洋开发方面已有了较高的科技水平。到了近代，特别是新中国成立以后，山东省海洋科技教育进入了一个蓬勃发展的历史时期，山东特别是青岛成为我国最重要的海洋科研和教育基地。我国许多海洋开发新技术都率先在山东出现并向全国推广应用。山东为全国的海洋事业培养了大批科研和管理人才，为我国的海洋科技进步做出了巨大贡献。

一　海洋科研教育力量雄厚

在第三章中我们已经谈到，山东省有县（市）以上海洋科研机构和院校40所，再加上市地县办的及近百所民办海洋科技教育机构，如青岛港湾学校、青岛海水资源综合利用研究所等，形成了从国家到地方、从"官办"到民办、从军用到民用的多层次、多形式、门类齐全、学科配套的海洋科技教育及其研究开发体系。全省海洋科技教育人才有1万多名，仅两院院士就6人，占全国海洋两院院士的半数；博士生导师35人，硕士生导师120余人。特别是青岛，聚集了国家、省、市的20多个海洋科研教学单位和占全国40%的高级海洋科技人才，海洋科技实力雄厚，素有"海洋科技城"之称。山东海洋科研教育的雄厚力量为加快"海上山东"建设和"科教兴海"步伐提供了可靠的人才和技术保障。

二　拥有比较先进配套的科研条件

据不完全统计，全省拥有海洋科研与教学的固定资产10多亿元，其中基础研究仪器设备5亿多元。拥有10多艘大中型海洋科学船，有多台高分辨率透射和扫描的电子显微镜、超速离心机、气相和液相色谱仪、紫外与红外分析仪和深水摄像设备等，还有设备先进的国家实验海洋生物开放研究实验室、国家海洋药物重点实验室、国家物理海洋重点实验室和一批规模大、数量多、具有一定中试生产能力的海洋生物中间实验室和中试基地。拥有百余万册图书和世界发达国家的海洋科技刊物及海洋信息网络。这一切，保证了山东海洋科技教育多出高水平的科技成果。

三　海洋科研成果累累

山东省具有比较坚实的科技基础。海洋科技人才不仅数量多，而且学科配套齐全，学术水平较高。"七五"、"八五"期间共取得重要海洋科技成果750多项，其中达到国际先进水平的有75项，在海水生物增养殖、海洋生物活性物质提取、海洋药物的研究与开发、优良海水生物品种的引进和驯化、盐化工技术和产品开发、海洋防腐技术和产品开发等方面都达到国内领先、国际先进甚至国际领先水平。自60年代以来，山东省率先突破了海带、对虾、扇贝工厂化育苗和养殖技术，在全国范围内掀起了三次海水养殖浪潮，使我国跃居世界海水养殖第一大国的行列。目前，全省海洋科技人员已在鲍鱼、海参和高档海水鱼的育苗和养成上取得了技术性突破，以高档海产品养殖为特征的第四次海水养殖浪潮正在形成。

自80年代初，山东省根据国家统一部署和山东省海洋资源丰富、海洋科技力量雄厚的实际情况，开展了大规模的海岸带滩涂资源综合调查、海岛资源综合调查以及海湾调查、海洋功能区划调查，获得了大量资料，出版了一批专著和图集，为"海上山东"建设提供了科学系统的海洋资源资料，为海洋资源的合理开发与科学保护，为海洋开发实行科学管理都奠定了可靠的科学基础。

第三节　山东省海洋科技教育面临的问题

建设"海上山东"和"科教兴海"对海洋科技提出了很高的要求。尽管山东的海洋科教基础较好，但与"海上山东"建设和"科教兴海"要求还有很大差距，也面临不少困难和问题。

一　海洋开发的整体科技水平仍然比较低

随着海洋科技的进步和海洋产品市场的开放，山东省海洋产业从整体上说发展比较快，海洋渔业、盐业、运输业及整个海洋经济产值都位居全国一、二位，但海洋产业的技术水平仍然比较低，生产粗放，高新技术产业比较薄弱，海洋集约化、规模化、生产能力较差。海水养殖方面，仍处在粗放粗养阶段。对虾养殖全省平均亩产不足100公斤，而日本已达到400多公斤。山东省养虾面积多于泰国，但对虾单产总产和出口创汇不及泰国的1/5。山东海盐生产1996年尽管达到714万吨，但生产工艺仍然比较落后，单位面积产量和劳动生产率较低，山东盐业工人年产量250吨左右，最好年份也只有400吨，而美国和澳大利亚分别为5000吨和1000吨。山东每吨盐成本一般25元左右，而美国和澳大利亚不足1美元。

近些年，山东的海洋食品、保健品和海洋药物等生产有了很大发展，有的已采用比较先进的工艺技术，但多数仍然处在原料的初级加工和浓缩分离阶段，利用高新技术对海洋生命物质进行提纯合成还处在起步阶段，生产规模也比较小。利用基因工程进行育种尚处在探索阶段。

二 科研体制条块分割，整体攻关能力不足

目前，山东省海洋科研机构基本上还是计划经济体制时形成的格局，较大的科研单位分别隶属于中央和省的若干部委厅局，不仅存在机构重复设置，设备重复配备，课题重复进行等巨大浪费，而且互不通气，互相封锁。国家本来就很有限的科技投入，被撒芝麻盐似的分流到各个单位，造成低投入、低水平的重复研究，难以形成人才、资金、技术、设备的集中攻关，不能发挥整体科研优势。如山东省海水增养殖研究中有中央省市的十几个单位在搞，但都因经费不足难以进行深入研究，所以养殖品种更新换代、高效饵料研制、养殖品种病害防治问题老是解决不了；养殖品种，例如对虾产量低、效益差。这些年，山东省海洋科研成果有近千项，但真正转化成生产力的较少，而形成现代化集约生产的更少。除体制问题外，科技市场发育不良也是一个重要原因，经常是有成果的单位没钱开发，有钱的单位没人开发。

三 海洋科技教育投入严重不足

海洋科研相对于陆上科研投入大，风险也大，见效慢，没有相当的资金支持很难获得大的技术突破。然而目前山东省科技投入却微乎其微。据有关部门统计，近几年山东省每年用于海洋科研的投入约1000万元，只相当于海洋产业创造的国民生产总值的0.7%，与世界上多数国家3%的比例相差悬殊，与国内其他行业的投入相比也少得可怜，仅相当于一座普通办公大楼投资，还不及某些高层大厦的1/10，如青岛的中银大厦和百盛大厦都投资5亿元以上。如果我们真正重视科研，拿出全省高档公寓写字楼资金的1/10或者再少一些来搞海洋科研，则全省的海洋科研将完全会是另外一种局面，全省海洋产业发展会更快更好。

至于全省的海洋教育情况，同样是经费困难。青岛海洋大学是全国唯一的海洋高等学府，人才济济，学科配套，海洋理论和应用技术研究都有很好的基础，许多项目在国内外处于领先水平。然而近几年，由于经费困难，有时教师的工资都不能及时发放，一些教学和科研项目因无经费支持而难以启动。

第四节 山东省"科教兴海"的任务和措施

一 山东省"科教兴海"的指导思想

认真贯彻中央关于"科教兴国"的战略，贯彻"经济建设必须依靠科学技术，科学技术工作必须面向经济建设"的方针，紧紧围绕建设"海上山东"的总目标，全面实施"科教兴海"战略；充分发挥山东省海洋科技教育和海洋资源优势，坚持以海洋资源综合开发与合理利用，以提高海洋开发的社会效益、经济效益和环境效益为中心，继续抓好国内外有重大影响的基础研究，重点抓好应用研究和推广；采取海洋高新技术改造传统海洋产业，大力发展新兴海洋产业，开拓培育未来海洋产业；重视海洋科技和管理的人才培养，不断提高海洋开发与管理的人员素质；完善政策，强化投入，构造良好的海洋科技教育环境，大力促进海洋科技教育事业的发展，进而促进山东省海洋经济的持续发展，加快"海上山东"建设步伐。

二 山东省"科教兴海"的战略目标和基本思路

根据全省国民经济及社会发展"九五"计划和2010年远景目标，根据"海上山东"建设总目标和省海洋产业发展规划，本着立足基础、发挥优势、突出重点、统筹兼顾的原则，山东省"科教兴海"应以市场为导向，合理配置海洋科技教育资源，远抓超前研究、有限目标搞储备，近抓开发推广、放开一片促转化；项目起步，产品带动，技术集成，科工贸一体化；以塑造现代海洋企业、培植海洋经济新增长点为目标，实施多层次、全方位的海洋科技开发新格局；培育一批高、精、尖跨世纪海洋科技、管理和经济人才，为建设"海上山东"、实现山东省社会经济更快发展服务。

"科教兴海"的总目标是：加快海洋科技教育事业的发展，促进优势学科的超前研究，攀高峰出成果，促海洋产业生产技术上水平，增效益，逐步实现海洋传统产业现代化、海洋高新技术产业化、海洋产业国际化，把山东建设成为全国海洋农牧化、盐业化工、海洋药物、海洋食品和海上石油及石油化工五大海洋科技开发基地和海洋产业基地；科技进步因素在山东海洋经济中所占的比重在本世纪末达到55%—60%，2010年达到60%—70%，使山东省海洋资源利用的深度和广度大大提高，基本实现由传统海洋产业为主向海洋高新技术产业为主的转变和由粗放式生产向集约式生产的转变；使海洋新兴产业产值的比重达到50%以上，海洋产业增加值占国民生产总值的比重达到20%左右；把山东建设成全国的海洋科教强省和海洋经济强省，最终实现建成"海上山东"的战略目标。

三 山东省"科教兴海"的基本任务

山东省"科教兴海"的总任务就是为全省的海洋开发和海洋经济发展提供技术储备、技术攻关、技术推广、技术改造和人才培育，以加速现有海洋科技成果向生产领域的转化为突破口，推动新兴海洋产业发展，拉动技术储备，在全面服务海洋产业发展的同时，突出塑造五大新兴海洋产业，即海洋农牧化（重点是海水增养殖）、海洋化工（重点是盐化工）、海洋活性物质提取（重点是海洋药物）、海洋水产品加工（重点是食品工程）、海洋机械（重点是海上油气钻井平台和新式船舶），加快海洋产业现代化进程，促进"海上山东"建设。

山东省"科教兴海"的重点任务：

一是实施产品带动战略，主要开发若干系列支柱产品。本着发挥区域资源和技术优势、优化产品和产业结构、形成规模效益的原则，着重开发技术先进、效益高、出口创汇能力强、示范带动作用大的下列产品：优质经济鱼类品种的养殖，鲍、参等海珍品增养殖，海洋水产经济动植物新品种的引进，溴、钾、镁系列产品，海洋石油和矿产品，甲壳胺及衍生物产品，海洋药物系列产品，海洋保健系列产品，海洋工程机械，海洋新材料产品等。

二是以塑造现代企业、培育海洋经济新增长点为出发点，创建若干"科教兴海"示范企业，培育若干海洋科技新星企业。选择具有技术优势和产业基础条件较好的企业，进行嫁接改造，重点扶持，使其上规模，上水平，上档次，提高企业效益，增强企业形象，成为全省甚至全国同类企业的龙头，如荣成鲍鱼工厂化养殖，日照紫菜工厂养殖，烟台水产集团公司优质鱼类工厂化养殖。以比较成熟的高新技术成果为依托，通过实施"科教兴海"，培植若干海洋科技新星企业，增强辐射功能，带动海洋产业上新台阶，使其产品挺进国际市场，成为在国内外颇具实力的海洋企业集团，如青岛华海药业集团、青岛华仁生物技术有限公司（集团）、青岛海尔药业有限公司、山东省甲壳素开发集团公司、鲁北生物化学制药总厂、青岛海洋化工集团、鲁北海洋化工集团、荣成特种泵及材料加工集团公司、长岛水产科技园、无棣贝壳资源开发总公司、东营兰宝生物工程有限公司等。

三是开展全方位技术服务，抓好若干项带有全局性的重大攻关、技术开发、技术推广和高新技术研究与开发。重大技术攻关着重解决制约海洋产业发展的关键技术难题，为技术开发和推广提供技术储备，主要有水产养殖和加工利用综合技术（包括引进培育养殖新品种和防病治病）、盐和盐化工生产新技术、海洋交通运输和能源利用新技术、海洋环境保护新技术等。重大技术开发是开发已有的技术成果，增强资源的利用和深加工能力，主要包括高产高效优质水产品养殖、海产品深加工、中小型农牧化、盐化工及海洋活性物质提取、海水直接利用、海洋药物、水下施工、海上救助、海底打捞等技术开发。重大技术推广是把成熟的比较先进的海洋科技成果转化为现实的生产力，提高海洋开发的技术水平和综合经济效益。如水产品养殖和深加工技术推广，系列饵料加工技术推广，先进生产技术和产品加工技术推广，鱼虾病害防治技术推广等。重大高新技术研究和产品开发是从高起点开发海洋，培育海洋高新技术产业生长点，包括海洋生物工程、海水化学元素提取、海洋精细化工、海水淡化工程和海洋新能源开发技术等。

四 山东省"科教兴海"发展重点

1. 海洋农牧化试验与开发

基础与攻关研究的主要内容：一是海洋资源动态研究及测验方法。以先进的科技手段研究再生资源的动态变化规律，确定最佳开发模式，确保资源可持续利用；二是海洋农牧化试验区基础生产力及最佳增养殖模式的研究。通过研究设计出山东沿海实施海洋农牧化产业结构、产品结构和生产规模的最佳状态；三是海水名、优、特、新、稀等经济品种的培育和增养殖技术的研究，加大对这些品种的研究力度，尽快形成规模效益，有些品种形成产业优势；四是主要增养殖品种的病害、致病机理、流行病早期快速诊断及有效防治方法的研究。技术开发与产业发展重点：一是调整增养殖品种结构。目前山东省对虾、扇贝、海带三大品种已形成产业优势，但由于病害和多项技术问题，三个品种已不能适应海洋开发的深入发展。为此，要通过基因工程、细胞工程等高技术开发，培育出一批抗病力强、养殖周期短、产量高、质量好的新品种，并逐渐形成海参、盘鲍、经济鱼的产业规模和群体产业优势；二是建立多元化养殖技术开发模式。对虾养殖要逐渐扩大诸如鱼虾贝混养等生态养殖规模，提高经济效益和环境效益。浅海要开展立体养殖，利用多种生物混养的互补性，并逐渐向15米等深线以深的海域扩展，增加养殖品种和扩大养殖规模；鱼类和盘鲍养殖要扩大集约化养殖规模，发展海岛坑道养鲍，建设陆上养鲍工厂。当前要特别重视美国红鱼和北欧鲆的养殖。大力发展陆上工厂化养鱼和海上网箱养鱼，发展深水牡蛎等吊养。

2. 海洋化工技术研究与开发

充分吸收国外先进海洋化工技术和产品开发经验，立足山东省地下卤水和岩盐资源优势，参与世界海洋化工市场竞争。一是海水能源元素如铀235和氢的提取技术研究；二是利用地下卤水开发溴、钾、钠系列产品及深加工产品；三是发展氯碱生产，吸收国外先进技术，开发离子膜烧碱技术，改变长期使用的先制盐再溶盐制碱工艺为盐碱联产；四是加快苦卤综合利用的研究和开发。盐化工技术研究要跟踪国际前沿，产业发展上要把潍北建成全国最大的盐化技术研究开发基地和人才培养中心；五是海藻化工研究与开发，在现有技术与产品基础上加强应用技术的研究，改造老工艺，增加产量和深加工产品，扩大应用范围，逐步建立起青岛、日照、荣成、烟台、长岛五大现代化海藻化工生产基地，争取使山东的海藻化工开发技术和生产规模达到国际先进水平；六是大力推行海水防腐、防附着技术研究和产品开发、海洋特种材料研究开发、海水淡化技术与装置的研究开发等。

3. 海洋生物技术与海洋药物的开发

海洋生物技术是一门高科技，可以根本上改变海洋某些产业。应用基因和细胞生物技术培育抗逆性强的鱼虾贝藻新品种，改变现有海水养殖产业面貌。充分利用海洋生物代谢产物及特殊成分，开展海洋活性物质提取技术研究与开发，发展海洋药物重点是抗癌、抗病毒、抗菌、降血压与血脂、止血、消炎止痛、抗衰老与防治老年痴呆症药品及人造皮肤、人造骨骼、人造血浆等，据此塑造一批现代化海洋药物产业，形成规模效益、加大甲壳素及甲壳胺开发研究，使其在医药材料及水净化方面有新的突破。发展海洋保健饮料及保健食品。发展美容化妆等海洋生物精细化工产品。

4. 海洋空间利用技术

随着陆地空间利用紧张、人口增长及环境恶化等问题的日益突出，对海洋空间（包括水面、水下）的利用越来越引起人们的重视。山东省是全国人均占有陆域面积最少的省份之一，山东社会经济的技术发展必须向海洋要生存和活动空间。山东省有3000多公里海岸线（包括岛岸线），326个海岛，5平方公里以上的海湾30多个，除现有各类港口160个，大小泊位470多个外，还有深水泊位港址51个，其中20万吨级港址23处，应在对老港口进行现代化技术改造的同时，有计划地合理开发新港口，特别是黄河三角洲沿海港口。要选好核电站厂址，特别是胶东半岛东南沿岸核电站选址。要论证好围海造田、围海养虾、围海晒盐工程建设。参照世界发达国家做法，对"海底隧道"、"跨海大桥"（主要指烟台至大连和青岛至黄岛）、"海洋人工岛"、"海上渔村"、"海上娱乐场"、"海底仓库"的建设进行规模论证和研究设计。适度填海造田，建设"前港后厂"式临海工业，这是山东工业和对外贸易快速持续发展的重要出路之一。

5. 石油和石油化工业

山东省渤海、黄河三角洲区域已探明和控制的石油储量30亿吨，天然气200多亿立方米，其中60%集中在三角洲沿海及渤海湾地带，特别是黄河口浅海区。为此，应研究开发浅海勘探、采油、集运设备、高稠油、高凝油的开发技术，研究开发石油化工新技术，把它建设成我国海洋石油及石化基地。同时，对南黄海中部的海洋油气作进一步勘探论证，为尽早开发提供充分的技术资料。

6. 海洋能源开发

山东省人口多、工农业发达，对能源的需求量越来越大，而陆上能源储备量却越来越小，但山东省海洋能源丰富，只要技术工艺跟上，山东省海洋能可源源不断地供应陆上。海洋能包括潮汐能、波浪能、温差能，还有风能、太阳能、核能等。根据国际上开发海洋能技术设备水平和山东省海洋能源丰度情况，山东应加强潍北、黄河三角洲、成山头等区域和部分海岛的风能利用研究,建设大中型风力发电机。对波浪能、潮汐能等利用可继续作小型开发实验,创造条件,逐渐在一些远离陆域的海岛上推广应用。

五　山东省"科教兴海"的政策措施

这些年"科教兴海"在山东各地已经兴起并取得了很大成绩和明显社会经济效益。为此,国家科委批转了山东省"科技兴海"文件;国家科委和国家海洋局还于1995年在山东召开了全国"科技兴海"现场会;福建、广东、浙江等省政府和有关部门还组织有关人员前来参观考察,这进一步推动了山东省"科教兴海"事业。然而,山东省的"科教兴海"事业还处在刚刚兴起阶段,"科教兴海"对海洋开发的巨大推动作用,还仅仅在某些行业、某些地区或某些企业表现的比较明显,要通过"科教兴海"战略的实施来完成山东省海洋开发事业的历史性变革,实现海洋生产方式的根本性转变和海洋生产力的巨大发展,还要经过较长的历史时期,还要做许许多多的具体工作。

1. 强化全省人民的海洋国土和海洋法规教育

"科教兴海"也好,"海上山东"建设也好,说到底就是要让山东的海洋国土为山东省的社会经济进步作出贡献,为解决山东省日趋严重的人口、资源、环境困扰提供有效的利用空间。要利用海洋国土,首先要对山东的海洋国土基本情况,特别是海洋国土的重要价值有足够的认识。然而,就目前情况而言,山东省相当一部分群众甚至是领导对海洋国土的认识还十分肤浅,特别是内陆地区,建设"海上山东"和"科教兴海"仅仅处在省里已经重视,海洋科技界比较积极,沿海一些地方为了眼前利益各行其是的局面,还没有真正成为全省8700万人民和各行各业自觉的行动。就全省而言,大家的劲基本上还和祖祖辈辈一样,都用在那"二分田"、"一分山"上,很少用在这"七分水"上。为此,必须通过各种教育、会议和大众媒体向全省人民进行广泛持久的海洋国土教育,增强海洋国土意识。中小学有必要设置海洋国土教育课,举办各种海洋职业学校或大中专海洋专业学校;出版各种海洋国土和海洋科普读物;电台、电视、报纸开辟海洋国土和海洋科技栏目,特别是要利用1998年国际海洋年这个机会,加大海洋国土教育的力度,强化海洋国土和科教兴海教育,在人们心目中真正确立不仅有一个"陆上山东",还有一个"海上山东"的坚定的海陆一体化信念;不仅懂得为什么要用海,还要懂得怎样用海;形成全省范围的海洋热和人才、物质、科技、信息等自觉向海洋流动的新局面;使"海上山东"和"科教兴海"有一个可靠的群众思想基础,变建设"海上山东"与"科教兴海"的时髦口号和少数人"忙活"为全省人民的自觉行动。

为使海洋开发有序进行,联合国及我国和山东省均制订了许多法律、法规及一系列开发与管理办法,在建设"海上山东"进程中,必须通过各种形式和途径,对全省人民,尤其是沿海人民和从事海洋事业的干部职工进行深入系统的海洋法规教育,提高广大干部群众依法用海、依法管海、依法治海的自觉性。

2. 制定"科教兴海"规划和政策

海洋问题涉及的学科多、部门多、投资大、风险大、技术性强、涉外性强。要使"科教兴海"真正成为海洋开发的原动力,必须由政府出面制定出一整套海洋科教发展规划、政策和法规,并予以认真的实施。日本、美国等海洋事业发达的国家都有一套海洋开发与管理、海洋科技与教育、海洋环境与保护等规划和政策,使海洋事业发展有规所循,有法可依。我国近十年来也在这方面做了大量工作,国家海洋局已出台了一部"海洋开发规划",国家科委发布了"海洋技术政策要点"。山东省科委也制定了"科技兴海方案",应进一步充实完善并配套制订"科教兴海研究计划"、"科教兴海技术开发项目计划"、"科教兴海技术推广计划"、"科教兴海产业改造计划",以及"科教兴海人才培育训练计划"等,各行各业也应有相应的实施计划,真正做到山东的海洋开发以科教为先导。

3. 建立与"海上山东"建设和"科教兴海"相适应的管理与协调体制

海洋科技和海洋产业涉及几十个部门和行业,海洋开发活动涉及空中、水体和海底,经常立体作业,必须有主管海洋和科技及相关海洋产业部门参加的管理与协调机构或组织。目前,山东省主管海洋开发与管理的是新成立的省海洋与水产厅,主管海洋科技的是省科委海洋处,主管海洋盐业和运输的是省盐务局和省交通厅海运局,还有农、林、旅游、部队等主管部门。自省委省政府提出建设"海上山东"战略和科教兴鲁的战略决策后，涉海各部门对"海上山东"和"科教兴海"工作都很重视，但由于山东涉海部门多，特别是海洋科技教育单位，隶属于中央和省里的若干不同的部门，中央、省里部门是各管各的，具体产业部门是各干各的，科教力量分散，重复研究，互相封锁，难以形成真正的海洋科技群体攻关力量，致使山东的海洋科教优势在"海上山东"建设和"科教兴海"工作中尚未形成生产力转化优势。借鉴国外和国内一些省市的做法，可以建立起官、民、学相结合、中央、省、市相衔接的"科教兴海"协调体制，由科委、海洋、教育、银行、税务、科研以及水产、港运、盐业、化工、医药、部队等部门代表参加的"科教兴海"协调指导委员会，协调指导研究项目、经费、推广应用等海洋科技开发的实际问题，使各方面基本做到步调一致，同心协力地进行海洋技术开发与推广应用，不断提高山东省海洋开发与管理的科学技术水平。

4. 加大海洋科技教育资金投入

海洋科技因海洋环境条件复杂、技术测试困难、对科研设备抗冲击抗高压抗腐蚀等技术要求高，科研周期长，必须有较多的资金投入才能保证科研项目的正常进行和科研成果的产出与推广应用。目前，国内外科技界比较普遍的看法是海洋开发比空间开发技术更复杂，前景更美好，必须投入比空间开发还要多的人财物力才行。山东省的海洋开发具有很大的人才和技术优势，但由于资金等因素的制约，曾一度出现技术滞后的被动局面，不仅海洋开发部门着急，海洋科技教育部门也很着急。如果说山东省过去在海洋科技开发上投入了一定资金，促成了山东乃至全国的海洋开发技术进步，如海带、贻贝、对虾、扇贝、海参、鲍鱼养殖的四次海水养殖产业发展浪潮，则今后投入更多的资金会促成新的更高技术的海洋产业发展浪潮。为此，各级政府必须十分重视海洋科技教育投入这个大问题，积极争取扩大海洋科技拨款，用于支持重要的应用基础研究。由政府财政部门出一部分资金，设立"科技兴海周转金"，用于支持技术开发项目，由银行信贷低息或免息支持一部分资金用于"科技兴海"成果推广、产品开发和新兴产业发展；海洋产业要有专项海洋科技发展基金用以加快企业技术进步和新产品开发；以股份制、招商、合资、合作、借贷、捐赠多种形式聚集国内外资金，用于海洋科技开发和海洋教育。种瓜得瓜，种豆得豆，山东省有如此庞大的科技教育队伍，只要取得海洋科技教育，特别是高新技术开发和高技术人才培育所必需的资金，山东的海洋科技教育界定会以丰硕的兴海成果来回报国家和社会。

5. 加强海洋科技教育的合作与交流

当今世界是一个开放的世界，合作的世界，无论什么工作都必须以开放的思想搞好与国内外的合作与交流，特别是海洋开发技术，学科多，学科新，发展快，更需要汇集全国乃至全人类的知识和智慧来攀登海洋科技高峰。山东省特别是青岛市的海洋科教和海洋科技开发力量在全国是比较强的，有些海洋专家和海洋科研成果国际上也是很有地位的，但就整体水平来说，与世界发达海洋国家还是有相当距离的。比如，我们养虾亩产不及日本一半，我们的水产加工品多是初级换汇率较低的；我们的制盐效益及盐化的成本率等经济指标比美国差几倍甚至几十倍，等等。世界海洋上石油开采深度已达水深千米以上，我国几百米，我省只有几十米，差距相当大。许多国家在海洋开发上的巨大进步很值得我们学习和借鉴，如以色列的海水淡化技术、海水灌溉技术、海水直接提炼化学物质技术等。为此，我省必须利用国家重点海洋科研教育单位如青岛海洋大学、中科院海洋所、海洋局第一海洋研究所、地矿部海洋地质研究所、化工部海洋化工研究院、农业部黄海水产研究所、海军潜艇学院、国家海洋生物开放实验室、国家海洋生物工程实验室、国家海洋药物实验室、国家海洋实验室等单位设在青岛的有利条件，以此为依托，加快与国内沿海省市、国际发达海洋国家及国际海洋组织间的合作与交流。派出去，请进来，合作研究，合作开发；引进新技术和专利；召开有关国际海洋学术会议，交流信息；合资独资或合作开发等。搞好了合作交流，就能促进山东省海洋开发更上一层楼。

第十章 "海上山东"建设的管理体制

第一节 海洋综合管理的重要性

海洋综合管理是指国家和地方海洋行政部门依据法律、法规，运用行政、经济、法律、科技和教育等手段对海洋资源的研究和开发利用、海洋环境保护等活动进行规划、组织、协调、指导、控制、监督的一系列活动及行为。它是宏观调控海洋经济、社会、自然活动的政府行为和政府职能。海洋综合管理与部门管理的主要区别在于：部门管理只对某一行业某一种类的海洋资源开发进行协调和管理，而综合管理则要对多种行业的各类资源的开发进行协调和管理。实践证明，加强海洋综合管理对于维护国家的海洋权益，保证海洋资源的合理利用、促进各行各业协调有序地发展，实现海洋开发的经济效益、社会效益和生态环境效益的最大化，促进海洋经济持续、快速、协调发展都有着十分重要的意义。

海洋是一个统一的自然系统，它有着与陆地截然不同的特性。海洋资源具有公有性、流动性、多样性和立体性等特点。海洋有史以来就为人类所共有，海洋的公海部分是全人类共享的财富；各临海国家和地区的领海或专属经济区，也不像陆地上的土地那样可以归私人占有。海水本身是流动的，赋存于海水中的某些资源也随海水的流动而不断改变着位置。海洋中的资源多种多样，为发展航运、捕捞、养殖、采矿、化工、旅游等多种行业提供了良好的条件。海洋资源广泛分布于海洋表面、海洋水体、海底和滨海，海洋中的各类资源是互为条件、互相依存、密不可分的整体，海洋开发是在立体环境中进行的。对海洋中任何一种资源的开发都可能对其他资源以及海洋环境产生或大或小的影响。长期以来，我国海洋管理是建立在行业部门管理基础之上的分散式的条条管理，即根据海洋自然资源的属性及其开发产业划分管理权限，各部门之间缺少综合协调，这与海洋的整体性、海洋资源的公有性、流动性、多样性、立体性的客观现实是相违背的。海洋所具有的独特性质决定了海洋分类的行业管理的局限性，也决定了实行综合管理的必要性。

进入80年代，随着人口不断膨胀和陆地资源的日益紧缺，人类对海洋资源和空间的利用不断加强，特别是海洋石油天然气、海洋空间和生物资源的利用发展较快，由此而引起了对海洋环境的污染、自然生态环境破坏和近海渔业资源的严重衰退。加上沿海城市的生活污水和工业污水的大量排放入海，使得海洋资源的开发与环境保护面临十分严峻的形势。资源开发利用不合理、综合效益不高、生态环境遭到严重破坏的现象普遍存在，并且引发了对海洋资源的激烈争夺。国家之间、地区之间、部门之间出现了边界之争、区域之争、资源之争，且矛盾时有激化。国家之间的海洋争端，也使国家的海洋权益受到严重威胁。这种情况表明，只靠单纯的部门行业管理海洋开发活动，已不能适应新的海洋开发形势的需要。海洋虽然辽阔广大，但对人类活动的承受能力是有一定限度的，海洋也是一个脆弱的自然生态系统。在对海洋空间和资源的开发中，必须充分注意它的承受能力，以维持它的基本平衡。因此在海洋开发的组织管理上，需要立足于整体利益，通过统筹兼顾、全面协调，科学合理地开发利用海洋，综合管理海洋，以实现海洋对国家、对人类的长远利益。而缺乏全局观念和长远观点的开发活动，往往违反自然规律，造成资源的浪费和破坏，甚至造成生态环境恶化，影响其他资源的再生。海洋开发中的盐农矛盾、渔业和水利的矛盾、交通航运和水产养殖的矛盾、工业污染和水产资源的矛盾、挖沙采石和岸线稳定的矛盾、岸段分配不合理产生的矛盾、滩涂界限不清产生的矛盾等，都是由于缺乏综合管理而产生的。海洋开发的实践证明，传统的行业管理，尽管对重大决策失误和破坏性事件可以起到一定的抑制作用，但其根本缺陷在于它没有把海洋开发作为一个综合系统来看，行业之间缺乏横向联系，往往造成管理上的空白、重复甚至冲突。随着科学技术的发展、下海部门的增多，海洋开发规模日益扩大，建立和完善跨行业的高层次综合管理体系更加显得重要和迫切。

此外，实施海洋综合管理也是维护国家海洋权益的需要。《联合国海洋法公约》生效后，以海域划界和海洋资源开发为核心内容的国际海洋权益斗争，更趋复杂和激烈。由于我国与邻国的海域划界问题尚未解决，在维护海洋资源主权权利方面任务艰巨，包括油气资源、渔业资源及其他资源。其中油气资源争端是最突出的问题。为了实施有效管理，防止外来的侵犯、损害和破坏，保护国家的海洋利益不受侵犯，保障在国际公约的原则下更好地维护国家的海洋权益，在建立国际海洋新秩序中，谋求更大的国家利益，就必须克服部门"分割"式的海洋管理，把海洋作为一个统一的整体，全面加强综合管理。

为促进海洋的可持续利用，1993年联合国48届联大要求各国把海洋的综合管理列入国家发展议程，号召沿海国家改变部门分散管理方式，建立多部门合作、社会各界广泛参与的海洋综合管理制度。目前，各沿海国家也都十分重视海洋的综合管理，正在努力探求加强国家对海洋的总体干预能力，协调海洋开发中各种复杂的关系，实现国家对海洋综合管理。我国在80年代国务院的两次机构调整中都注意了海洋综合管理部门的建立工作，将原国家海洋局调整为管理全国海洋事务的职能部门，综合管理我国管辖海域、实施海洋监测监视，维护我国海洋权益，协调海洋资源合理开发利用，保护海洋环境，并组织海洋公共事业、基础设施的建设和管理。这一变革标志着海洋管理中统一与分散、统一管理与分级分部门相结合体制的确立；意味着我国海洋管理新秩序的出现和海洋事业发展新时期的到来。

第二节 山东海洋开发管理的基本评价

一 山东海洋管理体制的现状

长期以来，山东省的海洋管理体制是以行业部门管理为主，专业性的、政企合一的分散管理方式。即根据海洋自然资源的属性及其开发产业，划分管理权限，基本上是陆地各种资源开发行业部门管理职能向海洋的延伸。水产部门负责海洋渔业和渔船渔港管理，交通部门负责海上航运和港口管理，地质矿产部门负责海洋矿产资源的勘探和开发管理，冶金建材部门负责海洋固体矿物的开发管理，石油部门负责海洋油气的勘探和开发管理，轻工部门负责海盐业的管理，旅游部门负责滨海旅游的管理，环保部门负责海上环保管理，气象部门负责海洋气象预报，海关负责海上缉私,等等。这种管理体制延续了40多年。这种多头、分散式的管理体制,尽管在传统的海洋开发中发挥过积极作用,但是随着海洋开发范围和力度的拓展和加大,其弊端也逐渐暴露出来。这使人们认识到,单靠各自为政的行业分散式管理,是无法保证海洋资源的有序开发和合理利用的,更无法保障国家的海洋利益不受侵犯,综合管理已成为人们的普遍共识。

近年来,海洋综合管理日益受到各级领导的重视。国家在机构改革中进一步明确了国家海洋局为国务院管理海洋事务的职能部门,负责综合管理我国海域,维护我国海洋权益,协调海洋资源合理开发利用,保护海洋环境等项工作。国家海洋局先后开展了诸如维护国家海洋权益,制定综合性法规,保护海洋环境,划定海洋功能区、自然保护区等项综合性管理工作。并正在积极组织制定我国海洋工作发展战略、方针、政策和规划,组织拟定海洋基本法和海洋管理法规,建立和完善我国各项法律制度。最近召开的第四次全国海洋厅局长会议确立了我国将实行国家统一领导下中央和地方分级管理海洋事务的新体制,这是总结我国海洋管理工作的经验和教训,适应我国海洋经济快速发展的需要提出来的一个符合中国国情的新的海洋管理体制。

1995年,山东省委、省政府在省市机构改革中,借鉴国内外海洋管理经验,采用海洋与水产一体化的海洋管理模式,组建各级海洋与水产管理机构,作为主管海洋事务的行政部门,全省的海洋管理开始进入综合管理与分行业管理相结合的新阶段。最近,省政府批准了省海洋与水产厅的"三定"方案,赋予12项行政职责,厅机关内设10个职能处室和机关党委,总编制107人。其中,直接负责海洋管理的处室有海洋综合管理处和海洋环境监察处。另外,还设立了省海洋监察总队,列事业编制与省渔政处合署办公,现有5个渔政中心站同时加挂海洋监察大队的牌子。沿海7个市地区都组建了海洋与水产局,沿海34个县市区已部分组建了海洋与水产局。全省海洋综合管理体制的框架已基本形成。

二 山东海洋开发管理中存在的主要问题

目前,山东省海洋管理实行的是国家管理与各级地方管理相结合、相协调,综合管理与行业部门管理相结合的管理体制。这种体制较之原来行业部门分散式管理体制,前进了一大步,两年的实践证明成效是显著的,但也仍存在一些问题需要进一步健全和完善。

1. 海洋综合管理部门力量薄弱，不能适应加强宏观调控的需要

海洋综合管理部门是执行综合管理任务的主体，是实施管理活动的骨干力量。我省已设立了省海洋与水产厅担负海洋综合管理职能。但是由于省海洋与水产厅是在原水产行业管理基础上转变职能建立起来的，成立的时间不长，而海洋综合管理的组织机构、工作制度、人员素质、装备条件等与原来行使的行业职能有很大差别，海洋综合管理制度的建立需要有一个过程，决不是仅靠任务的赋予就可以实现的，如不做较大的调整充实，就难以完成设想的目标。此外，省海洋与水产厅的行政级别较低，在平级的行业之间进行管理方面的协调，难度较大。当前，省海洋与水产厅正处于艰难的创建时期，受人员编制少，资金投入不足的限制，其机构设置还很不健全，没有形成上下对应的海洋综合管理体系。已有的机构由于管理职能不明确、不规范，以及人员和经费短缺等，力量也十分薄弱，宏观调控乏力，综合管理作用还未得到应有的发挥。而另一方面，分散式的行业管理，政出多门，管理力量分散，还对现行综合管理体制造成很大的冲击。全省涉海部部门有十多个，决策程序分散、机构重叠，各自为政、各行其是，使海洋综合管理难以切入，削弱了海洋主管部门和管理职能。如何克服传统分部门管理方式的影响，以及解决新制度与旧制度的衔接还需要有个过程。这是因为，综合管理是处在行业部门管理之上的高层次管理方式，它要对行业开发利用中的矛盾和可能出现的问题进行干预或预防，这就与部门利益或一个时期行业发展的要求发生矛盾，于是难免会引起行业对综合管理的不理解和不配合，从而加大了综合管理体制建立的难度。

2. 管理主体之间权限不清

首先是中央与地方的管理权限不清，表现在机构设置、事权划分多个环节。山东省管辖海域的范围没有明确，只有个别部门法规确定了省的管辖范围。市、地、县三级也没有明确管辖范围，直接导致了管理上的混乱，引发了生产中的诸多矛盾，地区之间争滩涂、争渔场，行业之间争空间、争资源的现象时有发生。其次是有关部门的职能分工也不够明确，争着管和无人管的现象同时存在，遇到问题互相推诿扯皮，在涉及各自利益的时候，往往是从本地区、本部门、本行业的局部利益出发，缺少全局观念。

3. 缺乏海洋开发总体规划和基本法规

目前，山东省海洋开发利用方面的规划和法规，多是行业部门制定的，缺乏全省海洋开发总体规划和基本法律法规。海域资源开发未能建立在科学的功能区划基础上，缺乏长远安排，造成资源利用不合理，开发秩序混乱，降低了海域的综合利用效益，以及引发一系列灾害性破坏。如在城市风景区等黄金岸段，各类产业部门争占岸线，致使有些需要以岸线为基地的企业或部门得不到岸线，据调查，青岛市约有12%以上的岸线利用不合理。现有的《海洋环境保护法》和《渔业法》等法规，有些条款的规定已滞后，且由于多方面的原因，地方没有配套办法及实施细则，严重制约海洋管理工作的开展。

4. 海洋国土资源所有权虚置，产权关系不清，无偿使用普遍

由于长期受"资源无价论"的影响，造成海洋资源"谁占有，谁使用，谁所有"的管理混乱局面，海洋资源被无偿使用。国家作为海洋国土资源真正的所有者，在经济上得不到实现，国有资产的收益大量转化为单位、集体或个人，利润大量流失，国家对海洋开发所必备的基础设施建设和维护因缺乏资金来源而无以为继。同时，由于产权关系不清，所有权、行政权、经营权混淆，各种产权关系缺乏明确的界定，以行政权，经营权管理代替所有权管理，产权虚置，导致海洋开发的各个利益主体之间经济关系缺乏应有的协调，对开发单位和个人缺乏有效的约束机制，造成权益纠纷迭起。同时由于对海洋资源的开发和应用是无偿的，导致了重开发利用轻保护管理，掠夺性和破坏性开发的现象十分普遍，综合效益不佳，使海洋资源和环境遭到严重破坏。

5. 海上执法队伍组织协调不够

当前，我国海上执法力量分属国家海洋局、农业部、交通部、环保局、海关、公安部、海军等诸多部门。由于海上执法力量分属不同的部门、自成体系，力量分散，形不成合力。如农业部的渔政渔港系统已形成中央、省、市、县、乡五级管理网络，是一支重要的海上执法力量。近几年来随着渔业生产的发展，海上渔场治安秩序比较混乱，偷抢渔获物和渔用器材的治安事件时有发生。尽管渔政部门有力量管理，但因其无海上治安权，而不能管。而有海上治安权的公安边防部门因海上管理力量薄弱，加之海上作案现场不易保护、取证困难等原因，致使许多治安案件得不到

及时有效处理,助长了海上不法分子的嚣张气焰。再如海上环境保护工作涉及多部门管理,不仅工作交叉重复,造成人财物的浪费,而且遇到问题相互推诿扯皮,难以协调,影响管理效果。

第三节 "海上山东"建设中管理体制的改革

目前,我国的海洋管理体制实行的是中央管理和地方管理相结合,综合管理和行业管理相结合的体制,经过近两年的省市行政机构改革,山东省及部分沿海各市县也先后建立了海洋行政管理机构,从而使中央、省、市(地)、县(市区)四级海洋行政管理机构和条块结合的海洋管理体制已初步形成。由于山东省各级海洋行政管理机构成立的时间较短,综合管理力量薄弱,难以一下子摆脱旧的管理体制的长期影响。为适应"海上山东"建设的需要,必须加大改革力度,强化综合管理职能,以加强跨行业、跨地区的协调和管理,使"海上山东"建设有度、有序地进行,为此需采取以下改革措施。

1. 建立省级"海上山东"决策机构

"海上山东"建设是一项长期的战略任务,是一项系统工程,需要有全局性的连续指导,各部门之间、地区之间的关系,也需要有一个最高机构协调。刚刚成立的省海洋与水产厅在行政上级别偏低,不能直接对省政府负责,缺乏权威性,难以协调在海洋开发过程中部门之间的矛盾和冲突,有些职责尚难以到位。所以作为管理体系的一个组成部分,省级"海上山东"建设领导小组或委员会,是一个必不可少的层次。这是综合管理能否建立起来的关键所在,应尽早着手建立。该机构定期或不定期召开"海上山东"建设工作会议或现场办公会,由分管省长主持,涉海各部门及有关市地负责同志参加,研究、制定重大发展战略和重点建设项目,协调解决重大问题。最近,山东省成立了由省委副书记、常务副省长宋法棠任组长,副省长邵桂芳任副组长,省有关部门负责同志参加的"海上山东"建设领导小组,负责海洋管理的协调工作,这就为全面加强海洋管理提供了组织保障。

2. 增强和改进海洋与水产厅的管理职能

首先,要通过内部机构调整和干部配备及培养,使海洋与水产厅的管理力量得到充实和加强，促使其尽快完成由单纯管水产向全面管海洋的转变，有效地行使省政府赋予的各项海洋综合管理职能。在"海上山东"领导机构闭会期间，负责海洋日常综合管理事务。科委、计委、省海洋与水产厅要协调一致地做好海洋管理工作。其次，要理顺与各涉海部门的关系。经常主动地向各涉海部门宣传省海洋与水产厅的职责，宣传搞好海洋综合管理的重要意义，争取各涉海部门的理解与支持，搞好协作。变分散管理为集中管理、统一领导，以利于科学决策。

3. 划清管理权限，明确职责范围

首先，要在全面调查、认真研究、综合论证的基础上，对中央与地方的海洋事权划分作出科学决策。建议军事、外交事务及油气、矿产、能源资源的管理，由国家统一领导，实施管理，地方配合。其他海洋资源的开发与利用、海洋环境的管理与保护，由地方为主管理，国家给予指导。国家海洋主管部门的主要职能是维护我国海洋权益，加强海洋法制建设，突出抓好海洋经济宏观发展的方针政策和发展战略、规划，抓好"科技兴海"的组织协调，以及对地方海洋管理工作的宏观指导，本着地方能管的下放到地方，地方管不了的由中央来管的原则，着重抓好毗连区、专属经济区、大陆架和国际海底资源的综合管理；像领海、内水和潮间带等离海岸较近，而且地方开发较密集的海域，则应授权地方政府分级管理。其次，明确各涉海部门的职能分工。我省对海洋有管理权的有科委、计委、海洋与水产厅、盐务、交通、港务、土地、环保、海关、公安等十多个部门和机构，对其各自的分工要进一步明确，有冲突的要进行调整，以避免管理上的重复、冲突、空白和推诿扯皮现象的发生。

4. 制定海洋开发总体规划，健全法规体系

海洋资源开发利用是涉及多部门多行业的事业，运用政策、法规和规划进行指导和制约是十分必要的，特别是在综合管理协调能力不强的情况下，更显出其重要性。山东省已组织有关部门进行了全省海洋开发总体规划的编制工作，应尽快予以完善，争取早日颁布执行。法律是加强海洋综合管理的最有效手段之一。近年来国家颁布了一系列海洋方面的法规条例。如《领海及毗连区法》、《渔业法》、《海洋环境保护法》、《海上交通安全法》等，并正准备出台《专属经济区及大陆架法》乃至《海洋法》。江苏、海南等兄弟省也相继出台了一些地方海洋法规。山东目前只有少数

涉海行业法规，不能适应海洋综合管理的需要，迫切需要完善与国家法律配套的、反映地方特殊要求的法律体系。如根据国家已出台的《中华人民共和国渔业法》、《开采海洋石油资源缴纳矿区使用费的规定》等，结合山东省实际，制定实施细则和补充规定。加紧制定本省地方性海洋法规，如《山东海洋资源开发与保护法》、《山东省海域使用管理办法》、《山东省海岸带管理法》、《山东省海洋自然保护区、科研实验区管理条例》等。并对原有一些涉海法规进行必要的修改和调整，使其更加完善。

5. 建立严格、科学的海域使用审批制度，对海洋国土实行资产化管理

海域资源属国家所有，是国有资产的重要组成部分，要对海洋国土实行资产化管理，建立和完善海域使用许可制度和有偿使用制度，把海域使用管理作为综合管理的切入点和突破口。1993年5月由财政部和国家海洋局联合颁布的《国家海域使用管理暂行规定》明确指出：国家鼓励海域的合理利用和持续开发，根据海洋政策、海洋功能区划和海洋开发规划，统一安排海域的各种使用。对不影响其他开发利用活动的海洋增、养殖业，实行优惠政策。对于改变海域属性或影响生态环境的开发利用活动，应该严格控制并经科学论证。对使用海域三个月以上的排他性开发利用生产经营活动，实行海域使用证制度和有偿使用制度。对从事非营利性公益服务事业和建筑、设置公共设施的，不实行有偿使用制度，但必须按规定登记备案。沿海县以上地方人民政府海洋行政主管部门，根据国家海洋政策、全国海洋功能区划和海洋开发规划，作为实施监督管理的依据，并进行海域使用基本情况的统计。取得海域使用权或有偿转移海域使用权必须按规定向国家缴纳海域使用金。海域使用金归中央政府和地方政府所有，其收入的30%上交中央财政，70%留归地方财政。上述收入由各级财政统筹安排，主要用于海域开发建设、保护和管理。1993—1995年间首先在河北省进行了海岸带资源性资产产权登记（试点）工作，取得了成功经验。1997年3月又确定山东烟台、辽宁葫芦岛市、河北秦皇岛市、浙江舟山市为海域使用管理示范区，现各地加大了实施力度，部分沿海市、县已基本形成了现行开发用海的确定使用权登记，并进入实质性管理。截至1996年6月，各地共审批、颁发海域使用证960件，批准用海面积3.8万公顷，收取海域使用金257万元。今后除对现有的各用海单位

使用海域的范围、用途、面积进行规划、登记、确权，发放海域使用许可证，实行有偿使用制度外，对新的用海单位也可实行严格的申请审批制度，并加强对批准使用的海域进行监督、管理，使海洋开发更加规范、合理、有序。

6. 加强执法队伍建设，提高执法力度

建立一支素质高、业务精的海洋管理队伍是科学管理海洋的基础。首先今后各级地方海洋行政主管部门应重点加强海洋监察队伍建设。从机构职能、编制上抓落实，将有专业特长、有经验、懂管理、年富力强的中青年干部充实到管理岗位。加强对海洋管理人员的培训，坚持执证上岗，以确保地方海洋执法队伍的执法水平和业务素质，并加大投入，配备必要的管理装备，增强执法力度，当前要重点对管辖海域的使用及海上生产秩序等进行监督管理，对海洋环境进行监测、监视，并协助有关部门对海洋污染损害事故进行查处，依法处理擅自利用海域或非法占有海域的违法行为，保护渔业资源，维护渔业生产秩序。其次，要加强与现有各行业海上执法部门的协调，由分散管理向集中协调管理过渡，逐步建立完善省、市、县三级海洋管理体系，并在现有各部门执法队伍基础上，尽快建立一支精干、统一、多职能、高效率的海上执法队伍，加大海上执法的力度，确保海洋管理的各项法律、法规落到实处，全面提高海上执法效能。

第十一章　"海上山东"建设的政策和法规

第一节　制定"海上山东"建设政策和法规的社会经济背景

"海上山东"建设是山东省委、省政府制定的两大跨世纪战略工程之一，要想实现这一宏伟工程，既需要财力、物力、人力和科技的支持，又需要政策的引导和法规的保障。

政策和法规是决策者为实现任务，达到目的而制定的行动方向和行为准则，它具有目的性、规范性、导向性和调节性等功能，因而人们在开展一项较大的社会经济活动时，总会利用政策和法规的这些功能引导和规范人们的行动，促使社会经济活动顺利进行。海洋产业门类繁多，海洋空间海域广阔，进行"海上山东"建设必然成为千万人计参与的重大经济活动，故而也必须有一整套切合实际的，能够调动各方面积极性的、有力的政策法规体系来保障实施。

应当看到，我们现在研究"海上山东"建设的政策法规问题，是基于这样一个特定的历史背景下进行研究的。虽然"海上山东"建设是一项海洋经济性的活动，然而它的时代背景却不仅仅是经济性的，而早已超越了经济的范畴，被时代的色彩喷染得五彩缤纷。它具体体现在以下几方面。

一　世界范围内的蓝色革命正在风起云涌

第二次世界大战结束后，人口、资源、环境三大问题越来越突出。在陆地资源被大规模开发利用以后，各沿海国家均把目光转向海洋，一个开发海洋，向海洋进军的新时代到来了。随着科学技术的发展，人类拥有了前人所从未拥有过的海洋开发新手段。各沿海国家纷纷对海洋开发投入极大的注意力以及人力、物力、财力，归结起来有3个突出的特点：

1. 沿海国家把海洋开发列为基本国策，海洋产业成为国民经济的支柱产业

1961年，美国总统肯尼迪在国会上发表了"为了生存"，美国必须把"海洋作为开拓地"的宣言，此后历届政府都十分重视发展海洋经济，海洋开发年度预算在数亿美元。日本是一个岛国，也是世界上先进的海洋国家，它一直推行海洋立国的战略，海洋开发利用几乎涉及所有的行业和部门。正由于沿海各国对海洋开发的重视，海洋经济在世界经济中所占的比重大幅度提高。在20世纪60年代末，世界海洋经济总产值约160亿美元，1980年猛增到2500多亿美元，1990年增加到5000多亿美元，已占国民生产总值的5%。

2. 海洋科学技术日新月异，人类开发利用海洋的能力越来越强

很多发达国家把遥感技术、激光技术、电子技术、生物技术、声学技术等应用于海洋开发与研究，使海洋产业门类不断增加，海洋产业结构不断升级，已完成了从海洋传统开发到现代开发的战略转变。

3. 海洋权益之争也随着海洋开发的逐步深入而日趋激烈

20世纪40年代以前，海洋只被区分为公海和领海。1958年第三届联合国海洋法会议提出了建立200海里经济区制度。在这场海洋主权重新划分的过程中，各国都力图把符合自己利益的主张用国际法形式固定下来，或自行立法强行划界，对历史上有争议的岛屿更是争论不休甚至兵戎相见，即便对那些一向无争议，归属早有定论的岛屿也重新成为争论的焦点，各国纷纷发表声明，或派人上岛，或修筑临时性或永久性的建筑，表示已归己有。现在那些新生成的火山岛等又极大吸引了人们的注意力，甚至水下的礁盘也不例外。在日本列岛以南的太平洋上，有一个当落潮时才不过露出两块石头尖的小岛，日本政府却大造舆论，声称不惜巨资为其修筑坚固的护岸工程，让其面积扩大和露出水面。

1994年《联合国海洋法公约》已经正式生效，它标志着人类已经进入和平利用海洋和全面管理海洋的时代，种种事实表明，海洋将成为21世纪大规模开发和国际竞争的重点领域。因此在制定"海上山东"建设

政策和法规时也必须考虑这一因素。

二　经济与海洋经济可持续发展思想正逐渐确立

第二次世界大战结束以后，特别是20世纪五六十年代出现在发达国家的一系列重大环境污染事件震撼了各国政府、学术界、舆论界以至公众，环境污染及治理成为热点问题。1972年联合国第一次人类环境会议在瑞典斯德哥尔摩举行，并通过了《人类环境宣言》。1972年出版的D. H. 麦多斯等人的《增长的极限》一书，又将环境污染和资源耗竭作为经济增长极限论的主要论据，从而引发了一场有关环境和自然资源的大辩论，而1973年的石油价格暴涨，更是给大辩论火上加油，极大地加强了各国政府和公众对自然资源的关心。绿色和平组织在全世界出现，并逐步成为发达国家政治生活中不可忽视的力量。随后，以1987年发表的世界环境与发展委员会的报告《我们共同的未来》和1992年在巴西里约热内卢举行的联合国环境与发展大会为标志，可持续性或可持续发展作为处理人口、环境、资源、生态与经济发展的关系的伦理准则得到了公认。

根据《我们共同的未来》，可持续性或可持续发展的含义是：

"可持续发展是这样一种发展，它既能满足当代人的各种需要，又不会使后代人满足他们自身需要的能力受到损害。

"可持续发展本身包括两个关键性的概念：

"'各种需要'的概念，特别是指全世界穷人的各种基本需要，这些基本需要应被置于压倒一切的优先地位；以及关于环境能力的有限性的思想，技术的状况和社会组织的状况，决定了环境满足现在和未来的各种需要的能力是有限的。"[①]

根据上述定义，可持续性概念既意味着人类社会的持续发展，又意味着这种发展被保持在环境、生态和自然资源所能够允许的限度之内。就海洋经济而言，合理开发海洋资源，提高资源利用效率，减少和避免资源浪费和环境污染，是实现海洋经济可持续发展的重要途径。在我们讨论政策和法规问题时，不能不考虑到这一环境的国际背景。

---

① 世界环境与发展委员会：《我们共同的未来》，剑桥大学出版社英文版，第43页。

三 社会主义市场经济和对外开放的大格局已经形成

根据我国"九五"计划和 2010 年远景目标，到 2010 年前后，我国将实现两个根本性转变，即经济体制从传统计划经济向社会主义市场经济的转变，经济的增长方式从粗放经营向集约经营转变。

应当说，这个远景目标的提出不是偶然的，而是建立在党的十一届三中全会以来以经济建设为中心，发展市场经济的基础上的。我国的国民经济在经历了 30 年计划经济体制后，在党的十一届三中全会以后逐步增加市场的比重，在党的十四大上，更是确定了建立社会主义市场经济体制的方针，这对于整个国民经济持续稳定的发展，对于我国跻身于世界现代化强国之列奠定了坚实的基础。

市场经济是效益经济，一切产品都必须面向市场，并具有效益，它既是为了满足市场的需求，又是为了获取利润，这与计划经济下的经济活动截然不同，市场经济也是法制经济，一切经济活动都必须遵循着法律的轨道进行。"海上山东"建设也不能违背市场经济的规律，需要严格遵循市场经济的法则。进入 80 年代以来，我国大力推行对外开放的新政策，制定外引内联的政策，广泛吸引世界上各经济发达国家和港澳台地区的资金。技术、人才、国际间的交往日益增多和频繁，整个国民经济实行了外向型带动战略，我国的产品、技术、人才、资金也纷纷走出国门，迈向世界，占领国际市场，在这种情况下，"海上山东"建设自然也要明显带有外向型的要求和特点。

四 我国海洋经济发展如日中天，方兴未艾

新中国成立以后，尤其是党的十一届三中全会以来，我国沿海经济取得了重大发展，借助于优越的海洋区位优势和海洋资源优势，形成了我国发达的沿海经济带，占全国土地 13% 的沿海地区，养育了全国人口的 40%。海洋开发直接和间接地对我国海洋经济的发展做出了巨大贡献，海洋经济已成为我国经济建设中一支新的生力军。1995 年，我国海洋经济主要产值已经达 2200 多亿元，总增长率为 14.2%，约占国民生产总值的 3.8% 以上。

伴随着海洋开发的日益深入，我国的海洋产业门类也逐渐增多，由过

去的少数几种海洋产业的开发而变为海洋一、二、三次产业共同发展。

我国海洋水产品总量1995年已达1439.1亿吨,其中海洋捕捞1026.8万吨,海水养殖412.3万吨,海洋渔业总产值为1159亿元。

"八五"期间,我国海洋油气的开发生产每年都上新台阶,共新建投产海上油气田12个,每年原油增产幅度均在100万吨以上,1998年原油产量已达927.5万吨,天然气产量3.75亿立方米。

我国目前已位居世界第三造船大国。排在日本、韩国之后。1995年中国船舶主导企业造船总吨位已达184万吨。整个"八五"期间,我国造船平均年增长率为26%,而同期日本增长率是6.6%,韩国是4.4%。

"八五"期间,我国沿海港口建设速度加快,新建和改建沿海港口中级以上泊位170个,增加吞吐能力1.38亿吨,到1995年年底,我国共有沿海深水泊位460多个,1995年沿海港口货物吞吐量达8亿吨。

我国海洋运输业1995年营运收入达300多亿元人民币,海洋客运量5247万人,货运量4亿吨。

1995年,我国主要海滨城市国际旅游外汇收入40多亿美元,折合人民币360多亿元,旅游人次数达980多万。

1996年5月15日,中华人民共和国全国人大常委会第19次会议通过决定:批准《联合国海洋法公约》,同日,发表了中国政府关于领海基线的声明,宣布了中华人民共和国大陆领海的部分基线和西沙群岛的领海基线。根据《联合国海洋法公约》的规定和我国的主张,中国拥有与陆地一样充分自主权的领海海域38.8万平方公里,有可以管辖的海域面积约300万平方公里。此外,我国还获得在夏威夷群岛附近15万平方公里的国际海底多金属结核矿区开发权。1996年我国海洋经济总产值达到2877亿元。面对如此巨大、丰富的海洋物质资源宝库,如何合理地开发利用,必须在政策和法规中加以体现。

第二节 制定"海上山东"建设政策和法规的基本原则

通过上面对当今海洋经济发展时代背景的分析可以看出,在"海上山东"建设时必须体现出这一时代所赋予其的时代任务。政策体现着决策者的主观意志和判断,法规又规范着各市场主体的行动,因此,各级领导必须清醒地认识到时代的要求,才能使制定的政策和法规尽量贴近时代,还有必要指出,现在我们正处在计划经济向市场经济转变的过程之中,其中在许多方面需要加大改革力度,因此在海洋经济和海洋产业的发展中,时时不忘进行改革,使"海上山东"建设同经济改革的方向相吻合,那么,在"海上山东"建设的政策法规制定中就应坚持以下几个原则:

一 海洋资源可持续利用和海洋经济可持续发展的原则

海洋资源指那些赋存于海洋环境中可以被人类开发利用的物质和能量以及与海洋开发有关的海洋空间。这些海洋资源有的是可以再生的,有的是不可以再生的,但无论是可再生资源,还是不可再生资源,都必须合理开发利用,否则,资源就会衰退和枯竭。

众所周知,海洋中有许多生物资源,它们都属于再生资源,但其再生则需要一个周期,只有在合理利用的基础上才能保持其再生。如果不加保护地酷渔滥捕,则会使资源枯竭,从这种意义上讲,海洋生物资源也是有限的。还有一些资源,如淡水、风能和潮汐能等,虽然源源不绝,但在一定时期数量上也是有限的,并且在地位分布上也有丰有缺,因而如果不加合理地开发,实际上就会造成它们的浪费和破坏。

海洋除了再生资源外,还有非再生资源,例如海洋矿产等。现在不少地方不顾海洋自然条件,乱挖海滩沙石。这不仅破坏了滨海旅游资源,而且侵蚀了海滩,促使海岸倒退。还有的地方盲目围垦,造成海湾大面积淤积,水流不畅,变成死湾、死水,赤潮频生,水产资源受到严重破坏。

再者,海洋是海洋开发的载体,如果海洋受到污染,那么开发利用各种资源也必然受到阻碍。过去人们一直认为海洋是廉价的垃圾场,随意向海洋抛弃废物,结果导致不少内海、海湾和几乎所有人类活动较多的沿海浅海都遭受了污染。有些地方水产品不能吃,旅游娱乐价值降低,沿海人民的健康受到威胁,引发一系列的社会问题。

总之,无论是海洋再生资源,还是海洋不可再生资源,还是海洋空间,如果合理开发利用,它们都可永续利用,从而使海洋各产业得以可持续发展;如果搞掠夺性开发,竭泽而渔,则必然会受到海洋的报复,引起海洋经济的倒退。因此我们在制定"海上山东"建设政策和法规时,既要强调经济效益，又要强调生态效益，使海洋资源可以被人类持续地开发下去，海洋经济从而也可持续发展下去。

二 一切从实际出发的原则

实事求是，一切从实际出发，这在政策制定中特别应该强调。在山东省海洋开发建设中，也有着正反两个方面的经验和教训，需要牢牢记住。这是因为，我们面对丰富的海洋资源、巨大的开发潜力时一定要保持冷静头脑，区分可能性与可行性之间的严格界限。目前，我们对发展海洋经济的巨大经济效益已经认识的比较清楚，但科技、人才、资金等诸项因素还在制约着现实的开发，我们只能依照现有的条件，稳步开发，而不是重复历史上盲目冒进、"大跃进"、大呼隆的错误。另外我们对海洋开发规律也并未完全掌握，还有许多方面需要进一步认识，所以凡是不顾客观实际，盲目开发，都可能违背自然规律，甚至犯下不可弥补的错误。我们应该从现实的认识水平出发，实事求是地进行建设和开发。我们强调一切从实际出发，那是因为我们历史上犯过多次违背客观规律、盲目开发的错误，给经济建设造成不可补救的损失。在目前经济体制正从计划经济向市场经济转轨的时期，以行政方式代替经济手段的管理方式自然是有效的，这就很有可能会发生在重大经济开发项目上以行政命令代替经济论证，因此，在新体制未完善之前，借鉴历史经验，保持清醒头脑，坚持一切从实际出发是至关重要的。

在"海上山东"建设的政策问题上，有两个方面最需体现这一原则。一是各地的产业结构和布局一定要从各地区、各部门以及不同海域的实际情况出发，如果脱离了实际，照搬外国的、外地的经验，或者在政策上搞一刀切，或者急功近利，超越发展阶段，都将会导致海洋开发误入歧途，遭受挫折。二是要掌握海洋经济与海洋科技的发展水平，探索海洋开发的客观规律，并对外国的、外地的经验进行学习、消化和吸收，真正做到洋为中用、他为我用，制定出既符合海洋经济发展规律，又符合山东沿海各地实际情况的政策来。

三 适应社会主义市场经济要求的原则

在制定"海上山东"政策上很重要的一条就是要使其适应社会主

市场经济的要求，依据价值规律和市场调节，引导和调节海洋产业结构的升级换代和产业布局的合理分布，而不是像计划经济体制下那样，主要依据计划的要求安排海洋产业的发展。是否符合市场经济就成为检验我们所制定政策是否优劣的标准。政策的出发点和落脚点首要的是市场，而不是别的什么东西。

贯彻市场经济原则的一个重要问题是将政府在海洋开发中的行为规范到市场经济的要求之中，政策制定本身就是一种政府行为，这一行为本身及其政策和导向能否符合市场经济的要求，对于推动社会主义市场经济和海洋经济两个方面的发展都是至关重要的。如果政策赋予各级政府以行政职权，主要以行政命令干预海洋开发，则不仅是与社会主义市场经济的形成背道而驰，也必将阻碍海洋经济的健康发展。要贯彻市场经济的原则，就应该根据市场的需要，通过制定调整海洋开发的各项基本政策和各产业政策，运用税收、投资、利率等经济杠杆来推动和规范海洋经济的发展，通过指令性计划引导海洋产业的合理布局，确定海洋产业发展的目标。

在市场经济条件下开发海洋、发展海洋产业，政府的主要职能是进行宏观调控，其主要手段应该是经济政策和经济法规，比如利用投资政策、产业政策、区域政策、税收政策、收入分配政策来引导海洋经济的发展。同时，运用经济法规和海洋法规规范各市场立体的行为也是十分必要的，为了保证海洋资源合理开发与保护，使有限的资源最大程度的发挥效益，就必须以完备的法律规范参与海洋开发的单位与个人的行为。

除了经济政策和经济法规外，必要的行政管理也是不能放弃的。这一手段是政府凭借权力对经济活动进行的干预，特别是对海洋环境与资源的保护方面，行政管理更是不可缺少。在市场经济条件下，行政管理不仅是海洋经济开发中政策和法规的必要补充，而是与政策、法规并列的三大手段之一。所以，在制定"海上山东"建设政策强调必要的行政管理手段，不仅不违背市场经济的要求，而且还有利于良好的市场秩序和海洋开发秩序的形成。

四 鼓励国家、集体、个人一起上的原则

山东海域辽阔、资源众多、既有渔业资源，又有港口资源、盐业资源、旅游资源、矿产资源、海洋空间资源等。所以海洋开发从结构上讲是立体的、从内容上讲是多元的，是一项宏大的工程，单靠国家或国有企业

的单一开发是搞不好的,必须要调动国家、地方、集体、个人的积极性,形成千军万马战大海的局面,这样既可以扩大海洋开发的规模,使开发利用海洋资源从多方面同时展开,又可以使国家和整个社会的力量都汇入海洋开发的洪流,使海洋各产业相互促进,共同发展。

同时,这里需要强调的是,鼓励国家、集体、个人一起上,不等于不要统一管理。因为海洋是流动的,是一体的,因此统一有序的开发是必要的。海洋与陆地一个明显的区别在于海洋是流动的,有些资源如渔业资源也是流动的,造成的污染也是流动的,甲地的海洋开发可能会给乙地海洋带来危害,而陆地相对而言是分割的,此地的发展不会给那些与之不相连的、或相连但距离较远的地域带来直接的影响。因此,海洋开发、海洋经济的发展要比陆地更要遵循统一有序的原则,按照科学周密的规划,实行严格有效的管理,保证海洋开发处在一个良性的关系中,使海洋资源开发与配置尽可能合理。因此,在"海上山东"建设的政策法规制定中,就应该体现这一原则。

五 轻重有序的原则

如果能在很短的时间内,把海洋各产业全面发展起来,迅速取得经济效益,当然是最理想的,但是,纯粹的理论设想在现实中行不通,首先,我们现在经济状况有限,资金还不充裕,在资金短缺的情况下,不分出轻重缓急,配置海洋产业和布局全面铺开,势必造成资金分散,形成一些"胡子工程"。其次,它受到科技发展水平的限制,海洋资源的重要价值已被人们充分认识,但是海洋开发的手段还相对落后,对很多领域中的海洋开发还束手无策,因此,在这些领域中也不具备立即全面开发的条件。最后,它还受到当时市场的限制,海洋产品只有找到市场,才能迅速地开发起来,并带动产业的发展,反之,则很难有大发展。

鉴于资金、技术、市场这三方面的限制,我们必须把那些投资效益好、技术水平高、市场规模大的海洋产业或项目确定为一定时期的开发重点,把那些不具备上述条件的产业和项目作为非重点或者留待将来开发。在确立重点开发的问题上,还应注意为未来的海洋产业保留可供选择的机会,因为现在的海洋开发利用是建立在相对较低的科技水平上的,相信将来的海洋开发利用则是建立在更高更完善的科技水平上,因为现在从事海洋的开发利用同时必须考虑到给未来的开发利用保留可供选择的机会和可以回旋的空间，考虑到海洋开发与利用的延续性和海洋产业的长期的合理布局。这一原则也应体现在"海上山东"建设的政策法规中。

六　海洋产业布局非均衡原则

长期以来生产力布局的理论和实践都把均衡布局作为社会主义生产力布局的首要原则。事实上均衡布局是一个内涵很模糊的概念，在现实社会生活中绝对均衡布局几乎是不存在的。固然社会主义国家经济发展方向和最终目标之一，是要逐步缩小地区之间经济文化发展水平的差距，实现产业布局相对均衡化，但在我国这样一个各地区自然条件差异大，原有经济和社会文化基础很不平衡的大国，相对均衡的布局，也是需要若干代人持续努力才能实现的，不能简单地以均衡布局作为合理的标准和产业布局政策选择的基准。历史和现实都证明，一个国家产业布局的均衡度和该国的生产力总水平和人均国民生产总值的水平，存在着高相关度。均衡布局只可能在国民经济总水平提高的过程中逐步实现，超越一定时期生产力发展水平提供的可能，追求过高的布局均衡度，势必以牺牲经济效益为代价。纵观1978年以前我国生产力布局展开的历程，总的说，布局展开的跨度不是偏小，而是过大，急于求成思想在经济布局上的这种表现，正是导致很长一段时间经济效益不高的重要原因。

我国经济建设的经验教训为"海上山东"建设中海洋产业的布局指出了方向。山东海岸线长达3000多公里，不同海区、海域的资源状况、经济条件、科技水平差异很大，而且在不同的时期，制约海洋经济发展的瓶颈和推进海洋经济的引擎也是各不相同的。所以在每一时期海洋产业的布局上应是有重点的，不平衡的。所以，我们制定"海上山东"建设政策时就应当一切从实际出发，切忌搞"一刀切"，"一阵风"，政策的重点就是有利于选择那些在解决关系海洋经济全局发展的关键产业、关键资源、关键要素等方面具有综合优势，效益高、见效快的重点开发地区。

第三节　"海上山东"建设的政策和法规建议

"海上山东"建设的政策和法规具体如下：

一 海洋产业结构发展模式框定政策

与陆地产业相比,海洋产业发展起步较晚,早期的海洋经济发展自发性大,总体的规划不强。海洋产业进入高速发展时期以来,主要是由于我国经济逐步迈向市场化后,由于经济利益的刺激,在短时期内迅速膨胀起来的。这种变化并不天然具备使产业结构合理的功能,往往产生了产业结构比例失调、海洋开发无序无度的现象。制止这种趋势,解决这一问题已迫在眉睫。海洋产业结构的演变发展,取决于海洋经济技术发展水平及其潜力。在遵循海洋经济发展规律的前提下,决策者应当制定宏观政策对海洋产业配置进行引导。在目前的海洋产业发展中,海洋第一产业比重过大,第二、三产业的比重较小。而第二、三产业发展缓慢,已反过来阻滞了海洋第一产业的发展。因而需要制定政策来鼓励推动海洋第二、三产业的发展。其中重点为:一是大力推动海洋药物业、滨海旅游业、海洋能源业等发展的政策,在信贷、税收等方面给予优惠,以保证丰富的海洋资源获得充分的利用和更大的经济效益。二是发展海洋科技的政策。财政部门要设立海洋科技专项周转金,金融系统设立海洋科技开发专项贷款。鼓励各界人士为沿海引进先进的生产技术,如果该技术被证明对于当地经济有明显推动作用和示范意义时,当地政府应予以重奖。在科技人才方面积极鼓励沿海有关企业引进人才,对一些特殊的人才实行高薪聘用,来沿海从事海洋开发的人才愿意定居的,除享受本地人同等待遇外,在住房建设、子女就读、配偶就业等方面有优先选择的权利。三是制定对海洋产业实行保险的政策,为海洋开发,特别是高新技术的应用推广提供保障。

二 衰退产业的退出政策

海洋产业结构转换是在海洋科学技术推动下,海洋产业兴起和衰退的必然结果。所谓海洋衰退产业,是指在海洋产业结构中处于发展停滞乃至萎缩的产业。海洋产业结构优化政策既要扶植海洋战略重点产业的发展,也要加快处理好海洋衰退产业的退出、转产等问题。衰退产业的重点近期应放在海洋近海捕捞上。众所周知,海洋近海资源因为前一时期的酷渔滥捕已经严重衰减,有些甚至已枯竭,所以近海捕捞所能捕到的产品大多是幼龄鱼或低质鱼类,而水产资源食物链的特点就是呈现金字塔形,如果处于金字塔底部的低质鱼捕捞过多，就会使海洋优质鱼类再无繁衍扩大种群的可能。现在沿海各地小马力船在海洋捕捞总吨位中占有很大比例，只有通过适当的政策，引导渔民由近海捕捞向远洋渔业和海水养殖业中转移：一是制定政策鼓励发展基地化外海和远洋渔业。凡是建立了外海捕捞基地的远洋和外海渔业单位，各有关部门优先予以办理有关手续，对新建或更新的远洋和外海渔轮，凡符合贷款条件的，金融部门原则上要给予造价30%以上的贷款支持。财政部门也要给予10%—20%的支农周转金支持。渔政部门在渔船马力指标上优先予以安排。二是制定政策鼓励海水养殖业进行适度规模经营。凡是进行适度规模经营的养殖单位，所需固定建筑用地，在办理征用手续时，计划经济部门优先给予立项，有关部门按照扶持农业龙头企业的规定，减免有关税费。养殖用水、用电要重点保证，优先予以解决，电费应予以优惠。对进行适度规模经营的养殖单位，金融部门按照贷款条件审核后，原则上应按当年投入给予较高比例的贷款支持。

三 吸引内资、外资下海的政策

应把海洋产业作为外引内联的重点产业，积极创造外引内联的条件，对引进项目大力支持。较之陆地产业，海洋产业发展的基础不够深厚，发展水平也相对落后，仅靠现有的海洋企事业投资开发海洋，难以形成较大的开发规模。应该制定有关优惠政策，吸引内资、外资下海。还要积极创造良好的投资环境，硬件软件都应具备，使外商愿意投资，敢于投资。要鼓励国内外客商对浅海滩涂进行成片开发，并允许在开发使用期限内对海域使用权依法有偿转让、出租和抵押。

四 保障海洋开发取得实效的政策

为了保障海洋开发按期取得成效，凡投资企业取得浅海、滩涂开发使用权后，3年内实际投资低于总投资30%，政府应无偿收回其使用权。

五 "海上山东"建设的法规建设

要加快"海上山东"建设，必须加强法规建设，只有有法可依，才能实现依法治海。目前原有的一些有关涉海的法规如《渔业法》等均已正常的执行，但是至今缺少一个综合性的法规。鉴于国家目前尚未正式出台海域使用管理法，可由地方先行立法，既可解决"海上山东"建设中资源保护、海域有偿使用及海域使用权的流转问题，又能为国家法规出台积累经验。

第四节 制定"海上山东"政策与法规的保障措施

一 转变观念，强化全民海洋意识

纵观世界，沿海经济发达的国家，它们的成功经验之一，无不在"海"字上做足文章，做好文章。日本的崛起，亚洲"四小龙"的腾飞，都离不开海，"海洋是日本的生命线"，已牢牢地印在日本人的心目中；在东南亚许多国家里，人们都是坚信，海洋会给自己带来滚滚的财富。相比之下，我们的海洋意识就相差较远。因此提高全民族的海洋意识，增强海洋经济观念，是一件刻不容缓的大事。要充分运用广播、电视、幻灯、报刊、展览、演讲、座谈、经验交流等形式进一步广泛地进行宣传教育，提高全社会特别是各级领导干部对海洋开发、科技兴海重要性、紧迫性的认识，增强全民的海洋国土意识、海洋经济意识和海洋环境意识，形成爱海、用海、护海的良好社会环境，特别要重视对中小学生进行海洋自然资源和海洋环境的教育，他们已对海洋有了敏感性，能认识到人类和海洋的相互作用，并且接受能力和进取精神很强，因而需要在生物、物理、化学、地理、语文、英语等各种教学中，结合所讲授的课文内容，适当扩延、穿插和引进海洋方面的有关知识，使他们从小就树立热爱海洋、保护海洋的意识。

二 发挥海洋管理机构的作用，完善管理法规

各级政府特别是沿海市、县政府要切实加强对海洋开发和科技兴海工作的组织领导和综合协调，要建立健全各级科技兴海领导小组，落实科技兴海目标责任制，组织有关方面继续进行深入系统的调查研究，对现有开发项目要认真抓好。

随着海洋开发深入进行，不同产业之间的矛盾会不断出现、强化，解决的办法就是突出综合管理。突出综合管理，必须坚持法制化、制度化的方针，总结我国海洋管理的实践经验，积极推动国家海洋政策法规的建立和完善，积极呼吁建立各方面海洋政策法规的必要性，并且依据海洋开发

与管理的实际情况，提出有关海洋政策法规的具体内容，给国家海洋政策法规建立和完善以有力的促进。同时，严格执行国家已经颁布的政策法律，作为各地海洋开发与管理的总的准则。

三 建立海洋开发人才保障机制

海洋开发人才培养应引入沿海地区规划之中。一是在传统海洋产业部门，努力搞活人才使用机制，充分发挥现有科技人员的作用；二是着眼于中级人才培养计划，有条件县、市应建立"海洋专科中等学校"，聘请大专院校专家教授兼职授课，并采取与大专院校联合办学的办法，鼓励青年报考海洋中专和海洋大专院校，为建设海洋经济做贡献；三是着眼于基础教育，大力发展海洋技术职业教育。沿海县内大部分中学应设立海洋技术职业班，有计划地改革农村中学教学制度，兴办海洋技术职业中学；四是重视岗位培训，针对大多数海洋产业从业人员不能脱岗学习的实际情况，加强岗位培训，提高其上岗技术水平。

四 建立海洋技术产业化的保障机制

一是建立健全现有的渔业技术推广网络。加强县级中心站、所的建设，使之真正成为海洋先进实用技术推广的中枢。二是建立海洋科技开发中心和海洋经济技术信息中心，组织科研机构和大专院校科技力量开展技术攻关和开发，重点是海洋开发急需的相关技术，如水产品精深加工产品开发，海洋药物和营养保健食品开发，生态渔业模式，以及大型海洋工程的技术研究和论证等。三是引导和鼓励依托企业建立行业研究中心，在企业技术开发和内在发展需求的基础上，逐步形成以交流和开发先进技术为主的各行业发展研究中心。四是制定实施倾斜政策，引导、鼓励企业投入技术开发和技术改造。五是建立海洋研究和开发基金，重点扶持海洋产业应用技术研究和新产品开发。六是进一步密切沿海地区与有关大专院校、科研机构的生产技术协作关系和各种联系，采取委托开发、协作开发等多种方式引进先进技术。

五 重视海洋资源和环境的可持续发展

坚持资源永续利用的方针，在开发的同时十分重视资源和环境的管理和保护，明确海洋和海洋资源为国家所有的法律规定，将海岸线、浅海滩涂和海岛纳入统一管理、统筹规划、综合开发的轨道，实现依法治海。加强海洋环境的监测，组织划定沿海各地海洋功能区划。同时，进一步完善海洋安全保障体系和公益服务，高度重视海洋灾害预报预警及防台抗灾工作，加强沿岸堤塘和防护林带建设，防止和减少海洋灾害。

六 加强基础设施建设，改善海洋开发环境

基础设施建设对于海洋开发关系重大，有些海区资源丰富，开发条件好，但由于基础设施差，项目一直开发不起来，科技人员也不愿到此地进行科技帮扶。为此，加强必要的基础设施建设，努力改善海洋开发环境已是刻不容缓的事。目前国家财政还比较困难，鉴于这一矛盾，应采取国家拨一点、集体筹一点、个人出一点，包括有钱出钱，有力出力，三者一起上的方法，先把一些大项目四周的海岸带、海岛地区的基础设施搞上去，然后再辐射扩散。

附录一

"海上山东"建设战略构想

前　言

建设"海上山东"战略的提出

占地球表面积71%的海洋是富饶而尚未充分开发的资源宝库。当今的世界面临着人口增多、资源短缺、环境恶化的严重挑战，其核心是粮食、淡水、能源等的过量消耗，难于支持人类的可持续发展。解决这些问题的根本途径是，合理开发现有资源和发现新的可开发的资源，而现实的希望就在海洋。21世纪必将是人类重返海洋，全面开发利用海洋的新时代。世界上众多有识之士都在呼吁人们把发展的眼光投向海洋，我国也在调整海洋政策，加强海洋的开发、保护和管理。我国党和国家领导人非常重视海洋事业，江泽民总书记号召"振兴海业繁荣经济"，李鹏总理要求各级政府"管好用好海洋"。联合国及有关国际组织越来越关注海洋事务。

依据1994年生效的《联合国海洋法公约》，全球近1/3的海域（1.049亿平方公里）将划归沿海国家管辖，其他2/3的海域（2.517亿平方公里）及其资源将成为人类共同继承的遗产。联合国1995年至1996年相继召开了海洋和海岸带可持续利用大会、保护海洋环境国际会议、世界海洋和平大会等，并将1998年定为国际海洋年。联合国大会还要求沿海国家把海洋开发列入国家战略。人类全面开发利用海洋的"蓝色革命"浪潮正在到来。

山东作为海洋大省，长期重视海洋资源的开发利用，并逐步把"海上山东"建设上升到经济、社会发展战略的高度。

80年代，中央领导同志多次就山东海洋开发作出重要指示，要求省委省政府加强对海洋工作的领导。1990年8月，中共中央政治局常委宋平在山东沿海视察期间多次指出，海洋开发潜力很大，很有前途，要把海洋开发这篇大文章作好，作好了就会从海洋捞金捞银。为了落实中央领导同志的重要指示，山东省委、省政府做了认真研究，省计委和省水产局共同制定了《山东半岛浅海滩涂渔业综合开发规划》，并及时报国家计委、农业部等国家有关部门。这实际上是建设"海上山东"战略的初步酝酿。

1991年3月，山东省副省长李春亭同志在全省水产工作会议上的讲话中指出，要把建设"海上山东"作为一个战略问题来对待，把山东半岛建成全国最大的海产品生产和出口基地。1991年4月，山东省省长赵志浩在省七届人大四次会议上作的《山东省国民经济和社会发展十年规划及第八个五年计划纲要的报告》中指出：大力开发海洋资源是振兴山东经济的重要内容。要增强海洋国土、海洋资源意识，贯彻陆海并举的方针，保护海生物资源，加强海水增养殖、海洋捕捞、海洋化工、海洋能源、海洋矿产、海洋交通的研究开发，近期重点开发利用132万公顷万亩浅海滩涂。经过长期不懈的努力，逐步实现"陆上一个山东，海上一个山东"的战略设想。这是山东省首次正式提出建设"海上山东"的战略。

1991年12月，中共山东省委五届七次会议对建设"海上山东"又作了进一步阐述，提出了新的要求。省委书记姜春云要求，今后10年，"海上山东"的建设要取得突破性进展。沿海市地、县要把海域开发提到重要议事日程，像抓农业那样抓好海域开发，把丰富的海洋资源优势逐步转化为商品优势和经济优势。会议提出"要加快建设'海上山东'的步伐，大力发展水产增养殖和远洋渔业，争取到20世纪末海水养殖面积达16.7公顷万亩，海产品产量达到350万吨，同时大力发展海洋化工、海洋矿产、海洋交通运输业，为21世纪建设好'海上山东'奠定坚实的基础。"

1992年7月，江泽民总书记来山东视察时，要求山东注重发展海洋经济，并作了重要指示。同年11月，中共山东省委五届九次全委（扩大）会议认真传达学习了总书记的指示，在1991年开始实施建设"海上山东"战略的基础上，把这一战略设想确定为振兴山东经济的两大跨世纪工程之一（另一项为黄河三角洲开发），动员和组织全省人民加快实施。

1993年1月，山东省人民政府办公厅向全省各市地人民政府和省直有关部门转发了山东省水产局关于水产业实施建设"海上山东"战略的报告。随后，省政府向国务院作了关于"海上山东"建设情况的报告。

省委、省政府提出建设"海上山东"战略后，多次派出调查组和工作组，逐一到沿海七地市检查落实情况，就地研究解决实施中出现的新情况、新问题。沿海各地市结合自己的具体情况，纷纷提出了建设"海上烟台"、"海上威海"、"海上日照"、"创建青岛海洋科技产业城"、"发展潍坊海洋化工产业集团"等设想。"海上山东"战略已经成为沿海各级政府和群众的自觉行动。1990年全省海洋产业总产值为150亿元，1991年达到195亿元，1992年达到275亿元，1993年达到320亿元，1994年达到400亿元，1995年477亿元，1996年532亿元，1997年海洋产业增加值达到356亿元，引起全国注目。但是，也开始暴露出某些局部开发行为一定程度的盲目性。尤其是面对21世纪的新形势。迫切需要制定跨世纪的科学规划，使"海上山东"建设活动置于自觉设计的基础上。

"海上山东"的含义

"海上山东"提出几年来，大家在理解上有共识，也有分歧。而如果对其理解停留在口号或表层上，将会对实际工作带来不利影响。所以探究这个概念的内涵和外延，有着重要的实际意义，它是我们理清"海上山东"建设思想的一个切入点。

所谓"海上山东"建设，就是从海陆一体化的山东建设全局出发，通过对山东相邻和相关海域资源的利用、保护和改善所进行的以发展经济为中心的社会建设。它涉及山东海洋开发事业中的资源和环境、科技和产业、结构和布局等各部分、各环节，是一项宏大的社会系统工程。完整地理解这一概念，需要在认识上注意以下五点："海上山东"建设不限于发展海洋渔业，而且发展海洋交通运输、滨海旅游、制盐和盐化工、海洋装备制造等各项海洋产业；不限于发展经济事业，而且要发展以经济为基础的海洋科教、文化、环保等社会事业；不限于对海洋资源的利用和索取，而且要保护、恢复和改善，以体现"建设"的要求；不限于开发建设海洋水域，而且要开发建设沿海陆岸、海岛陆域、海洋产业接力链延伸到的内陆和内河；不限于领土范围内山东相邻海域的开发，而且参与国家对大陆架、专属经济区和依法可利用的公海区域的开发。

建设"海洋山东"的涵义也可理解为：以《联合国海洋法公约》生效这一划时代的事件为契机，充分发挥山东海洋科技和资源优势，合理利用近海资源，积极开发外海和国际海洋资源，构筑由岸至岛，由近海到远洋，由单项平面开发到多层次立体开发的格局，培植海洋渔业、海洋运输业、盐及盐化工业、海洋油气业、海洋药物业、海洋旅游业和海洋服务业七大海洋产业群，建设富裕、文明、优美的沿海经济隆起带，进而向外拓展，辐射内地，成为拉动全省现代化建设的巨大龙头。到2000年全省海洋产业增加值占全省国民生产总值的比重达到8%左右；到2010年全省海洋产业增加值占全省国民生产总值的比重达到10%左右，到21世纪中叶，乃至更长一段时间使海洋产业，支撑起山东的"小半壁江山"。

建设"海上山东"的战略意义

进入20世纪60年代，在全球性人口、资源、环境三大危机的巨大压力下，世界各国愈来愈重视海洋开发，围绕海洋权益的激烈争夺，以政治、经济、科技、军事等多种方式展开，许多政治家和科学家一致认为，21世纪将是海洋开发新世纪。《联合国海洋法公约》的产生和生效标志着人类和平利用海洋时代的到来。建设"海上山东"顺应了世界开发海洋的大潮流，符合山东实际，是一项具有重大战略意义的跨世纪工程。

第一，"海上山东"是山东人民生存与发展的新空间。我省人多地少，目前人均一亩二分地，到2000年可能下降到人均1亩地，要解决吃饭和就业问题必须不断开辟新的领域。根据《联合国海洋法公约》的规定，山东的海洋国土约有13.6万平方公里。我省陆上山地丘陵约5.5万平方公里。平原盆地约9.5万平方公里，全省海陆国土大体是"五水、两山、三分田"，海洋是山东国土的"半壁江山"，是我省经济可持续发展的重要领域。海洋不仅是山东农业的第二战场，而且是推动山东社会全面进步的希望所在，必将为山东的腾飞做出重大贡献。

第二，建设"海上山东"是21世纪山东重要的经济增长点。从国际上看，目前全球10个巨富国家（人均2万美元）有8个是靠海发家。山东是一个海洋大省，海洋资源综合指标居全国第2位。全省浅海滩涂面积

4280万亩；黄河三角洲及渤海石油（已探明储量2.2亿吨）和天然气资源储量丰富，是我国重要的海洋石油开发基地。莱州湾沿岸拥有高浓度的卤水资源（已探明储量74亿立方米），可成为我国最大的海洋盐化工基地。山东半岛是全国著名的黄金海岸，有众多的港口和丰富的旅游资源。实践证明，开发海洋是富民兴鲁的黄金大道。我省长岛县依靠"耕海牧渔"成为全国的第一个小康县，荣成市"以海兴市"，成为江北第一"虎"。建设"海上山东"，发展海洋经济不但为全省经济的腾飞注入新的活力，也为实现由经济大省向经济强省跨越提供了重要保证。

第三，建设"海上山东"是带动内陆腹地经济发展的龙头。海洋经济可弥补陆地经济的不足。运用沿海地区人才、技术、信息、对外开放等多方面的优势，可以辐射带动内陆地区经济的发展，从而加快东西结合，全面发展的步伐。我国沿黄九省区中借助"海上山东"建设，完全有可能在不远的将来，形成一个以山东为龙头的沿黄经济带，与南方的以上海为龙头的长江大走廊经济带遥相呼应。

第四，建设"海上山东"是扩大我省对外开放的前沿阵地。海洋是人类的大通道，沿海地区处于对外开放前沿，海洋产业接受国际上的先进技术和经济管理方式比较快，充分利用山东靠海的区位优势，是山东与国际接轨，全面发展外向型经济的重要途径，对于改变我省经济格局具有深远的影响。

一　建设"海上山东"的条件

（一）区位条件

山东省濒临黄渤两海，海岸线北起冀鲁交界处的大口河河口，南到苏鲁交界处的绣针河河口。山东与朝鲜、韩国、日本隔海相望。其区位优势表现在：

——亚太经济圈西环带的重要部位。自从80年代以来，富有活力的"亚太经济圈"开始形成，中国处于这一经济圈的西环带，而山东半岛则是该地带经济集散度高，国内外交往活跃的一个重要部位。日照港是我国北方重要能源输出港，是陇海线欧亚大陆桥东部桥头堡群的重要组成部分。山东沿海与日本、韩国、朝鲜隔海相望，从青岛、烟台等港口出发，到朝鲜、日本，经朝鲜海峡或对马海峡至俄罗斯，比从大连、秦皇岛等北方港口路程还近。威海成山头与韩国之间仅有94海里。但区位优势较之上海、海南、广东略显逊色，不应估计过高。

——沿黄经济协作区的主要对外窗口。山东半岛是国务院批准的全国五大开放地区之一，并拥有青岛、烟台两个沿海开放城市，青岛、烟台两个经济技术开发区和威海高新技术开发区，龙口、羊口、烟台、威海、石岛、青岛、日照、岚山8个一级开放港口，汇成了一排开放的长廊，成为青海、甘肃、宁夏、内蒙古、陕西、山西、河南、山东8省、区组成的沿黄经济协作带对外开放的窗口。协作带大部分对外贸易要经山东港口中转。

——海防前沿之一。山东相邻海域辽阔，是祖国海防的重要组成部分。山东半岛东突于渤、黄两海，与辽东半岛成犄角之势，共同扼守着京津大门。庙岛群岛罗列散布于渤海海峡南部，扼守我国内海——渤海的咽部，是海上航运的重要通道。沿海岛屿星罗棋布，是海洋国土的天然哨位。

（二）海洋资源条件

1. 整体评价

山东海洋资源丰度高，品质好，综合评价居全国前列。全省有13.6万平方公里的相邻海域，长达3121公里的海岸线，居全国第二位，326个海岛，总面积136平方公里，岛屿岸线737公里，3224平方公里的滩涂资源，5米以下浅海面积3352平方公里。渔业资源品种多，经济价值高，海洋水产品产量居全国第一位；有丰富的滨海油气资源、黄金矿藏和地下卤水资源；除青岛、烟台、日照等大港外，还有许多不同类型的港口资源；沿海风光秀丽，气候宜人，人文历史悠久，旅游资源也具有重要地位。这些为建设"海上山东"提供了雄厚的自然物质基础。但主要资源品种平均密度居沿海11省（市、区）第8位，对集约经营和规模效益带来不利影响。

2. 分项评价

——水产资源。-15米等深线浅海148.2万公顷，居全国第4位，占全国12%；滩涂33.9万公顷，居第2位，占15.6%。有干流10公里以上河流1500条，年入海流量360亿立方米，低盐水体充沛，营养物质丰富。-15米等深线以上浅海海域年初级生产量为1100万吨有机碳（干重）。黄海暖流北上，渤海沿岸流南下，气候季节变化明显，形成多种水温。上述多宜性生态环境，造成海洋生物地方性种类较多，优势种类资源量大，便于常年利用。同时，由于地理位置和温盐等水文特征，也有一定数量洄游性资源。有鱼类300种，其中近海140种，经济鱼类30种；虾蟹类100种，有经济价值的20种；贝类100种，经济贝类30种，藻类100种，经济藻类50种。历史产量在万吨以上的鱼虾蟹有太平洋鲱、鲆鲽、鳕鱼、鱿鱼、对虾、三疣梭子蟹。但10万吨以上的捕捞对象很少。资源量万吨以上的藻类有海带、马尾藻、石花菜等。贝类资源有60万吨。营养价值高的海珍品——刺参、皱纹盘鲍、扇贝等是山东优势品种。近海捕捞渔获物组成自50年代以来发生了很大变化，底层鱼类的比例下降，中、上层类回升，无脊椎动物上升幅度较大，优质鱼类比例下降，低质鱼类比例上升。主要原因是近海捕捞力度大幅度增长，破坏了资源的再生能力。近海43种主要捕捞品种，有6种处于严重衰退，27种利用过度，7种充分利用，3种利用不足。

——航运资源。山东海岸线蜿蜒曲折，有千余处岬角，200多处海湾。海岸2/3以上为山地基岩港湾式海岸，水深坡陡，具有优越的建港条件，是我国长江口以北具有深水大港预选港址最大的岸段。离岸2公里、水深10米可建深水泊位的港址有51处，居全国第3位，其中10万—20万吨级港址有23处，居全国第1位；5万吨级港址14处，万吨港址14处。锚地和航道条件也比较优越，锚地以胶州湾自然条件为最好；天然航道有老铁山、大钦、砣矶、登州、成山、斋堂、灵山及胶州湾的沧口、中央、洋河水道。虎头崖以西平原泥沙质岸段的河口港，其航道水深条件差，淤积严重。

——海洋旅游资源。主要包括海洋景观资源，气候资源，滨海运动游乐场所及其组合。山东半岛深嵌于黄渤海两海，三面环水，海岸地质类型多样，雄山奇峰、平阔沙滩交错，作为孔孟之乡的齐鲁之邦有众多文化遗迹。据统计，山东主要滨海景点有34处，其中海岸景点4个，岛屿景点1个，奇特景点2个，生态景点1个，山岳景点6个，人文景点20个，占全国的12.5%，居第3位。加上海洋性季风气候，夏无酷暑，冬无严寒。

山东海洋旅游资源的最大优势在其匹配性，从而增添了特有的魅力。清爽的气候，旖旎的风光和山城万国建筑融为一体的青岛，有"东方瑞士"之称；海山相映，道观散处的崂山，发人长生成仙之想；海市蜃楼的奇景，八仙过海的传说，使蓬莱充满神秘色彩；地处我国最东端的成山头，风急涛涌，登临有"天尽头"之感。雄浑的黄河入海口，又启人以百川归海的遐思。

——盐卤资源。山东是我国主要海盐产区之一。盐场集中分布在虎头崖以西至漳卫河口的渤海沿岸和黄海的胶州湾、丁字湾、乳山湾等地区。适于晒盐土地27.4万公顷，居全国第1位，占32.6%。东营地下岩盐5.88亿吨。从虎头崖向西至广利河之间的滨海地带，地下卤水总面积约1500平方公里，浓度一般为10°～15°波美度，最高达19°波美度，总净储量约74亿立方米，估算含盐量6.46亿吨。黄河三角洲、无棣县沿海均发现5°～12°波美度的地下卤水。胶州湾西岸地下卤水静储量为4320万立方米。

——矿产资源。山东沿海7市地发现矿种101种，其中探明储量的53种，居全国前3位的有9种，石油和黄金是国家级战略资源。渤海沿岸石油地质预测储量30亿—35亿吨，探明储量2.29亿吨，天然气探明地质储量为110亿立方米，龙口煤田为我国发现的第1座滨海煤田，探明储量11.8亿吨，建筑石材料约200亿立方米。金、钼等贵重稀有金属主要分布在胶东，重晶石、建材矿石等主要分布在东南沿海。但是铜、陶瓷等基本大宗矿材不足。

——海洋能源。黄海段潮汐能资源较丰富，理论功率约40兆瓦，年可发电约16.78兆度，潮流能资源主要分布在庙岛群岛区的诸水道，理论功率约490兆瓦。胶州湾以北大风区有效风能为3600千瓦/平方米。

（三）海洋产业基础条件

1. 整体评价

山东海洋产业自改革开放以来，尤其是80年代后期贯彻"陆海并重"的方针以来，有了长足进展。进入90年代，随着"海上山东"战略的实施，海洋经济事业进入了空前的繁荣期。1995年，全省主要海洋产业产值532亿元，仅次于广东省。海洋水产品总量、原盐、两碱、溴素、褐藻胶产量均居全国第 1 位。传统产业稳步发展，新兴产业蓬勃兴起。被誉为"蓝色革命三次浪潮"的海带、对虾、扇贝人工养殖，都是山东率先取得技术突破并形成产业的。但是，渔业产值占了海洋产值的 50% 以上，新兴工业产值比重不大，反映了山东海洋产业的结构性缺陷。

2. 分项评价

——海洋渔业。1989 年山东海洋水产品总量就跃居全国第 1 位并保持至今。群众渔业和国营渔业都发展很快。许多渔村一直坚持集体经济制度，走技术改造的规模经营之路，近海大力发展增养殖，捕捞向外海和远洋推进，并努力发展外向型渔业。1995 年，全省海洋渔船拥有量为 45683 艘，总吨位 574092 吨，功率为 1061762 千瓦，有远洋渔轮 94 艘，总吨位 55635 吨。1997 年海水产品产量达 536 万吨，其中海水养殖量达 283 万吨。全省海洋渔总产值（现行价）257.7 亿元。山东海洋渔业开始向现代化渔业迈进，表现为：第一，已不再是依附农业的副业，在沿海有 16 个县（市、区）水产业产值已超过种植业，有 10 个县（市、区）占大农业产值的比重已超过 50%；第二，外向型渔业发展较快，1997 年有水产"三资"企业 689 家，合同引进外资 5 亿美元，水产品出口 28 万吨，创汇 8 亿美元；第三，已打破原来的行业界限，向着跨行业、跨地区、多元化的方向发展；第四，出现了渔业公司兼并农村的现象。目前存在的问题，一是养殖病虫害日趋严重；二是远洋渔业发展缓慢，明显落后于广东、福建等省；三是水产品加工能力和层次不高。

——海洋交通运输业。1990 年山东累计建成沿海港口 23 个，一级对外开放港口 7 个，初步形成港口群体。地方海运船舶保有量 168 艘，净载 14.7 万吨。港口基础设施正朝着现代化方向发展，可装卸散货、件杂货、集装箱、木材、混装货、滚装货、液体原料等多种货物，已形成 20 多条航线。1997 年全省共有港口 26 个，其中对外港 19 个，全省共有码头泊位 243 个，其中万吨级 65 个。1995 年山东省海洋货物运输量为 668 万吨，列全国第 4 位，其中沿海货运量为 519 万吨，远洋货运量为 149 万吨，集装箱运输国际标准箱 89612 个，列全国第 3 位。1997 年全省沿海主要港口货物吞吐量 1.3 亿吨，客运 776 万人次。目前存在问题主要是深水港址利用不足，渤海岸段缺乏大型港，河海联运困难较大。

——滨海游乐业。1992 年，山东沿海已开发旅游景点 50 余处，有旅行社142家，涉外宾馆370家，像一条金项链环镶在北起蓬莱，南至日照的千里海岸和海岛上。到1994年底，山东沿海地区共与13个国家的28个城市结为友好城市。1997年沿海七市地接待国外旅客42万人次，创汇1.55亿美元。目前存在问题主要是旅游线路短，内容单调，受季节变化影响大，旅游商品内部结构不合理，如1992年全部收入中，交通比重最大，占27.3%，文娱仅占0.7%，说明主要是短期观光性旅游。

——海盐及盐化工业。海盐业及盐化工业是山东传统优势产业，原盐、两碱、溴素、藻胶等产量均居全国首位。1994年，全省共有盐田面积11557600亩，原盐产量663.8万吨，加工盐13.3万吨，溴素等化工产品7.4万吨，地下卤水年开采量约1亿立方米。1997年全省原盐产量831万吨，纯碱139万吨，烧碱79万吨，溴素4.4万吨，海盐产值8.5亿元，盐化工产值9亿元。盐化产品正向多样化、系列化、精细化方面发展。目前存在的问题主要是市场销路不畅，资源综合利用水平低，化工产品品种较少。

——海洋矿产业。山东省沿海矿产得到不同程度开发的有42种，占全部矿种的40%。到1990年已建成矿山3380个，海上钻井平台6个，单井固定采油平台4个。年采矿产石8794万吨，原油210万吨。1997年海洋油气产值12.7亿元，砂矿产值1.4亿元。矿业总体看利用程度不高。石油开采受勘探和技术装备限制较大，矿开发系数（开发量与探明储量之比）仅0.0003。以原料型、初级产品型为主，高档次、高附加值的深度利用不够，管理中存在着混乱现象。

——其他海洋产业。山东还有一些新兴产业近年来发展很快，目前规模虽然不大，但有广阔的发展前景。海水直接利用具有巨大的经济效益，仅青岛市就有24个单位利用海水，占全市工业用水量的67%。1997年修造船产值5.5亿元。海药业异军突起，青岛、长岛等已有新药品种上百种，创产值2.7亿元。黄海海藻工业公司规模为亚洲第一，世界第三，1992年实现销售收入7200万元，创汇近千万美元。目前山东对海洋能的利用主要是风能和潮汐能，有风力发电机1700多台，装机容量500多万千瓦·小时。

（四）社会整体条件

1. 经济实力

1995年，山东国内生产总值5002亿元，居全国第3位；三次产业增加值比为20.2∶47.7∶32.1，地方财政收入179亿元，社会存款余额3424.4亿元，外贸进出口总额154.4亿美元。沿海地区成为全国经济发达地区之一，国内生产总值占全省的50%以上。交通、邮电、供水、供电等社会公用设施进一步加强。据预测，经济发展将继续保持旺盛的势头，居民生活消费水平将稳步提高，可为"海上山东"建设在资金、装备、市场等方面提供强大的支援。

2. 海洋科技和教育

山东有中央和地方海洋科研教育机构40余处，海洋科技人员万余名，占全国的35%，高级专业人员1100多人，占全国的40%。青岛是我国著名的"海洋科学城"和海洋教育基地，中国科学院海洋研究所、中国水产科学研究院黄海水产研究所、国家海洋局第一海洋研究所是全国海洋科技的排头兵。青岛海洋大学是全国海洋最高学府，拥有8个学院，24个系（部），52个本科专业。"七五"期间共取得重要的海洋科技成果750多项，其中70多项达国际先进水平。"八五"期间，仅国家科委和省安排的课题就有250多项，现大部分已完成。海洋科技和教育，为"海上山东"建设提供了强大的"第一生产力"和高素质的人才，这是山东最宝贵难得的，令兄弟省最羡慕的条件。当然，山东海洋科技总体优势中也存在着部分学科劣势，存在着基础研究、技术开发、推广应用结构不合理，成果转化率不高等问题。

3. 政策环境

早在1984年，山东省委、省政府就提出"陆海并重、东西部结合"的指导方针，连续4次召开海岛工作会议，制定了15条优惠政策，大力开发海洋经济。1991年山东省委、省政府提出建设"海上山东"和开发黄河三角洲两个跨世纪工程，成立了"科技兴海"协调领导小组、办公室和专家技术组，制订了《山东省科技兴海实施方案》。省委、省政府在《关于加快科技进步推动经济发展的决定》中明确指出要建立"科技兴海"专项贷款，财政每年拿出1000万元周转金，并走科技与金融结合的路子，利用银行贷款 1.536 亿元，支持海洋开发项目。但是，仍有的领导干部海洋意识不强，对实际工作指导带来不利影响。另外，政策的体系性、配套性有待大力加强。

（五）制约因素

第一，"重陆轻海"的传统观念束缚了走向海洋的步伐。"海上山东"建设的思路若明若暗，"海上山东"宣传力度不够，思想上缺位子，计划上缺盘子，投入上缺票子，在许多人头脑里，还没有真正树立海陆并进的发展观。

第二，省里至今没有催人奋进的"海上山东"建设的实动作、大动作。"海上山东"建设战略提出六年来，省里没有召开过专题工作会议，没有出台"海上山东"建设规划和重大项目计划。一些学者说，"海上山东"，只不过是一句含金量较高具有山东特色的口号而已。

第三，"海上山东"建设投入严重不足。"海上山东"战略提出以来，较稳定的就是科技兴海有一定的投入，其他行业投入基本是呈逐年减少之势。海洋重点建设项目没有列入省内计划盘子。海洋教育滞后于生产的发展。我省渔业基础设施仍在拼 70 年代的老本，年久失修，后劲严重不足。

第四，海洋经济发展不平衡。我省黄海岸段海洋经济发展较快，渤海岸段海洋经济实力薄弱，基础条件差。近海资源严重衰退，捕捞力量过剩，而远洋渔场开拓得不够。海洋渔业发展较快，其他海洋产业相对滞后。产业结构不够合理，原料型产业多，高附加值产业少。

第五，海洋管理政出多门，形不成合力。我省海洋综合管理薄弱，各自为政，为部门利益而扯皮、内耗，海上纠纷迭起，近海水域污染严重，直接影响到"海上山东"建设的进程。

二 建设"海上山东"的总体思路和任务

（一）基本思路

建设"海上山东"的指导思想是：根据《中国海洋 21 世纪议程》和《山东省经济和社会发展"九五"计划及到 2000 年远景目标》，坚持海陆并举，发挥山东海洋资源丰富、海洋科技力量雄厚两大优势，面向国内、国外两个市场，通过合理配置经济资源，加大海洋科技转化和产业结构优化，有重点、有步骤地发展海洋经济，保护海洋环境，争取21世纪中叶使海洋产业占全省国民生产总值的25％左右，使山东成为海洋经济强省，海洋事业全面发展，在一定意义上形成"陆上一个山东，海上一个山东"的格局。

建设"海上山东"的基本思路即策略性部署，可以概括为：抓住两个重点，大力进行三大建设，抢占一个制高点。

——抓住科教兴海这个重点。把经济发展建立在科技进步的基础上，实现经济增长方式从粗放型向集约型转变，是经济健康、持续发展的关键。海洋开发由于其特殊的自然环境，对科学技术的依赖性特别大，必须实施"科教兴海"战略。山东是全国海洋科研和教育事业的基地，荟萃了全国海洋界一批精英。这是山东比自然资源更宝贵的财富，是最大的优势。必须把这支宝贵的智力大军利用起来，充分发挥其作用，大力推进科技成果的产业化，提高海洋开发队伍的素质，将科技优势转化为经济优势。

——抓住发育市场体系这个重点。经济体制由传统的计划经济向社会主义市场经济转变，是具有全局意义的根本性转变。海洋开发从总体说是一项新兴事业，尽可能一开始就按照市场经济的要求和规律办事。要发育和健全市场体系，有计划地建立海洋经济的技术、人才、信息、产品、资金等商品市场和生产要素市场，加强管理，发挥其自动配置资源的作用。要建设不同层次的批发市场，围绕优势技术领域、大宗和名特产品建设若干全国最大的交易中心，不但面向国内市场，而且走出国门。

——大力进行科经一体化体制建设。管理体制模式对于经济行为的效果有决定性影响。山东海洋资源、科技等条件作为生产要素孤立地看有一定的优势，但体制缺陷是个很大的制约因素。中央和地方，条条和块块多头管理，生产力要素被分割，不能有效结合，尤其科技和经济管理上不衔接，缺乏整合力、贯通力，这是一个牵动面很广的深层次问题。"海上山东"建设中，必须进行体制的再造。科技体制改革、经济体制改革、建立现代企业制度、政府职能转换、社会事业发展，都要把这个问题的解决作为重点目标来展开。

——大力进行"两只手"机制的建设。行政集权下配置资源的机制主要是计划，自由商品经济体制下配置资源的机制主要是市场，这就是通常说的"看得见的手"和"看不见的手"。实践证明，两种手配合使用比单一使用效果更佳。海洋资源名义上归国家所用，事实上归沿海居民无偿使用，使用者并不充分考虑国家利益，这是海洋事务中深刻的矛盾。解决这一矛盾，需要两只手协调动作。要科学划分市场和政府宏观管理的调整范围，并在财政、信贷、税收、人事等方面进行配套改革，建立海洋开发行为的定向机制、动力机制、整合机制、调控机制。

——大力进行生态环境建设。海洋开发的过程，是智慧生物、海洋生物、无机环境之间交互作用，进行物质和能量转换的生态过程。保护经济发展的资源基础和环境基础，不仅是"海上山东"事业健康发展的条件，而且是其内在目标之一。从这个意义上说，建设"海上山东"不仅是建设山东海洋农牧场、海上工厂等，而且是建设"海上花园"。要把经济发展与环境建设融合起来，维护"海洋健康"，塑造一个清洁美丽的"海上山东"。

——抢占海洋高新技术制高点。高新技术是在现代科学最新突破基础上产生，以高势能、高智力、高扩散、高效益为特征的技术体系。海洋高新技术既是高新技术8大领域之一，也是其他7大技术领域在海洋方面的运用和渗透。发展高技术，实现产业化，将对我们的生产力式、生活方式及思维方式带来革命性的影响。《高技术百科辞典》列出的海洋高新技术有670多项。在这方面山东要有所为，有所不为，从本省优势基础和需要出发，在关键的高新技术上执牛耳，在新兴产业上领先，占领海洋开发大业的战略制高点。

（二）战略原则

参照国内外海洋国土建设的经验，根据"海上山东"建设的特点和全局性要求，在各项具体工作中，要贯彻下列行动准则。

——可持续发展原则。可持续发展是既满足当代人的需求，又不对后代人满足其需求的能力构成危害的发展，是一种崭新的发展观。它在自然观方面主张人与自然和谐相处，在经济观方面主张保护地球上自然系统以持续发展，在社会观方面主张代际间公平分配。"海上山东"建设必须贯彻这个基本指导方针。要树立"海洋是从子孙后代手中借来的"观念。

水产、海运、盐化、石油、旅游等行业，公平分配岸线、滩涂和海域，科学地利用资源、负责地保护海洋。防止只顾眼前利益和局部利益而牺牲长远利益和全局利益的现象。

——陆海一体原则。海洋开发必须以大陆为依托，许多海洋产业的生产链向上游或下游伸展到陆地。海洋管理至今还是原来陆地一般管理职能向海洋的延伸。"海上山东"建设，本来就是东西部结合、陆海并举的"大山东"建设的组成部分。要在尊重海洋经济特点，分析解决其特殊矛盾的同时，照顾好海洋与陆地的关联。鼓励内陆地市与沿海地市合作建立专用码头，参与海洋开发活动。

——以效益为中心原则。"海上山东"建设要注意宣传动员工作，有时需要造成某种轰动效应。经济工作要讲求产值和速度。但是，我们所做的一切根本目的是增强全省经济实力，使居民及子孙后代在物质消费和居住环境等方面得到实惠。着力提高投入的产出效果，在保持经济适度增长的基础上，降低资源、劳动耗费，提高资金利用率、劳动生产率等效益指标。

——经济和社会全面发展原则。"海上山东"建设首先是海洋经济建设，即便将来，仍然要以经济建设为基础。但是，海洋的价值不限于经济利用，它是资源宝库、全球通道、生存空间，具有居住、旅游、交往、体育、科研、文化等多种功能。随着人们基本物质生活问题的解决，需求层次将会提高，必须跳出单纯经济观点的局限，进行海上全面社会建设，为人的全面发展创造条件。

——开发与开放相结合原则。海洋经济具有外向性和国际性。沿海地区是山东对外开放前沿阵地。"海上山东"建设战略必须与对外开放战略结合起来，参加国际经济大循环。要积极稳妥地利用外资、外技开发海洋资源，海洋产品要在面向国内市场的同时，尽可能多地占领国际市场。

（三）战略任务

建设"海上山东"的具体工作很多，主要实现以下5个方面的任务。

1. 基础研究提高水平，技术开发实现突破

山东海洋科技的优势是基础研究。我们在纠正"重研究、轻应用"的偏向时，不但不能丢掉这个优势，还要发展它。保持一支能在国际科技

前沿拼搏，对重大理论基础和应用基础难题攻关的精干队伍。要办好已经确定的国家级海洋生物、海洋药物研究中心。争取在更多的领域建立国家级基础研究基地和开放式的实验室，在经费、物质手段方面进行重点武装。国家科委首次将新出台的"基础研究攀登B计划"项目《海水增养殖生物优良种质和抗病力的基础研究》委托山东管理。必须精心组织，全力完成这一重任。"九五"至"十五"期间，还要围绕海水鱼类繁育和养殖生物学、虾贝病理学和医药学、海洋工程学、海洋能源学、海洋生态学等进行攻关，在弄清机理的基础上，找出技术化、产品化的方向。

技术开发是从科技到产业的中心环节，在实际工作中又恰恰是薄弱的一环。必须加大这方面的资源配置，使生产中亟待解决的关键性技术得到突破性进展。向产业界提供"技术先进、经济合算、稳定可靠、配套成龙"的技术。要加强中试基地和工程中心的建设，提高潜在生产力孵化能力。"九五"至"十五"期间，要重点开发海洋农牧化、水产品保质、海洋药物保健品、滩涂耐盐植物栽培、大型船舶制造、海洋工程等技术。

2. 传统产业改变面貌，新兴产业持续发展

目前山东海洋经济的主体仍然是传统产业。这是建设"海上山东"的基础。对传统产业进行技术改造，可以节约创业成本，并有希望使之成为先进产业和永久产业，所以要作为重头戏来抓。山东海洋企业尤其是中小企业设备陈旧，工艺落后，技改任务很艰巨。"九五"至"十五"期间，要有步骤地进行企业技改试点，更新设备，组织推广臻于成熟的生态养殖、水产品小包装、中心渔场控制和网具调配、"薄赶深储"制盐和串联加卤流动结晶、船舶节能、电脑辅助设计系统等技术。用高新技术嫁接传统产业的比例要超过50%，使传统产业面貌基本改观。

精心培植高新技术产业生长点，形成新兴海洋产业群，在"海上山东"建设中具有导向和带动作用。要及时抓住有广阔前途的新技术项目，组织多方面协同，尽快形成产业，具备规模，产生较强的显示力。"九五"至"十五"期间，可围绕下列高新技术生长点展开工作：品质好、生长快、抗逆强的生物新品系养殖，抗病毒、抗癌、抗心脑血管病药物及保健品，感光材料、阻燃剂、稀有卤素提取等海洋精细化工，高效纯分离膜、生物膜和新型海水淡化装置，新型船舶设计制造，防腐和无毒长效防附着涂料等。各项核心技术要能创造数以亿元计的产值并可易地推广。

3. 科技园区形成气候，企业集团具备规模

经济技术开发区是选择专门空间地域，集中发展高新技术产业的经济特区。山东沿海有青岛、潍坊、威海3个国家级和烟台1个省级开发区，都具有一定程度的海洋经济特色。位于青岛高科技工业园内的麦岛海洋科技区，已进驻8个单位，筹建3个国家级工程技术中心，今后需扩大面积。全省海洋科技园区建设要统一规划，高起点、高标准、高水平，在绿化面积、建筑物造型、环保等方面有超前意识，按经济特区标准进行各项制度改革和创新，加强项目管理。"九五"期间，全省开发区海洋技工贸收入要实现100亿元，利税20亿元，企业全员劳动生产率达10万元/人年，2010年这些指标再适当提高。

伴随经济体制改革，组建"科工（农）贸一体化，供产销一条龙"的海洋产业集团，是较快形成规模经济的好路子。水产业率先组建了大型集团公司。以潍坊纯碱厂为龙头、40多个重点项目企业组成的潍坊海洋化工集团，1993年已实现产值16亿元，利税3亿元。"九五"至"十五"期间，要在政府推动下，通过兼并、参股、控股、收购、资产授权等形式，按现代企业制度，组建海洋药物、船舶修造、环境保护等领域10个产值过亿元的大型企业，培植若干产值过5000万元的海洋科技新星企业。

4. 海洋环境保持健康，防灾能力显著增强

山东对环保事业一直比较重视。全省绝大部分海域为一类海水水质，底质状况基本良好，主要海水化学元素含量适中。但黄河、小清河等河口及部分海湾有不同程度的污染。给工农业生产、旅游、人民生活造成一定损害。随着海洋开发力度的加大，这种状况有恶化的危险。"海上山东"建设中，必须采取预警性、超前性的环境对策。通过科学技术消化废弃物，推行"绿色发展战略"，发展环保产业和生态经济。海洋污染要从陆源抓起，从治成治重，转为治因治轻。

山东是海洋灾害比较多的省份之一。除台风、风暴潮、海冰、海雾等自然灾害外，还有人为活动方式不当引发和助长的灾害，如赤潮、海水浸染、污损事故等。每年大约造成10亿元的经济损失，危害人民的健康和安全。防灾减灾，等于增加经济效益，改善生存条件。"海上山东"建设中，应包含国土整治内容。要加强预警预报、护岸工程等规避防御措施，对围垦、地下水开采、河流闸坝等工程进行环境影响评估，在海上作业中

推广清洁生产行为规范。

5. 城镇体系合理发育，居民生活提高水平。

不同规模的城镇，是不同层次的经济、政治、文化中心。城镇的发展是工商业发达的标志，有利于实行中心城市带动战略。山东沿海是全省城镇水平最高的地区，随着海洋第二、三产业和其他临海工业的发展，城镇化水平进一步提高。目前山东沿海城镇主要坐落在黄海岸段，而在渤海岸段发育不够，今后城镇建设要注意均衡布局，建成大、中、小城镇配套的体系。将来海岛城市、海上人工城市建设将提上日程。

海洋开发具有可观的经济效益。长岛县目前人年纯收入 5000 元，人均储蓄 1.46 万元，为北方县首富。要通过"海上山东"建设，提高居民的消费品数量和生活质量，使沿海地区率先进入小康水平。要通过城镇的发展，缩小工农及城乡差别，使居民在享受公用设施、文化教育方面的条件大为改善，在道德、智力、身体等方面得到全面发展。

三 "海上山东"的产业结构

（一）预测海洋产业发展的方法

确定"海上山东"的产业发展目标和结构，不能凭经验，而应在系统统计的基础上，运用数学工具进行科学测算，并根据全省经济和社会发展要求，尽可能多地预测到各种约束条件，对测算结果进行修正。

我们采用系统动力学与均匀设计相结合的方法建立数学模型，运用电子计算机进行动态模拟，其依据和优点：一是由于海洋经济统计体系不健全，数据少，口径不一致，专项统计资料缺乏，而系统动力学主要依据系统的"结构—功能"来建模，对先验经验的依赖小；二是海洋产业目标的实现及结构调整是一个动态变化过程，系统动力学方法适宜用于动态分析；三是海洋产业发展影响的因素多，影响大小难以做出准确的估计，我们采用著名数学家王元院士 80 年代初提出的均匀设计方法，分析主要因素的影响，能得到比通常的正交设计更好的结果，为决策者提供较好的决策余地和决策依据。

为了揭示海洋产业系统内部的各种本质联系，遵循前面提出的建设"海上山东"的指导思想和战略原则，我们的模型设计了 5 个模块，分别为人口、国民经济、投资、海洋产业和环境。在模型中主要考虑了3个因素的影响,即技术进步对国民生产总值的影响,环境对经济的影响,市场需求对产业发展的影响,将每个影响因素划分为7个水平,从34种组合方案中选取若干方案进行模拟,以模拟结果作为确定山东海洋产业发展目标的基础数据。

（二）海洋产业发展重点及目标

1. 总体目标

根据《山东省经济和社会发展"九五"计划及2010年远景目标》和海洋经济的具体情况,"九五"期间及今后15年"海上山东"产业发展的总体目标是:坚持海陆并举,发挥山东海洋资源、海洋科技两大优势,面向国内、国外两大市场,合理配置资源,加大科技转化和产业结构优化,使海洋产业增长速度高于全省国民生产总值增长速度,分两步上两个台阶,实现省委、省政府建设"海上山东"的战略构想。

第一步,1996—2000年,形成门类齐全、对陆地经济有明显独立性的海洋产业体系。继续大力发展海洋渔业,尤其是水产养殖业;提高海洋第二、三次产业的比重;重点对海洋传统产业进行技术改造,同时培育新兴产业生长点;科技进步对经济增长的贡献率达到50%以上;海洋产业产值年均增长速度在15%左右,到2000年,全省海洋产业增加值达到640亿元,增加值占全省国民经济总产值的8%,新兴产业占到30%,海洋产品出口创汇占海洋总产值的15%。

第二步,2001—2010年,海洋产业整体实力居全国前列,具有突出而稳定的地方优势,并成为全省经济的支柱;科技进步对经济增长的贡献率达到60%以上,高技术产业居主导地位;三次产业的比例符合"三二一"模式;到2010年,全省海洋产业增加值达到2000亿元,占全省国民生产总值的10%,新兴产业占50%以上,海洋产品出口创汇值占海洋总产值的30%,山东成为全国海洋经济强省,为21世纪中叶完全建成"海上山东"奠定坚实的基础。

2. 分产业发展重点及目标

——海洋渔业。在相当长时期内是山东海洋经济的基础和支柱产业,它与生物工程技术相结合,有着广阔的发展前景。要以优质、低耗、高产、高效为目标，实行养殖、捕捞、加工并举。养殖要调整品种结构，实现精养高产；捕捞要限制近海捕捞，发展外海和远洋捕捞；加工要提高深度，开发新产品，增加附加值，积极发展生态渔业、创汇渔业。积极科学地开展放流、底播、人工鱼礁建设，抓好增养殖基地、渔港、苗种、饲料、船具、网具等配套设施，要走立体、综合开发和渔、工、商、贸、科、运、储一体化的路子，提高综合生产能力和经济效益。"九五"期间渔业产值年均增长16%，到2000年海水产品产量达到578万吨，产值455亿元；21世纪初期产值年均增长16.4%，2010年产量达到765万吨，产值650亿元，基本实现农牧化。

——海洋交通运输业。为了适应全省经济发展和对外开放的需要，今后要继续发展。要以提高综合运输能力为重点，加快港口和海上运输设施建设，港、航、船协调发展。以青岛、烟台、日照三个主枢纽港和龙口、威海、岚山三个区域性主要港口建设为重点，逐步形成大中小港口、大中小泊位协调发展的沿海港口布局。重点建设煤炭、水泥、化肥、散粮等几大关键货种专用码头泊位；建设青岛港20万吨矿石码头，加快青岛港国际集装箱运输体系形成；尽快建成烟台港汽车轮渡和铁路轮渡码头；进一步改善陆岛交通条件；要建设滨州大港，改变渤海岸严重缺少枢纽港的状况，并配套建设德滨铁路，开辟神木煤入海第二通道；规划2000年前新建泊位88个（其中深水泊位54个），新增吞吐能力0.6亿吨，预计投资95亿元。要加快船舶更新，调整运输结构，优先发展集装箱运输的滚装运输。继续增加国内航线，新辟国际航线，形成内接腹地，外连五洲的海上运输体系。要采用港、路联运管理系统、远海域导航、卫星通讯和定位等技术，提高运输效能。"九五"期间海运产业产值年均增长11%，2000年达到12.8%，货运量2.8亿吨。

——滨海旅游业。随着人民生活水平的提高，滨海旅游业正在成为第三产业中的支柱产业。要重点建设滨海海洋公园、水下世界、游艇、度假村等现代化游乐设施，修复沿海历史古迹，以青岛、烟台、威海、蓬莱4个景区为中心，连接沿海旅游线路，形成岛屿、海洋特色突出，功能齐全的滨海旅游带。要重点发展国际旅游，运用现代营销策略，扩大旅游市场，同时完善设施功能，提高服务质量。"九五"期间海洋旅游业产值年均增长10%，2000年达到37亿元；2000年以后20年，年均增长

14.3%；2010年达到96亿元。

——海洋油气业。是重要的战略物资产业，对解决能源短缺，发展化学工业意义重大。要依托胜利油田结合黄河三角洲的全面开发，依靠技术进步和改进管理，加快发展步伐。要坚持勘探先行，重点向埕岛、大王北一带展开勘探，争取较大幅度增加探明储量。争取2000年以前探明储量石油2.5亿吨，天然气15亿立方米。进行滩海和浅海油气勘探开发，在开发试验试采的基础上扩大规模，并为深海勘探开发进行前期准备工作，在新增原油生产能力的同时，提高石油化工的比重，增加附加值。要在原油生产衰退期之前，部署好替代工业。要注意保护生态环境和土地资源。"九五"期间海洋油气业产值平均增长5.5%，2000年达到7亿元；2000年后20年年均增长11.8%；2010年达到12亿元。

——海盐及盐化工业。关系国计民生，也是山东的优势产业之一。优质盐，特种盐及盐化工有巨大的发展潜力。要开拓市场，依靠技术进步，上新的台阶。要抓好老盐田技术改造，重点搞好盐田防渗，提高盐田坚固耐用性能，增强抗灾能力，做到稳产高产；适当扩建新盐场，重点抓好莱州、寒亭两个百万吨盐场建设，滨州、东营两个200万吨项目建设；依托潍坊海洋化工企业集团，加快发展溴产品，增加新型有机溴溶剂和合成材料；大力发展海水提溴和溴系列产品，发展灭火剂、溴酸钾，尤其是医药中间体、染料中间体、感光材料等新产品。"九五"期间，海盐和盐化工业产值年均增长11.2%，2000年达到34亿元；2000年以后的10年年均增长14.9%；2010年达到98亿元。

——海洋药物保健品工业。是有广泛社会需求的新产业，又有水产业和普通医药工业为依托，可形成规模产业。要组建科技主导型海洋药物产业集团，完善政策，开拓国内、国际两个市场，重点开发高效低副作用的抗心脑血管疾病、抗癌、抗艾滋病新药和制剂，加速医用材料研制，发展抗衰老、保健、美容等优质食品。"九五"期间，海药业年产值年均增长19.1%，2010年达到130亿元，成为海洋第二产业中支柱产业之一。

——海滨砂矿业及其他海洋产业。主要包括海洋装备制造、海洋工程、海洋服务、海藻化工等新兴产业。要组建山东船舶工业集团公司，发展大马力渔轮，多用途轻型货轮、江海两用货轮、特种货物运输船和游艇、救生艇等，发展海上钻井和运输平台和其他工程船，相应的仪器仪表，捕捞和养殖器具。发展滨海砂矿，尤其是大洋多金属矿勘查、开采设备；发展预警、监视监测、导航定位、水下通讯、水下作业潜器、深拖救捞等技术设备；发展碘、胶、醇等海藻化工新产品，提高其质量；要组织精干力量，开发重水等核燃料的新技术和产品。2000年，上述新兴产业的年产值达到102亿元以上；2010年达到223亿元以上。

(三) 产业结构调整

1. 结构现状

改革开放10多年来，山东主要海洋产业呈现高速稳定增长态势，总产值从1990年的114亿元增加到1995年的333亿元（1990年不变价，下同），海洋产业结构也在增长中逐步调整，开始由传统产业为主向新兴产业为主转变，三次产业的比例逐步趋向合理化、高级化，但目前仍处于初级发展阶段。

按照国家最新产业划分标准，山东海洋产业分布于33个中类、45个小类之中，增加值超过亿元的有15个，即海洋捕捞、海水养殖、水产品加工、沿海运输、远洋运输、港口、旅游、纯碱、海盐、烧碱、修船、海洋药物、渔具及材料、海石油。按增加值计算的三产比例为：海洋第一产业占58%、第三产业29%、第二产业占19%，为"一三二"结构模式。总体看，渔业一直是山东海洋产业中的支柱，"八五"期间产值由68.5亿元增加到213亿元，年递增25%，目前仍保持旺盛发展势头；海洋运输业发展也比较快，1990—1994年平均递增21%，1995年达到28.8亿元，按产值排第二位；滨海旅游业发展最快，"八五"期间年均递增32%，但产值绝对量不大；海盐业发展相对较慢，1991—1994年间增长率为18%，其他产业尤其是技术含量较高的新兴产业发展速度较快，如海洋药物产业年均递增高达26%，但产值绝对量小，尚未形成规模产业。各产业的内部结构正处于调整优化过程中。

2. 产业结构调整方向

合理的产业结构对于提高海洋经济系统总体功能，实现山东由海洋大省向海洋强省转变具有重大作用。要本着满足社会需求，发挥山东海洋区位和资源优势，保持海洋生态环境平衡，使"海上山东"事业协调、持续发展的要求，遵循产业结构演进规律，通过政策引导、资源配置、健全机制，尤其是通过实行"两个根本转变"推动山东海洋产业结构的合理化、高级化。

——部署好战略产业。即产品具有不可替代性，关系国计民生，具有基础和主导作用的产业。近期主要是海洋渔业、海洋交通运输业和滨海旅游业；远期主要是海洋装备制造业，海洋能电力工业，核能源产业。

——优化海洋三次产业之间的结构。从世界范围看，目前是海洋第二产业比重大，第三次产业次之，第一产业又次之，其发展趋势是"三二一"为序。从山东的条件看，要达到这样的比例还要经历一个相当长的时间，据预测，海洋渔业产值占海洋总产值的比重在今后一段时期内还会稍微增加，然后才能逐渐降低。按增加值计算，2000年，三产业的比例是46∶29∶25。第一产业的比重降低，第二产业的比重增加较大。到2010年，争取接近"三二一"模式。

——在对传统产业进行技术改造的同时大力发展新兴产业，有步骤地培植未来产业。目前传统产业与新兴产业的比例约为8∶2，2000年要达到6∶4，2010年达到4∶6。

——大力发展临海产业。包括原料和产品进出需要开阔海面、需要大量冷却水的煤电厂、钢铁厂、石化厂、各种港口工业，以海洋产业为主要服务对象的商贸、金融、信息等产业。按照陆海一体原则，利用海洋区位优势，在沿海和岛屿发展这些产业，使之成为广的海洋经济的一部分。

3. 各产业内部结构的调整

各产业内部结构的合理化，关系到该产业的整体面貌和发展后劲，是产业之间结构优化的基础，随着社会分工的发展，内部结构调整意义重大。要本着加大科技含量，提高附加值，增强外向性等要求，从各产业的特点出发，对其内部结构进行调整。

——海洋渔业内部结构。1994年山东海洋渔业内部按增加值计算的养殖、捕捞、加工之比为36∶52∶12。"八五"期间引人注目的变化是养殖业大发展。1990年按产量计算的养捕比例还是32∶68，1994年则达到了53∶47，初步出现了"养大于捕"的势头。今后要继续发展这个势头，并提高加工业的比重，争取2000年养、捕、加之比达到40∶30∶30。同时，在养殖业内部，要调整品种结构，提高海珍品、海水鱼的比重。在捕捞业内，要调整渔场结构，目前山东441千瓦以上的渔轮仅占生产性渔轮的 3‰，故 80% 的渔获量来自近海，造成资源的破坏，2000 年，近海和外海渔获物的产量要基本持平，2010 年进一步达到 3/5。在加工业内部，要提高加工深度和档次，目前主要是冷冻、干品等粗加工，今后在包装，保鲜保活上搞开发，通过高附加创效益。

——海洋运输业内部结构。1994 年按增加值计算，沿海运输业为 14.5 亿元（现价），远洋运输业为 14.3 亿元，港口业为 11 亿元。今后随着陆地铁路、公路动力的提高和外贸事业的发展，沿海比重将会降低，远洋比重将会提高，同时，随着港口建设、临港工业的发展，港口业的比重也将增加，2000 年初步形成远洋运输、港口、沿海运输为序的格局。

要本着深水深用，因地制宜，远近结合，综合开发，各得其所的原则，明确划分港口岸线使用范围。根据各个港口所处地区的经济地位和区位功能的差别，对全省沿海港口进行适当的层次划分——国家枢纽港、区域性港和地方性港。

——海盐业内部结构。多年来，保持全国领先的地位，但发展速度低于全省海洋产业平均水平，这主要受技术条件和市场条件的限制。1994 年按产值计算，制盐业与盐化工业的比例约为 7∶3，而在制盐业内部，原盐与加工盐的产量比为 98∶2。今后，要稳定原盐产量，增加加工盐产量，尤其要大力发展盐化工业，2000 年制盐与盐化工的产值要达到 2∶3，2010 年进一步达到 1∶2，同时，在盐化工业内部，在保证两碱满足市场需求的基础上，重点发展溴、镁等精细化工系列产品。

四 "海上山东"的生产力布局

(一) 海洋生产力布局的原则和依据

1. 布局原则

——协调统一原则。海洋生产力是一个由不同地域分工组成的有机系统，各地要从全省乃至全国国民经济发展全局着想。即一方面要考虑本地区资源优势和经济基础，以此确定主导利用方向；另一方面又要注意其在全省、全国范围内总的效益和需要，使海洋生产力布局在整个国民经济全局和山东海洋经济发展战略中占据恰当的地位，与国民经济发展的全局协调一致，以求得整体大于部分相加之和的效应。

——集中与分散相结合原则。集中与分散是对立统一的两个方面。若各种产业的空间布局过于集中，将会造成用地、用水、原材料及燃料供应紧张、交通运输拥挤和环境污染等问题，而过于分散则出现地区协作不便，运输成本加大、生活设施共用性差等问题，导致规模效益低下。因此，在进行海洋生产力开发布局时，必须贯彻"小集中、大分散"的原则，使布局趋向合理。

——专业化分工与综合利用兼顾原则。由于自然资源的多样性和使用价值的多宜性，造成了一个地区有多种功能。为了取得海洋开发的最佳效益，应在充分开发利用某一海域或岸段的优势资源，发展其优势产业的同时，兼顾该海域岸段其他资源的开发利用，发展其他产业，使该地区的重点产业与其他产业协调发展，使各种海洋资源最大限度的发挥效用。

——生态平衡原则。从生态学的观点看，"海上山东"本身就是一个人工生态系统，人、其他生物和环境之间的物质能量转换，保持良性循环是我们的理想。在进行生产力布局时从海洋生态系统的特性出发，遵循客观规律，兼顾经济效益和社会效益，妥善处理开发利用与保护整治之间的关系，实现海洋资源的可持续利用。

2. 主要依据

——山东经济和社会发展总体规模。《山东省国民经济和社会发展第九个五年计划及 2010 年远景目标纲要》已经出台。这是全省各项工作相当长一个时期内的行动纲领。其中，单独将"海上山东"建设列为重要内容，并且明确指出了布局的总体目标："重点建设渤海沿岸海洋资源综合开发带和黄海沿岸经济技术开发带，开发六大岛群，形成由岸至岛，由近海到远洋、由浅海到深海多层次立体开发的新格局，把沿海地区建成一条经济发达的蓝色产业聚集带。"

——山东海洋功能区划。1992 年，正式公布了由省科委、计委和国家海洋局一所共同组织完成的《山东省海洋功能区划》。这是山东海洋开发的一项重要基础工作。《区划》根据资源自然分布与主导利用相一致的原则，将山东海域划为五大类 321 个区，科学地确定了主导功能和功能顺序，应该成为"海上山东"建设布局有法律效力的依据。

——联合国海洋法公约。1994 年 11 月 16 日正式生效的《联合国海洋法公约》，标志着人类在更广范围内和平利用海洋和全面管理海洋的时代已经到来。《公约》建立起来的 12 海里领海制度、200 海里专属经济区制度、大陆架制度以及国际海底区域及其资源是人类共同继承财产原则等，给沿海国家、包括中国带来了新的机遇和挑战。山东作为中国的一个海洋大省，建设布局不能局限于本省海岸带和近海，还应考虑外海和国际区域。

（二）总体布局

根据我省沿海和相邻海域环境和资源的共性和异性，结合社会经济发展、海洋产业分布等条件，按照国家和全省国民经济、社会发展的长远规划要求，山东海洋生产力总的布局思路是：点、线、面、体（立体）相结合，充分发挥海洋资源优势，科学合理地配置海洋生产力要素，以沿海港口城市为基点，以海岸带为轴线，实行点轴式开发，发挥辐射和覆盖作用，由点连线，联网成片，全面建成渤海沿岸海洋资源综合开发和黄海沿岸经济技术开发两大地带。根据海岛的地理位置和资源特点，有重点地建设六大岛群，开发 35 个有居民岛，积极创造条件，加快无人岛的开发步伐。并积极参与外海和国际区域资源的开发。形成由岸至岛，由近海到远洋，由浅海到深海，由单项平面开发到多层次立体开发的格局。

（三）布局重点

1. 渤海沿岸海洋资源综合开发带

该区段西起与河北省交界的彰卫新河口，东至蓬莱丹崖山，连接黄河三角洲沿岸、莱州湾沿岸两个海岸区段，属粉砂淤泥质、砂质海岸。该带石油、天然气、地下卤水及荒地、滩涂资源优势突出，潜力巨大。应充分发挥资源优势，大力发展石油开采及化工、制盐及盐化工，形成本区的支柱产业，带动相关产业，并利用广阔的滩涂和潮上带大力发展虾贝养殖和农牧业，形成油、盐、农、渔、畜综合发展区。本区的劣势是生态脆弱，交通不便，科技不够发达，地方工业薄弱。今后要在发展铁路运输的同时，发展现有河口港，建设大中型港，以促进本区的内外物资交流，带动本区经济的全面发展。

——黄河三角洲沿岸区段

该区段西起与河北交界的彰卫新河口，东至小清河口。包括老黄河三角洲和现代黄河三角洲，分属滨州地区的无棣、沾化两县和东营市。该区幅员辽阔，地下和浅海中蕴藏着丰富的油气资源。探明石油地质储量为2.28亿吨，是我国第二大油田——胜利油田所在地。晒盐条件十分优越，是山东蒸降比最大的地区，且有部分地下卤水资源。荒地资源优势突出，有3400平方公里，黄河每年造陆约23平方公里。因此，本段的主导产业应是石油开采及化工、制盐及盐化工、牧农渔业。本段最大制约因素是缺乏深水大港，黄河虽系我国第二大河但不具备河海联运条件；土地虽然辽阔但盐碱化严重，盐业发展受市场需求制约。近期主要改良黄河海港和其他中小型河口港，远期应以东风港为基础建设滨州大港，并结合黄河整治，把黄河海港建成大港。要加强土壤改良，发育草甸，并发展耐盐作物种植业。

——莱州湾沿岸区段

该区西始小清河口，东迄蓬莱丹崖山，包括潍坊市的寿光、寒亭、昌邑三县（区）和烟台市莱州、招远、龙口及蓬莱的一部分。本区最大的优势资源是地下卤水资源，卤水净储量达60.6亿立方米；其次是金、煤等固体矿产资源。因此，本段的主导开发方向是利用盐卤资源发展盐化工，使之成为我国最大的盐化工生产基地。同时发展渔、农、牧。烟台市西部地段主要发展矿产业。龙口港是山东渤海沿地带少见的深水良港，有建10万—20万吨级泊位的条件，是每年3000万吨陕西神木煤炭外运的理想港址之一，应在国家的统一规划下进行扩建，使之成为德龙沿线的出海口。

2. 黄海沿岸经济技术开发带

该带从蓬莱丹崖山到绣针河口，连接胶东沿岸、半岛东南沿岸、半岛南部沿岸三个海岸区段。该带不仅海洋资源丰富，而且开发程度高，产业集中，技术水平高，科技力量雄厚。应以港口、渔业、旅游三大优势资源为支柱，充分发挥海港优势，对内沟通与中原、西北、华北广大腹地联系，对外加强国际交流，发展港口运输、水产业及与此相关的轻工、高技术产业与第三产业，形成以港口为龙头全面发展的外向型经济区和北方对外开放的门户。本区布局应以历史悠久，工业、科技基础雄厚，港口、旅游业发达的青岛市为中心，烟威及日照为两翼，中心与两翼互相促进，共同繁荣，使整个半岛地区形成一个外向型的高技术经济发展区。

——胶东沿岸区段

本区范围是从蓬莱丹崖山至崂山区的文武港,包括烟台、威海两市及其所辖各县及青岛市即墨。该区多为基岩海岸,岬湾相同,港湾众多,靠近四大渔场,盛产各种海珍品,鱼虾贝藻资源丰富,气候宜人,自然和人文景观好。渔业、港口和旅游为本区的三大优势。此外,本区风能和海洋动力等自然能源也十分丰富,成山角是我省风能、潮流能最丰富的地方。本区应发挥港口优势及整体辐射功能,依托烟台经济技术开发区和威海市高新技术开发区发展高科技产业群,大力发展外向型经济,积极发展远洋捕捞和海珍品海藻养殖,逐步建成海洋农牧化示范区和鲜活水产品出口创汇基地。发展海洋旅游、避暑、疗养事业。开发风能、海洋能解决能源供应紧张问题。其中蓬莱丹崖山至荣成凤凰尾地段重点发展烟台港群,建设国际航线辽鲁滚装船运输大通道,同时发展现代化大渔业和蓬烟威旅游业。凤凰尾至文武港地段重点发展海珍品、海带、对虾养殖和外远海捕捞业,使之建成我国最大的渔业基地和水产品集散地,同时发展盐业。

——半岛东南沿岸区段

本区的范围是从崂山区文武港到胶南的牛岛,包括青岛市及其所辖崂山、黄岛、城阳以及胶州、胶南的部分沿海。该区优势一是港口,二是旅游,三是海洋科技力量。全区多为基岩海岸和侵蚀堆积海岸,岸线稳定,港湾岬角众多。胶州湾港阔水深,掩护条件好,是世界少见良港,有建成数亿吨大港自然条件,青岛港在全国名列第六,是我国国际集装箱转运枢纽港,对外贸易的主要口岸之一。青岛市前海、崂山和胶南等地自然风光优美如画,气候舒适,建筑特色鲜明,为旅游、度假、疗养胜地,海外游客人均消费水平,青岛占全沿海城市第二名。特别是海洋科研力量雄厚,人才荟萃,是全国的海洋研究、教学基地。本区的主导开发方向是:充分发挥青岛市的龙头作用,依托经济技术开发区和高科技园区,积极发展高势能、高智力、高扩散、高效益产业,全方位,多元化开拓国际市场。搞好青岛港群建设,使其成为我国重要的贸易口岸。大力发展滨海旅游业,要以"海、仙、古、山、泉、浴"为特色,"吃、住、娱、养、购"配套发展,建成以观光、旅游、度假为主,访古、民俗、垂钓、文体、品尝海味、购买土特产等多种形式的旅游体系,增加吸引力,延长游客滞留时间,提高效益,争取跨入国际十大旅游城市的行列,充分发挥海洋科技教育力量雄厚的优势和资源优势，把青岛由海洋科教城建设为"海洋科教产业城"，成为全省和全国海洋科技产业中心。

——半岛南岸区段

本区范围是从胶南的牛岛到与江苏交界的绣针河口，包括胶南东部沿海大部分地区和日照市。该区基岩海岸和沙质海岸相间，有多处岬角深水岸，区内有日照、岚山两个对外开放港口。此外，本区靠近海州湾渔场，渔业捕捞比较发达，在基岩岸段的浅海有海参、鲍鱼、石花菜分布；在沙质岸段滩涂养殖和对虾养殖有较好的基础。本区的优势是港口和渔业，应积极发展渔、原材料业及相关产业，重点建设日照港，使其成为陇海线亚欧大陆桥东方桥头堡的重要组成部分。

3. 近海区和海岛区

近海区是指养殖区以外的海域，在渤海是10米深线以深海域，在黄海是20米等深线以深海域。山东近海海水中营养盐和饵料生物丰富，生态环境优越，是鱼、虾、蟹等生物繁衍的理想场所，渔业资源十分丰富。此外，渤海海底还蕴藏着一定数量的油气资源。所以，本区主导开发方向应为渔业，其次为油气开发及航运。然而，多年来由于酷渔滥捕、环境污染等因素影响，渔业资源已经面临枯竭。必须采取控制措施，改善环境质量，大力发展增养殖业，养殖作业区逐步向深水大流扩展。

海岛开发布局要本着依托大陆，以大岛和其他条件较好的海岛为据点，以捕捞、增养殖及水产品加工业为突破口，发展海岛旅游等多项产业。从解决交通、能源和淡水等制约因素入手，因岛制宜，逐步对所在岛群进行梯次综合开发。形成从大陆到海岛，从有常住居民岛到无人岛，从近海到外海、远洋，从单项资源开发到综合利用的开发网络，使海岛成为山东海洋"第二经济带"。山东省海岛按自然地理位置和行政隶属可划分为六大组群。其开发方向分别为：

滨州近岸岛群——重点发展海洋捕捞业、养殖业和盐业，同时发展经济和耐盐植物种植，贝壳砂的适当科学利用；

长岛岛群——以南北长山、砣矶、南北隍城、大黑山、大钦为重点，开发整个岛群，建成发达的海洋渔业基地、海岛旅游胜地、海岛科技文化中心；

烟台岛群——北部岛群以崆峒岛、养马岛为据点，发展旅游业和渔业；南部岛群以麻姑岛和千里岩为据点，发展渔业；

威海岛群——以刘公岛、莫邪岛为中心，以发展海洋水产业为支柱，大力发展旅游业，发挥岛屿港湾优势，建立深水泊位，发展海上运输业，创办出口加工区；

青岛近海岛群——以经济技术开发区为依托，加大黄岛新区外引内联力度，建设能源、交通和港口工业群，发展外向型经济；其他则以灵山、田横、竹岔为中心，发展以海珍品为主的海水养殖业和旅游业；

鲁东南岛群——以"前三岛"为中心，重点发展海洋捕捞和海珍品养殖。

4. 外海和国际区域

——外海和远洋渔业资源开发

近十几年来，随着世界沿海国家纷纷宣布200海里专属经济区，世界海洋渔业发生了很大变化，一些发达国家重视保留和保护近海水产资源，积极发展公海渔业，抢捕南极磷虾等，并广泛开发渔业外交，获得在其他国家经济海域内的资源开发权。出现了多种国际渔业合作的新形式和特许的捕鱼规定。山东近年积极发展外海和远洋渔业，已有远渔船近百艘，年捕捞量9.5万吨，产值5000万美元。今后应以基础较好的青岛、烟台、石岛、日照为基地，建立渔船修造、渔港、后勤供应以及产品加工配套的生产体系，走向公海和极地。

——国际海底区域资源开发

国际海底占世界海洋面积的65%，蕴藏丰富的矿产资源。其中的大洋多金属结核是一项巨大的战略资源。我国从20世纪70年代以来，相继进行了国际海底矿产资源调查研究工作，并于1991年获得联合国际海底管理局筹委会批准的15万平方公里开辟区，成为第五个登记的深海采矿先驱投资者。山东有义务在国家统一计划下积极参与国际海底矿产资源开发的各项工作，适时开发采矿冶炼装备的研制，作好深海采矿的技术准备，为创立我国的深海采矿业做出自己的贡献。

五 建设"海上山东"的保障措施

"海上山东"建设是一项前无古人的宏大的社会系统工程，难度大，要求高，牵涉面广。要保证确立的目标、设想得以实现，必须针对一些深层次的制约因素，制定相应政策、措施，创造一系列必备的条件。

（一）加强宣传教育，强化海洋意识

认识是行动的先导。提高广大干部群众的现代海洋意识，增强海洋国土观念，海洋是资源宝库、世界通道、人类新的生存空间观念，海洋健康观念，在当今国际海洋法发生重大变化，海洋权益斗争日益激烈的世纪之交显得尤为重要，也是"海上山东"建设的思想基础。

——利用各种渠道、机会、媒体和方式进行宣传。一要充分利用报刊、电台、电视等传播媒介，广泛进行海洋知识的普及与宣传。组织拍摄有关"海上山东"建设的各种专题片，地方报纸开辟专栏，全面、系统地介绍"海上山东"建设取得的伟大成就，宣传海洋国土、海洋经济、海洋技术，唤起人们对海洋重视，使"海上山东"建设深入人心；二要针对当前海洋读物匮乏的现状，重视海洋读物的编撰和出版发行工作，组织有关专家、学者编写各种类型的海洋系列知识丛书，满足不同层次对海洋知识的需求；三要从儿童教育抓起。在学校教材中增设海洋知识教程，对大中小学生进行海洋观念教育，让山东大陆相邻的14万平方公里的海洋国土深印在齐鲁儿女的脑海之中。培养造就一大批海洋科技工作者和劳动者；四要通过"海洋日"、"海洋宣传周"和海洋展览方式，向社会广大群众介绍国际海洋法律制度的变化及其影响，宣传海洋在解决当今人类面临的资源危机中的作用及全省经济发展的现状和动向，扫除"海盲"，让人们了解海洋，关心海洋，增强忧患意识，提高建设"海上山东"的责任感，紧迫感和使命感。

——对各级干部尤其是县以上领导干部进行专题教育。使其深入理解省委、省政府建设"海上山东"战略的意图和规划，胜任"海上山东"建设战线的指挥任务。像抓农业、工业一样抓海洋开发。把海洋开发列入各级党委议事日程，把海洋开发规划纳入各级政府经济和社会发展总体规划；要有分管海洋开发工作的省长、市长、县长，切实加强组织、领导。要克服少数干部认为"海上山东"是"老工作，新口号"，"海上山东"就是海洋渔业等不正确认识，真正把建设"海上山东"当作一项打开工

作新生面的战略任务，结合实际做出创造性的贡献。

（二）深化体制改革，强化海洋综合管理

随着海洋开发规模的拓展，各种资源开发活动在作业方式和利益关系上的干扰和冲突日益增多。资源浪费，环境恶化，以及重复建设等问题日趋严重，暴露出现行管理体制的严重缺陷。因此，需加大改革力度，强化综合管理职能，以加强跨行业、跨地区的协调与管理，使开发有度、有序、有组织地进行。

——提高各管海部门职责的明确性和合理性。对海洋有管理权的有科委、计委、水产、盐务、交通、港务、土地、环保、海关、公安等十多个部门和机构。在"海上山东"建设中，究竟各自的分工是什么，没有明确的要明确，明确但有冲突地要调整，以避免"遇到好处抢着管，遇到困难躲着看"的现象。这需要由最高权力机关和决策部门出面，通过调查研究与协调来解决。国家将实行中央与地方在海洋管理上的权事分工。领海基线以内归沿海省份自己管理。这就引出一个本省各市地之间权事分工问题，也要在调查研究、考虑行政建制，尊重历史，照顾现实的基础上，明确省、市（地）、县管理的范围。

——建立例会式的省级"海上山东"的建设决策机构。"海上山东"大业，需要有全局性连续指导，各部门和地区之间的关系，也需要有一个最高机构协调。所以，作为管理体系一个组成部分，省级"海上山东"建设领导小组或委员会，是一个必不可少的层次，这是综合管理能否建立起来的关键所在。应尽早着手建立。该机构定期或不定期召开"海上山东"建设工作会议或现场办公会，由分管省长主持，涉海各部门及有关市地负责同志参加，研究、确定重大发展战略和重要建设项目，协调、解决重大问题。

——改善管理硬件系统，加强社会性服务体系建设。实现海洋综合管理要有相应手段。要加强监管船舶、通讯器材、电脑等管理硬件建设。建立、健全海洋环境观测、监测和监视系统，海洋环境预报和灾害预警系统，海洋信息服务系统，海洋导航定位系统，海洋救捞、潜水和水下作业服务系统，海洋测绘系统，逐步完善海洋服务体系，增强管理能力。

(三) 坚持"科教兴海",提高海洋开发队伍素质

科学技术是第一生产力。将经济和社会发展建立在科技进步的基础上,实现经济增长方式从粗放型向集约型的转变,是一项根本指导方针。海洋开发对科学技术的依赖性更大,所以,建设"海上山东"的过程,也正是"科教兴海"的过程。山东是全国海洋科研和教育基地,有一支宝贵的智力大军,这是"海上山东"建设的特点,也是"海上山东"建设的优点。一定要紧紧抓住不放。

——大办海洋教育,培养海洋人才。海洋教育要改革、配套、完善以大中专院校为主,职业中专和在职培训为辅的教育体系。不断扩大规模,优化专业结构,改进教学方法,提高教育质量,充分利用驻鲁海洋高校多,师资力量雄厚的优势,有计划、有针对性地对从事海洋管理和生产的干部、职工进行培训,力争 20 世纪末 60% 以上的干部、职工经过培训,持证上岗,使其更新观念,掌握技能,逐步提高管理和专业水平,更好地承担起建设"海上山东"的重任。

——着重海洋技术开发,实现高新技术产业化。早在 1992 年,省科委就制订了《山东省科技兴海方案》,提出了实施"四〇工程"的设想,确定 2000 年前后重点要抓十大技术攻关、十大技术开发、十大技术推广和十大高新技术研究与开发。要坚持"稳住一头,放开一片"的方针,推动海洋科技工作面向经济建设主战场。要优化科技结构,要提高海洋科技成果的生产能力和超前储备,健全社会性科技推广体系,探索组建柔性的"山东海洋经济研究开发设计院",提高科技和人才的集成度,把海洋各学科、自然科学和社会科学、科研与中试、推广整合起来,保证山东海洋科技优势发展转化为强大的海洋经济优势,使科技进步在经济增长中的贡献率,2000 年达到 50%,2010 年达到 60%,使海洋高新技术和产业在全国领先。

——建设不同层次的海洋科技产业中心。发挥中心城市的带动作用,是当代区域经济发展中一个关键问题,也是"海上山东"建设中值得重视的问题。《全国海洋开发规划》提出把青岛建设为海洋科技产业中心,故创建青岛"海洋科技产业城"绝不仅仅是青岛地方的小事,而是"海上山东"建设中的大事,必须列入规划。同时,烟台、威海、日照、东营等沿海城市,在海洋科技和产业的某一方面都有独特的地位,应在不同范围,不同行业中发挥辐射带动功能。

(四) 增加海洋开发投入,提高资金使用效果

没有足够的资金投入,"海上山东"只是海市蜃楼。山东在海洋开发中,已初步创造出"科技与金融结合"等成功的经验。但要完成"海上山东"建设的宏图大业,资金的缺口很大,将是一个长期困扰的问题。

——广辟资金渠道。形成以政府扶持、金融贷款、利用外资和股份合作为四大支柱的多渠道、多层次、宏观计划指导与市场调节相结合的海洋开发投入新格局。一是省、市财政设立"海上山东"建设专项基金;二是金融部门设立"海上山东"建设专项贷款,纳入信贷计划;三是利用外资。积极采用BOT、TOT、发行B股、H股及其他境外市股票形式,开辟利用外资新渠道。"九五"前期重点抓好亚洲开发银行贷款的"二岛一湾"水产开发项目,把贷款及配套资金用活用好,后期有计划、有重点地在沿海兴建临海工业、石油开采等重大项目,通过招商、合作等方式,更大规模地引进国际金融组织、外国政府贷款以及国际大财团资金;四是推行股份合作制,发挥企业和劳动者生产投入的作用,内引外联,通过企业债券、股票市场等筹集资金。

——制定优惠政策,扶持海洋企业。一是减轻海洋企业税赋,培养企业自我积累的能力;二是设立开发风险基金制度,由地方财政预支部分垫底资金,企业按总投入额度的比例提取,以补偿企业因不可抗力因素造成的损失;三是属于海洋资源新开发项目,三年内免征资源使用费,从有效益年开征所得税和物产税,五年内减半征收。

——完善投资管理,提高资金使用效果。首先,控制投资结构。拨款、周转金70%用于科研、教育及公益设施建设,30%用于重大的科研开发、重点工程扶持、启动;贷款主要用于具有显著经济效益的开发建设项目。投资要向科技产业化倾斜,加大中试、推广方面的额度。其次,贯彻"集中力量办大事"的原则,确保重大项目、重点工程。

(五) 加强法制建设,坚持依法治海

法律是以强制力为后盾调整社会关系的行为规范,具有普适性、稳定性、道德指向性等特点。加强法制建设,克服长官意识和随机性,是国内外海洋开发的共同经验。近年来,国家颁布了一系列海洋方面法规、条例。江苏、海南等兄弟省也相继出台了一些地方海洋法规。山东目前只有少数涉海行业法规,不能适应建设"海上山东"的需要,迫切需要完善与国家法律配套的、反映地方特殊要求的法制体系,依法调整海洋开发、管理过程中发生的各类矛盾和问题,改善社会环境和秩序,实现"依法治海,依法兴海"。

——建立地方海洋法规体系。要制定立法规划,先搞保护性法规,再搞重大利益调节法规。根据国家已出台的《中华人民共和国渔业法》、《开采海洋石油资源缴纳矿区使用费的规定》等,结合本省实际,制定实施细则和补充规定。加紧制定本省地方性海洋法规,如《山东海洋资源开发与保护法》、《山东省海域有偿使用管理办法》、《山东省海岸带管理法》、《山东省海洋自然保护区、科研实验区管理条例》等。沿海各市地也要根据授权制定有关法规,包括实体法和程序法,如《莱州湾滩涂贝类资源增殖保护和采捕办法》、《胶州湾溢油抢救动员体制》和一些纠纷调解程序等。法规的制定要坚持符合经济规律,又符合自然规律,既维护当事人合法权益,又惩处违法行为;既执法、又服务的原则,并与国家的法规乃至国际法规衔接,同时注重与海洋产业发展总体规划的协调统一,保障规划的落实和执行。

——加强执法队伍建设,提高执法力度。没有足够的执法力量和手段,法律只是一纸空文。首先,要充实执法人员队伍,并配备必要的装备。其次,要加强对执法人员的教育和培训,提高队伍的思想水平和业务素质,再次改善管理体制,提高整体管理水平。要加强海洋综合管理部门与现有各行业海上执法部门的协调,由分散管理向集中协调管理过渡,逐步建立完善省、市、县三级海洋管理体系,组建多职能的、统一的海洋执法队伍。

——加强普法宣传,开展群众自治。有计划、有步骤的组织干部、群众学习有关海洋的法律、法规。采取集中辅导与个人自学相结合,送法上门,送法上船等方法,动员社会各种力量,利用各种传播媒体,采取群众喜闻乐见的形式,多渠道,多形式地宣传海洋法规,增强干部、群众的海洋法制意识。同时健全乡规民约,开发群众自治,走专管和群管相结合之路。

（六）加强国际合作，发展外向型经济

海洋是一个全球连续水体。许多大尺度的海洋开发保护问题，靠一个国家和地区几乎是无法解决的。通过国际交流合作，可推动科技情报和设备共享，实现生产要素的互补，推动各自科技和经济振兴。"海上山东"是一个开放大系统，要自觉将建设"海上山东"与实行外向型经济战略有机结合起来。

——开展海洋科研、技术的交流与合作。要坚持互利、对等原则，从实际出发，量力而行，以我为主，为我所用。重点放在海洋基础研究，高新技术研究，改造传统海洋产业有关的新技术、适用技术的引进、消化、吸收上。加快全省的海洋环境和灾害研究，海洋生物工程，船舶和石油平台制造等技术的发展，优化全省海洋产业结构。

——围绕重大项目招商引资。海洋开发资金回报率高，具有较强的吸引力。应充分利用本省有利条件，扩大对外宣传力度，有计划组织几次大型招商引资活动，争取获得国际金融组织、国际大财团的参与；在海洋环境保护研究方面，积极向联合国教科文组织、政府间海委会等关心支持海洋生态保护的组织申请优惠贷款和赠款。不断加强基础设施和服务体系建设，加快企业体制改革，改善投资环境，探索创办自由港、自由岛、海洋特区等发展外向型经济新路子；在继续建设好沿海城市经济技术开发区、高科技工业园和青岛保税区基础上，争取在烟台、威海、日照创造条件再辟新的保税区，并进行产业引导，按建设"海上山东"的总体设计选择项目。

——提高资源加工深度，扩大出口贸易。积极发展远洋渔业，大力发展海上鲜活水产品运输业，形成生产、暂养、运输一条龙，扩大出口；发展高附加值的海洋精细化工产品系列；发展面向国际市场的特种船舶、旅游产品等。将产品出口与技术出口、劳务合作结合起来。量力发展海外渔业企业。以此为龙头，带动其他海洋企业跨出国门，并加强对其行为的规范化管理。

本课题承担单位：青岛海洋大学
山东社科院海洋经济研究所

课题组负责人：管华诗　郑贵斌
成员：张德贤　徐质斌　戴桂林　胡增祥
报告执笔：徐质斌

附录二

海洋高新技术产业化政策研究

山东省在"科教兴海"、建设"海上山东"的进程中,取得了令人瞩目的成就。纵观全国各沿海省份,山东省的海洋经济发展速度和规模以及"海上山东"区域建设规划实施,均名列前茅,海洋产业结构进一步优化升级,海洋高新技术开发以及产业化得到了迅速发展。

但就海洋高新技术产业化中亦出现了一系列的问题,诸如海洋科技成果转化率仍然不高,产学研结合不紧密,企业家意识淡化、培育不到位,风险管理缺乏组织实施等。究其原因既有体制上的因素,亦有深层次上的理论问题,这些问题在一定程度上对海洋高新技术产业化发展构成阻碍。历史和现实资料表明,海洋高新技术及其产业化仅凭自身力量是很难得到顺利地成长和发展,而必须依赖于一系列的外生政策力量。从解决目前存在的若干问题角度看,本质上应当借助于构筑开放的市场环境,使海洋高新技术产业化建立在市场机制有效配置运作的基础上,再加上政府的宏观引导和适当调控。所以加快推进海洋高新技术产业化进程,进一步提高"海上山东"建设质量,将山东省的海洋资源—科技优势转化为产业—竞争优势。基于产业化演进中政府职能效应,深入研究海洋高新技术及其产业化的政策,不仅非常必要而且极具战略性、迫切性。在强有力、有效的政策环境下,从而保证海洋高新技术开发及其产业化遵循海洋产业化运作机理的特殊规律,走上一条生态型的高新科技产业化道路,同时,亦使得"海上山东"建设全方位的驶入可持续发展的健康轨道。

第一部分　海洋高新技术产业化涵义与障碍分析

海洋经济中有些概念要素至今仍需要加以更为科学化的界定，尤其对于海洋高新技术产业化进程中各要素间的关系认识，这些因素和关系的科学理解是合理制定产业化政策的基础。

一　高新技术与海洋高新技术

高技术名称自 70 年代出现以来，已被广泛接受和使用。通常认为高技术是某种特定产品或产业相关联的、并且是相对发展中的一技术群。按照国家科技成果办公室对高技术概念的解释：高技术是建立在综合科学研究基础上，处于当代科技前沿的，对发展生产力，促进社会文明和增强国家实力起先导作用的新技术群。其基本特征是具有明显的战略性、国际性、增值性和渗透性，是知识、人才和投资密集的新技术群。可见，我国目前将一般新兴技术包含在高技术概念的范畴之中，这种界定是基于我国目前科技发展的现状，目的在于制定适合我国特点的高技术企业认定标准和高技术发展政策。

当代高技术主要包括：①信息技术；②新材料技术；③生物技术；④新能源技术；⑤空间技术；⑥海洋开发技术。其中信息、新材料、生物技术起着关键性作用，已被看作是高技术具有代表性、先导性的三大领域。海洋高技术是高技术中的一重要分支，具体指海洋生物技术、海洋采矿技术、海洋油气开发技术、海洋遥感技术、海洋探险与海洋建筑技术、海洋能源开发技术等。90 年代前后，海洋高新技术广泛吸收并升华了信息、材料、空间、生物、能源等科技革命的最新成果，目前大部分海洋开发技术已具有成熟的利用条件，其中最典型的有海洋油气技术已成为实用的组合高技术，深海采矿技术基本实用化，以海水增养殖、海洋药物、海洋环保三个攻关热点的海洋生物技术，已被视为 21 世纪海洋经济起飞的基点。所以，海洋高技术发展到今天，资源开发、空间利用等关键技术和相应的服务技术，已经跃上新台阶，进入新境界，为转化为巨大的海洋经济效益提供了可靠的技术条件。

二　高新技术产业（企业）与海洋高新技术产业（企业）

高技术产业在界定其内涵时，一般突出"两个比例一个属性"的含义。即一是专业技术人员比例较高；二是研究与开发（R&D）投资比例较高，"一个属性"表现在产业的知识密集性。同时，认为高技术的产业是指生产高技术产品的产业，而非限指仅使用高技术的过程技术的产业。目前发达国家普遍在标准产业分类法（SIC）产业统计的基础上，用研究与开发经费占工业总销售收入的比值，或称研究与开发经费密度，和专业科技人员数占总就业人数的比值，或称科技人员密度，作为综合指标来进行高技术产业的划分。对于高技术企业的认定，国外通常是在产业认定的基础上，按照企业所属的产业是否是高技术产业来认定划分归类。

我国对高技术的认识基本上与国外趋于一致，在高技术产业的划分上亦体现有相同的衡量标准，但结合我国"科技兴国"总体战略要求，在具体界定高技术产业概念时，是已经由狭义的一般高技术产业内涵，延伸包括了一切新技术领域，如填补国内空白的新技术等。在这种拓宽的高技术产业概念理解下，我国是通过划定高技术范围而对高新技术企业加以认定。国家科委1991年3月颁布的《国家高技术产业区高技术企业认定条件和办法》中，明确给出了划定高技术的范围和高新技术企业认定的主要指标。

我国高技术产业的初始概念源于简称的"863计划"，即《高技术研究发展计划纲要》。它是以7个领域15个项目为主攻目标的高技术研究发展计划，旨在为2000年后我国形成具有一定规模的高技术产业创造条件，是为21世纪经济和科学技术持续稳定发展而制定的战略技术规划。在"863计划"以及1988年国家科委组织实施的"火炬计划"中，均没有明确把海洋高新技术及产业作为战略技术领域和产业领域，可见我国海洋高技术产业发展在当时尚不具备基本规模化的发展条件。我国海洋科学研究是以近海海架区海洋学为主，已经形成了具有区域特征的多学科的海洋科学体系，国家有关部门已经制定出海洋科学发展战略和支持海洋科学发展的规划和计划。并且已经形成以海洋环境技术、资源勘探开发技术、海洋通用工程技术三大类，涉及20多个技术领域的海洋技术体系。其中海洋高新技术研究是以海洋监测技术、海洋探查资源开发技术、海洋生物技术为重点。"九五"期间，又具体以海洋增养殖技术、海洋生物资源加工技术、海洋药物开发提取技术和海洋化学资源利用技术为突出研究、开发和推广方向。在新"863计划"中，将海岸带资源与环境可持续利用、海水淡化、海洋能利用和海水资源综合利用等与现代海洋开发直接相关的领域，首次列入科技攻关计划范围，力争在实施海洋高技术计划、海洋科技攻关计划和"科技兴海"（纲要）计划的基础上，使科技进步在海洋产业产值增长中的贡献率从30%提高到50%。由此可见，我国对海洋高技术产业的认定和规划制定的时间相对较晚，这与我国海洋科技及产业实际发展状况是相结合的，一定程度上亦反映了我国海洋高新技术研究的水平相对较低，以及产业化条件相对不成熟。为此，我国《海洋技术政策（蓝皮书）》等多项海洋科技发展规划中，明确提出了我国海洋科技发展以"一加强、二解决、三提高、四增强"为目标模式，即加强海洋基础科学研究，解决海洋资源开发与环境保护的关键技术，努力提高海洋科技产业化水平，以增强海洋开发和减灾、防灾的服务保障能力，增强对海洋环境的保护能力，缩小我国的海洋科技水平与发达国家的差距。

由国家统计局的统计分析，我国1995年全部乡及乡以上独立核算工业企业高技术产业创造增加值达1738.8亿元，实现利税512.6亿元，占全部乡及乡以上独立核算工业增加值与实现利税总额的比重均在10%以上，表明我国高技术产业发展已经初具规模。在我国高技术产业化初具规模的发展背景下，结合上述国家海洋科技发展规划和计划内容，我们不难清晰地看到，我国海洋科技发展，已经开始由单纯的从事海洋科学研究，到防灾、减灾服务性应用，转向海洋高新技术产业化的重点的发展方向。因此借鉴西方发达国家高新技术产业化理论成果，和我国高新技术产业化的实践经验，来探讨海洋高新技术产业化政策的合理制定及制定对策，不失具有现实性和战略性，这也是"海上山东建设研究"课题立题研究的初衷之一。

三　海洋高新技术产业化的运作机理

"海上山东"是着力开发齐鲁"半壁江山"，追求区域经济"超常规、跳跃式、突破性"发展的战略规划，其中海洋高新技术产业被认为是实现"海上山东"建设战略规划的先导产业。因此，分析和研究海洋高新技术产业化的条件、运作机理过程,是制定适宜产业化政策的必要依据。

(一) 海洋高新技术产业化的条件分析

海洋产业是一种偏在性产业。因此,海洋产业的发展除特定的区位条件外,其高新技术产业化主要依赖于两大类型的因素影响:一类称其为结构性因素条件,一类称其为运行性因素条件。把影响产业化的因素分为两大结构的方式下,海洋高新技术产业化的过程可以简略表示为:

海洋高新技术产业化 = F [海洋高新技术结构性因素 + 海洋高新技术运行性因素]

根据高新技术产业化的一般原理,我们认为:海洋高新技术产业化的结构性因素条件主要包括:

(1) 海洋资源条件与布局结构;
(2) R&D 的产业分布结构;
(3) 其他相关技术水平和物质条件;
(4) 海洋高新技术本身技术水平及成熟程度;
(5) 技术市场结构;
(6) 中介机构等服务体系;
(7) 科技结构人才;
(8) 有关法律保护环境;等等。

海洋高新技术产业化运行性因素条件主要涉及:

(1) 政府相关政策及观念;
(2) 市场相关需求及交易条件;
(3) 企业所处竞争环境;
(4) 技术的示范、效益效应;
(5) 企业的经营与管理水平;
(6) 风险规避机制;等等。

结构性因素与运行性因素相互作用、交叉渗透复合,有机匹配,并且因素功能相互动态转化共生支配着海洋高新技术产业化的过程。海洋高新技术产业化影响因素结构性与运行性的条件划分,是一种相对于一项技术市场化状态的认识分析,由于各因素在产业化过程的不同环节起着不同的作用,因此,其中某些因素的功能作用可能发生转化。结构性因素条件解释了产业化状态下所基本具备的一般条件,运行性因素条件反映了产业化状态下所要求具备的外部环境，其目的在于多层次的认识影响海洋高新技术产业化过程的各因素及因素功能。

（二）海洋高新技术产业化的运作机理过程

海洋高新技术产业化过程是一个复杂的系统工程，其产业化过程中各环节要素有机的构成一体，并相融发挥自有功能。海洋高新技术产业化过程也是一个风险过程，往往在过程中伴随着技术风险、工程风险、市场风险、政策风险、管理风险、融资风险甚至战略风险等。根据我国产业化实际，为进一步澄清产业化一般过程、各环节主体、风险节点，我们认为描述海洋高新技术产业化运作过程可由下图概括给出：

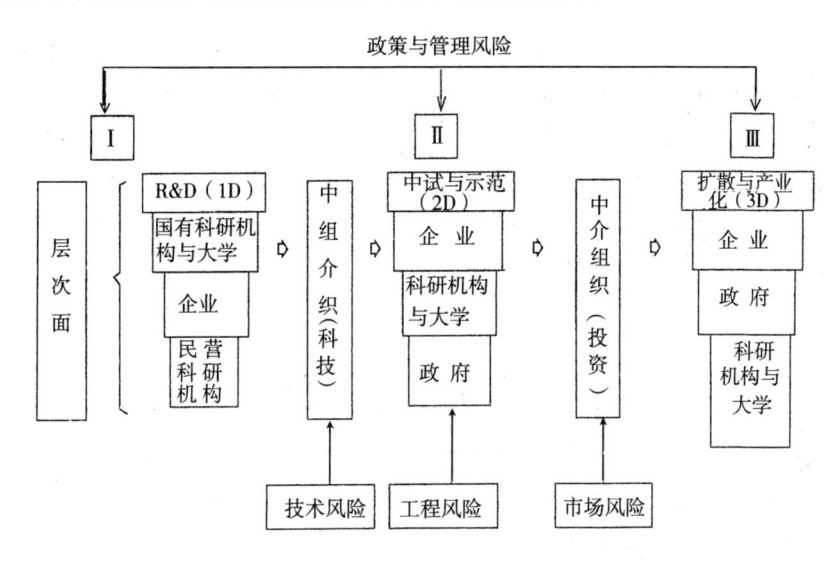

海洋R&3D"三元"产业化模式过程图

海洋 R&3D"三元"产业化模式可分为三个模块区。第Ⅰ（R&D1D）模块区，海洋高新技术成果的主要完成者是国有海洋科研机构及高校，其次是海洋企业，近几年来部分民营科研机构也逐渐加入到海洋技术开发队伍中来，从统计来看，企业和民营科研机构完成的科研成果数量相对增长较快。第Ⅱ模块区，主要是指中试示范期，从投资动机、市场拉动角度分析，企业是该阶段模块区的主体；其次为科研机构、大学及政府相关部门。第Ⅲ模块区，即为扩散、产业化阶段，亦是科技链与产业链相衔接区间，其主体仍然是企业；其次是政府相关部门，政府部门的作用在于提出适当的产业化政策和提供必要的运行政策环境，诸如财政、税收、投资、法律等；科研机构与大学在该阶段的主要职能体现于技术推广和技术服务。技术开发（ID：Development）—中试示范（ⅡD：Demonstration）—扩散（ⅢD：Diffusion）三大环节中，为规避技术风险、工程风险、市场风险等，需要科技中介、投资中介等机构的参与。

四　山东省海洋高新技术产业化过程中层次障碍分析

总结对部分地区的调查及其他有关文献，山东省海洋高新技术产业化过程中的"瓶颈"障碍因素，主要有以下几个方面：

（一）高新技术观念有待于进一步转变，政策措施有待于匹配到位

在市场经济和改革开放条件下，部分企业、科研机构及高校、政府等部门对海洋高新技术转化为产业，缺乏应有的认识和紧迫感。一些企业表现为技术创新要求不强，畏于高新技术的风险性而徘徊或死守传统技术、旧工艺，存在一定的等、靠、要思想。一些企业依靠科技进步观念开始形成，尚无有效章法；科技机构或高校中若干单位仍然缺乏商业意识和"将工厂作实验室"的意识，科研立项及完成仍落脚于发表、鉴定、评奖上，侧重于成果的学术价值，轻视其经济价值、社会效益，不少成果仍停留在"三品"——样品、展品、礼品，远跟不上经济体制向市场经济转轨的步伐；政府部门中，"科技是第一生产力"的口号虽然讲了很多年，但科技产业意识还未实实在在扎根，"科技兴海"观念还没有进班子、到干部，表现为对创办或扶持海洋高新技术产业的政策力度不够，相关支持条件零散，支持政策中还多以优惠倾斜政策为主，缺乏必要的产业倾斜政策，政策间有的不配套，执行中无法参照，自然落实效果不理想，无从评价。

（二）海洋科技投入严重不足，资金支持强度不够、不到位

科技投入不足，资金短缺已成为制约海洋高新技术产业进一步发展的瓶颈。目前，山东省每年用于海洋科技的投入约 1000 万元，只相当于海洋产业创造的国民生产总值的 0.7%，与世界上大多数国家 2% 的比例相差悬殊。应当讲，海洋科技经费投入近年来有所增加，但仍缺乏力度，加上经费来源较为单一，开发项目受到很大的约束，经费使用比例亦存在失当现象。据全国 58 个海洋科技机构 1995 年经费开支统计，用于基础研究、应用研究、试验发展、成果应用、科技服务的比例分别为 12.26%、

27.89%、16.87%、21.85%和21.14%。显然用于基础研究和应用研究共计占40.15%，仍偏重研究，轻中试试验和推广。况且如果再考虑到海洋科研机构用于管理及后勤服务、生产经营、其他活动的话，这三项又占支出经费的43.5%，经费支出比例明显不合理。

表1—1　全国58个海洋科技机构各类科技经费开支比例（1995年）

（单位:%）

项目	基础研究	应用研究	试验发展	成果应用	科技服务	管理与后勤服务	生产经营	其他活动
经费开支比例	6.9	15.7	9.5	12.3	11.9	12.7	15.7	15.1

注：国家统计局科技统计资料

由于资金短缺，再加上科技投入分配不合理，特别是中试环节资金奇缺，既严重影响着海洋科技成果的转化，也使许多具有良好市场潜力的产品不能根据市场需求而扩大生产规模。科技资本投入不足带给海洋高新技术产业化中最大的两个方面的负面影响：一是使技术创新能力下降，因为资本是R&D的一项资源，当其不足时就会阻碍技术创新；二是对海洋高新技术企业技术创新持续性的影响，支持技术创新持续性的重要因素是企业对技术创新的持续性投入，否则当资本约束造成R&D能力下降时，高新技术企业往往依据自身现有的技术、人力资源发展相关的贸易，贸易性成长将使创新能力进一步下降。如80年代中期养虾技术的突破，使养殖虾生产呈规模发展态势。但对虾的病害，已是养虾业发展中比较大的隐患。由于经费不足，虾病防治技术研究始终没有根本解决。1993年山东乃至全国大面积爆发虾病，造成损失仅山东即达10亿元计。海水鱼养殖中也存在类似情况，经费约束使海水鱼育苗、养成难题未能攻克，至今也使山东省海水鱼养殖业发展举步维艰。

海洋科技长期投入不足，其原因：一是海洋开发观念认识不足；二是海洋科技项目示范性不够；三是海洋开发本身投入大，风险高；四是金融市场体系不健全；五是政策导向力度有待强化等等。海洋科技投入问题不解决，或者不能够良好的解决，海洋高新技术产业化只是一句空话，把海洋高新技术产业培育成为新的经济增长点亦只能是一个设想。

（三）现有海洋科技体制与海洋高新技术产业化发展要求不相适应，海洋科技资源有待重组整合

山东省现有海洋科研教学单位42个，尤其是青岛作为我国主要海洋科研教学基地，驻青各海洋研究教学机构占全国的近1/5，直接从事海洋教学、科研和管理的科技人员近万余人，占全国的40%以上，其中有高级职称1100多人，约占全国海洋学科高级职称人数的近40%，拥有国内外著名的学科带动人150多名，中科院和工程院院士8名。但现有的海洋科研教学机构是按照条块来设立的，一方面，中央的科研机构与地方的科研机构或企业缺乏衔接和联系，其科研选题亦常常存在游离于区域海洋经济发展的现象。另一方面，各行业各设立一套科研机构，机构重复设置，科研课题重复立项，科研力量分散，难以发挥科研优势。如中科院青岛海洋研究所、国家海洋局第一海洋研究所多为综合性科学研究领域；黄海水产研究所、山东省海水养殖研究所、中科院海洋研究所的科研重点都有海水增养殖，但科研力量配备相差较大，由于各隶属不同部门，协作攻关中存在问题较多。山东省海洋科技人力资源具有一定优势，但高级人才老龄化问题日趋严重，后备力量薄弱；高级人才现从事基础理论研究和应用研究的较多，隶属于科研机构、尤其是驻青单位的人员比例较大，从事开发研究的高级工程技术人才较少，各企业拥有的高级人才更少。海洋科技人才、管理人才专业布局不合理，加上投资分散化、项目小型化、行为短期化，使海洋科技的整体水平相对下降，难以与海洋高新技术产业化发展要求相适应。

（四）海洋科技储备不足，海洋产业技术水平较低，高新技术尚未成为海洋产业的主导

海洋科技比较发达的国家，成果储备占整个科研项目总数的20%，而山东省仅有5%，远远低于发达国家的标准，部分科研单位存在明显的短期行为，什么赚钱搞什么，忽视应用基础研究，目前全省从事应用基础研究的科技人才尚不到总数的15%，仅为世界平均水平30%的一半。

在产业生产方面，海洋第一产业中，沿海捕捞业是传统产业，过去多是小船近海作业，由于近海过渡捕捞导致海洋近海资源的严重衰退。发展远洋和外海捕捞业是现代渔业的一个发展方向，但目前，船舶大型化动力

设备、通讯设备和捕捞设备都与国际先进水平有一定的差距，尤其是长途运输中保活、保鲜的技术上没有什么明显改进与提高，一定程度上限制了渔业更为高效的发展。海水养殖业近些年来迅速发展，山东省的养殖生产量居全国榜首，海水养殖发展的三次浪潮都始于齐鲁沿海，都是以高新技术为依托，但是由于养殖密度不合理，近海污染以及病害的防治技术没有进展，以致海水养殖产量出现较大波动，给渔民造成了重大损失。在对虾养殖中，山东省多年平均亩产 100 千克左右浮动，较发达的日本，其亩产已达 500 千克，并且质量上乘。在养殖品种上，国外已经利用微生物学和遗传工程进行优良品种选育和养殖品种性别控制等方面用于生产取得重大突破，而山东省近些年来才刚刚起步。工厂化海水养鱼被视为第四次浪潮中的一项可产业化项目，但目前仍处于攻关阶段。在海洋第一产业中，高新技术产业化有着广阔的前景，但限于目前多是小规模和个体生产，难以适应产业化生产的要求，必须辅以产业组织结构的调整，以组织创新来解决小生产和大市场的矛盾。

山东省海洋第二产业主要为水产品加工业、海洋化工、船舶制造、海洋药物和保健业、海上油气开采等。其中海盐生产工艺落后，海盐场人均劳动生产率低，最好年份人均产盐 400 多吨，而澳大利亚为 1000 多吨，美国为 5000 吨，每吨盐成本山东省为澳大利亚的近 3 倍，是美国的近 10 倍，并且海盐质量也不及国外。在盐的精加工及盐化工系列产品的生产水平和生产能力方面，同样存在相当大的差距。海洋石油产业已成为现代海洋经济的支柱产业，而山东省的海上石油开采仍还限于浅海，原油开采量较低，并且由于缺乏深加工的能力，绝大部分只能以原油出口。海洋药业和保健业的发展始于山东省，PSS 的成功不仅仅在于创造了良好的经济业绩，而且也在于掀起和加速推进海洋药物保健业的崛起。从目前调查看，海洋蕴藏着丰富的药物资源，但由于基础理论缺乏，海洋药物的药理作用研究不够，加上中试体系尚未健全，使得海洋药品成批化、药物产业化受到极大的制约。另外，山东省整体造船工业技术落后，也严重束缚了海上捕捞渔业和交通运输业的发展。

从第三产业看，在港口设施、管理、疏运、营运等方面均存在较大差距，致使利用效率、经济效益均呈相对滞后状态。

由上可见，山东省海洋产业现代化水平比较低，海洋高新技术推广应用范围较窄,产业化仍处于初级、起步阶段,与大规模海洋开发要求差距较大。

(五)海洋高新技术创新体系、社会服务体系及产权管理方面,也存在各类突出问题,严重束缚了高新技术产业化的进程

为鼓励海洋高新技术产业的发展,已制定若干产业、科技、教育、财政、税收等倾斜优惠政策,同时又颁布了一些法律、法规制度。但技术政策体系缺乏系统创新,表现在科技政策与产业政策、市场与干预、供给与需求、长远利益与短期利益、规划与实施等环节上相结合得不够紧密,使技术政策创新设相未能实现创新效能,致使不同层次的创新主体没能形成,每个创新主体所需的创新机制未形成。

海洋科技成果产业化是一项经常性社会事业,需要有一系列社会服务作为其通用依托条件。包括技术市场、信息情报、鉴定评估、咨询服务、法律仲裁等。自我国经济体制向市场经济转轨以来,涌现出一批技术咨询公司、"技术窗口"等,许多沿海城市建立了科技一条街,青岛的经济技术开发区内还辟有专门的海洋高新技术园区。但从总体看,技术市场发育滞后,业务层次不高,中介机构较少,各机构间呈散兵作战态势,缺乏规模管理,竞争有余,协作不足,形不成科经转化所需求的强大传动系统,在市场经济中发挥技术资源优化配置的作用较弱,以致大量科技成果转化成产业的较少,形成产业规模的更少。

由于有关法令,如《知识产权保护法》、《反不正当竞争法》、《商标法》等贯彻不力,致使技术创新体系的建设受阻,创业中心、工程中心等科技成果转化机构的数量和质量都有待进一步提高;知识产权地位不明确;大学、科研院所与企业的结合,在深层次上的政策问题没有很好解决。由于产权不明细,创业者和科技人员积极性很难进一步发挥;知识产权的界定模糊,保护不力,假冒行为猖獗等,使成果转化和科技企业上规模、上水平受到严重影响。

第二部分 海洋高新技术产业化模式、梯次原则与组织体制设计

海洋高新技术产业作为"海上山东"建设中的先导产业,在其培育和成长过程中,选择什么样的模式、遵循怎样的产业演进原则以及如何实

施等。这些问题不仅是海洋高新技术产业自身成长中应当解决的问题,也是制定海洋高新技术产业化政策的重要依据。

一 海洋高新技术产业化模式选择

根据青岛市海洋药物产业发展探索历程,海洋高新技术产业化模式大致可分为以下主要模式:

(1) 科研机构或大学+自有企业式。即科研机构或大学依靠自身力量,自办企业、自筹资金或通过贷款,进行产品的开发,发挥自身科技优势,走一条自己开发、自己转化成果的道路。如华海模式,它由青岛海洋大学研制开发产品,自我转化的学产一体化模式。该模式的优点在于科研机构或大学可以有计划、有目的组织科技人员,从事开发、转化工作,科研直接支持生产开发。但需要花较长时间和投入,建立营销网络,开发商品市场,这可能是科研机构或大学自办高新技术企业成长中所面临的主要突出问题。

(2) 科研机构或大学+企业式。即科研单位或大学与企业相结合共同促进成果转化。科研机构或大学限于中试厂房、设备、资金等条件的限制,与企业联合成立产学研一体化的经济实体和联合体,走合作开发的道路。如知名的PSS模式。其产学通过协议组合,成就了我国海洋药物业的"蓝色"启动的示范形象,使海洋药物业发展成为区域经济新的增长点,并渐次拉开了第四次海洋经济发展的序幕。该模式是以科研单位或大学的科研技术为导向,合作成功与否关键在于所组建、组成的经济实体和联合体的利益分配机制。由于利益分配问题,往往导致合作上的阶段性或者合作解体。

(3) 市场+企业式。即企业通过市场购买科技成果,如"应用推广"、"技术转让"等方式,使企业变为研制开发、成果转让的主体。如金牡蛎现象。源于青岛地区的科技成果,通过技术买卖,"落户"海南,这种模式也是较为典型的市场导向式。通过技术市场进行转化,使越来越多的科技成果正走向市场,企业真正成为科技成果转化的主体。这样一方面先进科技成果的应用推广使企业受益,经济效益大大提高;另一方面,科研单位在技术转化的过程中取得收入,有利于稳定科技队伍和研究项目持续、深入进行。

(4）企业＋科研机构或大学式。即企业进入院所，如海尔集团资助中国科学院海洋研究所成立海尔药业。这是大企业支持科研、跨行业实行联合的科技成果转化模式。其旨在发挥大企业资金优势、开发优势、营销优势和科研机构、大学的科技优势，"强、强"联合有利于科技成果的顺利转化并迅速形成产业规模化。

（5）科研机构或大学＋企业＋政府式。即构建科研机构或大学、企业、政府三结合的开发转化环境。国内外高新技术产业成功的经验表明：政府、企业和科研机构或大学相结合构成的"三元"有机环境，是高新技术产业化及高新技术企业成长的关键。其具体形式诸如：政府课题＋科研机构或大学＋企业；（政府）高新技术开发区（或称科技园）＋企业＋科研机构或大学等。一般的高新技术开发区或称科技园被誉为是"三元"环境典型的载体。

在"三元"环境中，政府、企业、科研机构或大学有机相结合。政府通过制定颁布高新技术项目指南、创造优惠的政府环境和法律来指导技术选项、促进高新技术企业成长，科研机构或大学主要承担科技攻关及技术商品化推广，而企业通过技术创新将高新技术成果转化为现实生产力。科研机构、大学在 R&D 研究阶段是科技成果完成的主要承担着，而在中试及扩散、推广、产业化过程中，企业始终处于主体地位，政府部门在 R&D 阶段主要发挥技术项目选择指导作用，在中试及产业化中又起着扶持、培育、风险规避等职能。从理论和实践比较来看，"三元"高新技术产业化模式较为理想。

二 海洋高新技术产业梯次发展的原则

由于海洋高新技术产业发展对"海上山东"建设全局和区域经济运行状况具有全面的影响，因此，对海洋高新技术产业的引导既是政府的调控重点，同时又是政府的调控难点。应按照地域分工要求和比较优势原则，正确选择和合理安排海洋高新技术产业与发展序列。为此，在建设"海上山东"中要处理好以下问题：

（一）海洋高新技术产业的选择和区域合理分工相结合

山东省进入 90 年代以来，人均 GNP 正处于 300 美元到 800—1000 美元的变化时期。世界各国产业发展的实践表明，这一时期是产业结构变化幅度最大的时期。在这个时期，产业发展甚为活跃，能成为省区重点发展的产业比较多。但是，80 年各省区产业结构同构化的教训和省区资金、技术及市场条件的限制，省区重点发展的产业不可能太多，在这种情况下，省区对重点产业及发展顺序的选择，应该拓宽区域视野，既要发挥区域优势，又要利用区域分工的长处，将两者有机地结合起来，集中力量发展重点产业。其他互补性的产业，应尽量发展区域间的联合与合作。将重点产业的选择和发展顺序与区域合理分工相结合，不仅能形成省区的产业优势和产业特色，而且也有利于消除省区间产业同构的再生和促进全国产业结构的合理化、均衡化。比较而言，我省是一海洋大省，选择和发展海洋高新技术产业具有相当的条件，虽然目前全国范围内，各沿海省区尚未进入大规模开发与产业组织实施，但作为我省来讲，建设"海上山东"，加快产业调整步伐，是建立在竞争的区位优势基础上，完全可以作为优先发展的重点产业。

（二）海洋高新技术产业的选择和建立产业间的机制相结合

由于我国经济体制存在着部门分割、条块分割问题，产业间的传导机制难以形成。山东省是海洋科技大省，海洋科研教学在若干方面处于国内外领先地位，但目前并未带动海洋产业的高新技术化的突跃发展，两者呈现出不相对称性。所以，为使海洋高新技术产业的发展全面带动其他产业的发展，政府在产业发展的调控和引导中，应把海洋高新技术产业的发展同建立产业间的传导机制结合起来，通过海洋高新技术产业的发展带动其他的发展。

产业间的传导机制是通过产业间的投入产出关系形成的，是产业间的技术联系。不同产业对其他产业的消耗系数、关联程度不同，相互之间的传导作用也不相同。我们认为海洋高新技术产业确定为区域的重点产业、先导产业，是由于海洋开发利用的综合性，其决定着海洋高新技术产业无论是前向关联，还是后向关联都是关联性比较大的产业，从而形成具有区域性的密切联系的省区"产业链"。该"产业链"由海洋产业自身及相关产业组成，具体包括：一是为其提供能源和交通的产业，如石油、水能、海水淡化和水上交通等；二是为其提供原材料和生产手段的产业，如海洋生物材料、电子、机械制造、仪器仪表等；三是为其提供服务的产业，如信息、教育、保险、金融等。上述产业与海洋高新技术产业存在着内在的传导机制，海洋高新技术产业的发展，也就必然会带动这些产业的发展。

（三）正确处理海洋高新技术产业与非重点产业的关系

在某一时期或某一阶段，省区重点产业只能是少数几个，大量的产业是非重点产业。正确处理重点产业与非重点产业的发展关系，是政府对产业引导的重要问题。重点产业与非重点产业之间是相互协调、共同发展的关系。在实施建设"海上山东"进程中，首先，政府对海洋高新技术产业应从政策、资金、税收、劳动、技术等方面给予倾斜，但这种倾斜应是适度的，不能破坏产业间的比例关系；其次，重点支持并不意味着海洋高新技术产业的发展速度快于非重点、重点产业的发展，实际上，产业发展速度的快慢，主要取决于产业自身的特点及在产业构成中的地位与作用，以及所处发展时期，任何重点产业都是阶段性的，随着条件的变化，重点产业还有可能转换为非重点产业。因此，政府应动态地、发展地对待海洋高新技术产业与非重点产业的关系，通过必要的产业政策，促进海洋高新技术业其他产业的协调发展。

（四）海洋高新技术的选项及相关关系的处理

建设现代化的"海上山东"，取决于海洋高新技术产业群的规模发展。而海洋高新技术产业的规模发展，又取决于高新技术项目的选择与开发。尤其是海洋重大开发项目的合理安排，对海洋开发的深层次发展具有支柱和导向作用。根据山东省区域经济发展要求，综合现有海洋产业基础，以及海洋科技的优势，我们认为在充分论证、统筹安排，使海洋重大开发利用项目选项不失科学的前提下，体现决策部门的意志，既要保证项目筛选的合理性，又要使项目的安排具有可操作性。

（1）海洋高新技术项目选项与海洋开发总战略相一致原则。海洋高新技术项目的选项，要根据全省当前社会经济条件，结合考虑20世纪末和21世纪初可能提供的资金情况和科技发展水平等因素和条件，以及适宜开发的适当的地区。既要从全局总体出发，能够有力地配合"海上山东"海洋开发总战略、总政策和规划目标的实现，又要有引导性，引导海洋开发活动按规划目标和所选的方向发展，实现海洋经济合理的地域分工达到优化产业结构、资源配置合理和迅速发展海洋经济的目的。在重大海洋开发项目的选择中，一是对于能够保证海洋直接开发利用的项目优先确定，海洋依托性项目重点安排，非海洋性相关项目配套实施。二是对于外引内联、出口创汇的外向型项目,以国际市场为导向、国内市场为基地的引导性项目,以及与国计民生密切相关、知识和劳动密集的支持性项目侧重立项,使得整个项目确立既能推动滨海经济带的形成,又有利于带动省内内地(陆地)经济的发展;既能推进外向型经济前沿基地和海洋开发基地的建设,又有利于海洋经济的全面发展,以发挥海洋开发的整体效益。

(2)海洋高新技术项目选项与世界先进国家海洋主流产业发展相一致原则。经过20世纪七八十年代各国人民的不懈努力,在90年代的今天,世界已具备了大规模开发海洋的条件。海洋研究和开发活动已在海洋生物资源、海洋矿物资源、海洋空间资源、海水资源等领域全面展开。其中海洋捕捞、海洋运输、海盐业,以及海洋石油、天然气的开发,规模日渐扩大,产值可观。特别是海洋生物技术的广泛应用被专家们预言为21世纪海洋经济增长的动力;近海以至深海油气业被誉为海洋产业的龙头,产值约占海洋产业的60%左右;海洋旅游、海底隧道、潮汐发电、波浪发电、海洋风能发电、海上工厂、海洋牧场、海水养殖、海水淡化、海水提溴和镁等新兴产业,正在蓬勃发展;海底采矿、温差发电、海水提铀,以及建立海洋城市等,正处于实验阶段。专家们预测,21世纪世界将进入全面大规模开发海洋的新时代。因此在综合现有开发条件和资源分布特点的前提下,高新技术开发选项要与世界海洋高新技术产业主流发展方向相吻合,这样才能与国际接轨、便于引进吸收世界先进的海洋开发技术,少走弯路,提高投资效率。

(3)海洋高新技术项目选项与市场需求、相关高新技术支持相一致原则。随着经济的发展,人民生活水平的提高,对消费水平、形式和质量的要求日益提高。因此,作为丰富居民"菜篮子",提供多样化、丰富的蛋白质食品,提供旅游、起居便利化、现代化的海洋高新技术的开发,在开发项目上一定要坚持与市场需求相紧密结合的原则,这是海洋高新技术转化为生产力、形成产业规模的源泉。

从产业链上考虑,每一海洋开发环节均与社会经济、居民生活息息相关,并且随着海洋开发的深度和广度的发展,在一定程度上,也能逐次满足市场需求多样化、高级化的要求。

从市场需要和产业链的分析可以看出:首选产业应该是以海洋食品、

饮料、饲料和海洋药物的生产与加工等第二产业,它可以带动高技术的海洋养殖业及提炼加工技术的发展业,这通常称为蓝色计划。我们这里强调第二产业的带动作用,以及海洋生物资源的增值,是对传统养殖的高技术改造。其次是海洋化工,尤其是从海水中直接提出溴、磷、镁、钾、铀等元素。盐化工仍在海洋化工占有很大的比重,这称为白色工程。最重要的是海上开采油气业。目前胜利油田已建成为数不多的海上平台,海上开采油气业已经出现,将成为下世纪我省海洋产业的主导产业。港口及配套工程的建设,使海运业作为主导产业的地位得到加强、防腐技术开发等第二产业都会有较大发展,可能有新的产业产生。海洋第三产业也会有较大的发展,随着海洋产业的发展、海洋服务业将异军突起。

依照波特的观点,促成区域经济增长竞争优势的四大要素中,不可忽视的是海洋高新技术产业发展所需的相关高新技术群体的支持。我省"七·五"、"八·五"期间,通过高科技攻关,已初具高新技术产业发展的规模,尤其在信息、自动化技术、新材料技术、生物技术、核技术等方面具备推广的高技术储备,并且信息、自动化、生物等高新技术产业化条件相对成熟,可以保证和支持海洋高新技术的产业化转换。

三 海洋高新技术产业组织体制设计

规模化产业组织是以取得最佳规模经济效益为目的的生产组织方式,也是现代产业发展的显著特征。我国省区企业的组织形式以中小企业为主,布局分散,加之体制上的分割,规模经济效益普遍较差。因此,政府推进海洋高新技术产业化进程,必须针对海洋高新技术产业当前发展情况推出必要的产业政策,尽可能地组建和形成规模化产业组织体制。特别是在海洋高新技术成果与企业组织联姻上,逐步探讨有效的研学产一体化或联合体发展途径。

科技成果转化是一项带有强烈科技性质的经济行为。所谓科技性质就是指科技成果向商品化生产转移,需要通过大量复杂的研究试验,把它们变成成套设备、工艺流程、质量控制体系等生产要素。而科技成果转化的最终目标是要产生效益,它除了取决于一项成果能否转化的技术因素以外,更主要地取决于市场需求、技术成本、性能价格比和生产配套条件等诸多经济因素。在科学研究、技术开发、工艺设计、生产和经营销售组成的转化链条上，科研机构仅仅处于其中某一环节，难以完成整个转化过程。企业占据从技术开发到经营销售的大部分环节，这些环节恰恰又是科技成果转化过程中投入最集中、最具风险的部分。因此，转化目标的实现，最终取决于企业的行为，现代化企业是科技成果转化的主体。如果一味把科研机构作为转化的主体，就不可避免地要引导科研机构搞小而全，走所谓"自我完善"的道路。其结果势必违背科技成果转化的内在规律。当然，这里不能否认一些有条件、有实力的科研机构，可以脱颖而出形成一定规模的高技术企业，但大部分科研机构将会受投资、空间、设备条件、经营人才等多方面的局限，不可能形成经济规模。

由上看出，科研成果不能较快的转化为生产力原因是多方面的。许多专家都认为研学产联合体更有利高技术企业的发展，从资金投入的边际效应，对选题立项等方面都有许多好处。目前产学研联合攻关取得成果之后，因利益分配的争执而导致分手。究其原因还在于研究成果的价值怎样度量，这是一个没能从根本上解决的问题。

前面我们结合山东海洋高新技术产业化实际，全面比较研讨了产业化模式的利弊。从实践中对比来看，"科研机构＋企业＋政府"（R&3D）三元转化模式，在开放的市场经济条件下运行，不失为高新技术产业化的有效途径。尤其是科研机构或大学与企业技术开发中心的联合攻关，更为较易取得可产业化的科技成果。实践中，不论采取何种产业化方式，都会使产业组织体制产生变革。兼并或联合的过程中，不能由政府搞"拉郎配"，而应是在市场运行过程中，企业或单位自行作出的最优选择。

企业是产业化行为的基本单位之一，交易费用学派解释了企业存在的必要性，高新技术企业存在与发展，将使产业结构高级化发展。高新技术企业中的关键因素是采用高新技术，高技术的创新过程包括从技术上最新的创意到商品化及技术扩散的过程，从设想到实施过程需要有相应的组织保证，必然伴随组织创新。

企业是在资源短缺的条件下，尽可能多的追求自己的利益，尤其是预期利润最多。如何变为现实，并保持一个长期的良好发展态势，笼统地说，一个企业应该用好的技术手段生产社会需要并能接受的产品，并按现代企业制度进行经营，激励员工的工作积极性。

资源的短缺表现为信息，这种信息是多种多样的，也就是所谓信息维数，作为携带信息的信号，由于受到各种限制，人们可能认识不到这个信号。如何认识到这个信号，这个信号反映了什么信息，从时间上讲有多少时间的滞后，如何评价它的价值。是否需要另外一些信息对它进行补充、验证，对信息再收集从经济上是否合算。显然个体收集的信息是有限的，是不完全的，企业是一个组织，它可以收集到更多的信息，从某种意义上讲，企业的决策是建立在收集信息的基础上，如何获得极可能多的有用信息，并能进行有效的处理，使得企业在已知约束条件下资源配置更合理。从信息处理的角度，说明生产体制存在一个规模化的问题。

现代企业的规模化生产是技术进步基础上的规模化生产，它并不是人为的主观追求，而是社会生产力和科学技术发展的客观要求。但在我国，对规模化生产有一种错误的认识，认为规模化生产就是扩大生产规模，忽视技术进步的核心作用。以这种认识为指导，实践中往往用外延式的扩大再生产来追求规模生产。因此，应当彻底纠正这个错误认识，把组建和培育海洋高新技术产业下规模化生产建立在技术进步的基础上，应由外延扩大再生产方式组织规模生产体制转向以内涵扩大再生产方式组织规模化生产体制，适时提出相应的产业技术政策，在技术进步的基础上发展规模化生产。诸如积极发展高技术企业集团或企业群体。因为高技术企业集团或企业群体是规模化产业组织体制的重要组成形式。

第三部分　海洋高新技术产业化政策策略研究

从理论上而言，一定时期的海洋高新技术产业化政策，是要与一定市场条件相吻合的。在目前微观市场主体发育程度较低，表现在企业自主经营能力较弱、经营规模有限，产业布局很不均衡，企业家作为市场经济中的一重要社会力量尚未形成；市场功能不健全、不完善，体现于市场范围上的局限性、市场结构的不均衡性以及市场信息的不充分；市场环境不规范、缺乏稳定性，主要是规范市场经济运行的法律、法规不健全，政府对经济活动调控缺乏必要的科学化和制度化程序，主观随意性较大，公民的市场经济规则意识也比较淡薄。在这种市场状况下，推进海洋高新技术产业的发展，单凭发挥市场机制的配置作用是远远不够的。因此，市场运作客观上希望通过政府干预引导的形式，弥补市场机制的发育不足，以加快海洋高新技术产业推进的过程。

但需值得提出的是，在不发达或初级的市场经济条件下，强化和较大范围内的加强政府宏观调控、制定新的产业政策的行为，不是要替代市场功能，而是针对海洋经济发展水平相对落后，市场经济体制发育程度较低，市场机制在实现资源配置上存有明显的局限性，为弥补市场机制的发育不足，实现对发达地区经济的赶超所采取的。适度的产业引导与调整，有利于现有市场功能的正常发挥，拓展市场机制的发展空间。但是政府的调控与管理行为又须规范适度，否则会阻碍市场的形成与发展。这两者具有本质的不同，不能混淆。

高新技术产业化过程是一个复杂的系统过程，其涉及的环节较多，各环节间内在牵连亦较繁杂，并且不同技术的产业化过程又具其特殊性。因此，这就为制定高新技术产业化政策带来若干不确定的难题。在产业化过程的框架中，科研机构的技术选项、企业的技术创新意识、技术市场建设程度以及政府政策、相关政策行为是四大主导因素。从科研机构和企业角度看，高新技术产业化是一技术创新的复合过程；从技术市场角度看，高新技术产业化是一扩散、市场化的过程；从政府行为角度看，高新技术产业化是一引导、指导的产业政策动作过程。四大主导因素在产业化过程中有机构成一体、相互依赖与制约、共生发挥各自的功能，不可偏废或片面地强调某一方面的作用。基于目前海洋高新技术产业发展处于初级阶段的客观现实，市场建设与政策导向的作用显得更为重要一些。由于市场失灵、产业化过程的外生性，因此强化政府的制导效能，提出适宜的海洋高新技术产业化政策，进一步推进"海上山东"建设，当属具有战略意义。从海洋高新技术产业化初级阶段的定位角度看，制定大规模的推进海洋高新技术产业化政策是超前的，也可能产生"揠苗助长"的负面效应。所以结合山东省海洋高新技术产业化实际，基于加速推进海洋高新技术产业化的进程，将高新技术产业作为"海上山东"建设中先导产业的战略思路，具体落实到重点发展，培育区域新的增长点的实际行动中去，本着"提炼技术、培植企业、培育市场、政策制导性、市场化"原则，以全面制定具有操作性、创新性、开拓性的海洋高新技术产业化政策。

一 技术战略先行策略

强化战略风险意识，重新审定、修订具有制导性的海洋高新技术政策与规划，注重技术论证，从基础上避免风险。

支持高新技术企业的基础是资金和技术，而人才又是最重要的决定因素。技术的决定作用体现在五个方面：1.技术的先进性，即所采用技术是否具有先进水准，是国内水平还是国际水平，实现是一般水平还是超前水平等；2.技术的独占性，即技术产权的拥有程度，是国内独有还是国际独有，是一家占有还是多家占有等；3.技术的普及性，在先进性和独有性的基础上，是否具有普及意义和扩散条件；4.技术的延伸性，即技术所具有的生命力及继续发展的可能，开发潜力大小等；5.技术的效益性，即技术的投入产出周期、比例、盈利可能等。这五大要素中有一条不具备都可能导致技术性的挫折直至失败。

高新技术具有高风险，高新技术产业发展同样具有高风险性。海洋高新技术产业是作为山东省区域经济发展的新的增长点，在"海上山东"建设中具有先导性和战略性，因而海洋高技术产业化具有战略风险，把海洋高新技术产业培育成区域经济新的增长点，这一论断虽然是经过缜密、科学的论证，但在海洋高技术产业化决策和实施过程中，要树立必要的战略风险意识。战略风险体现在项目风险、产业风险、市场风险、融资风险等方面。从目前海洋高新技术尚不具备规模、成熟的广泛应用状况来看，推进海洋高新技术产业发展中的战略风险，主要在于项目风险。如果没有科学充分的选项和必要的战略风险意识，极易可能导致项目失败，那么产业化也就无从谈起。

在坚持这一根本前提的基础上，要重新审定、修订具有制导性的海洋高新技术政策与规划。技术政策是指影响或引导科研机构、企业技术开发及应用（商业化、市场化）决策的政策。其目的一方面是技术创新，一方面直接为产业发展和提高产业的竞争力服务，即技术成果的转化运用。技术政策的范畴是广泛的，它既包括直接促使技术创新的诱导性政策和推动技术成果转化的具体措施，还包括相关的宏观经济调控和其他政策法规，诸如中长期科技规划、地方财政、税收、教育与培训等相关政策。在技术政策的推行中，往往都有一个重要突破点，即是选择和确定一定时期需要优先发展的关键技术。关键技术是指保证区域经济持续发展与繁荣，对于提高区域产业竞争力和人民生活质量起着至关重要的技术。关键产业技术的选择标准更为严格，要充分体现区域技术政策。选择重点领域的优先项目是区域技术政策的核心。通过规划、组织、协调产业界和学术界进行研究开发及有效地转化应用，以培育区域经济新的增长点。因此可见，技术选择是技术创新中的关键。

在"科技兴海"发展战略中，山东省科委提出了"四十工程"，从目前实施看，存在一定的问题，其中不乏存在仅停留在技术开发层次上的技术成果，但缺乏应用、产业化的条件，因而也使工程规划缺乏制导性。围绕着如何制定出具有制导性的海洋高新技术规划，应当着重加强技术论证，从基础上避免风险。具体对策在于：

· 重新全面普查山东省海洋资源，编制海洋资源公报；

· 制定"山东省海洋高新技术规划"；

· 编制"山东省海洋高新技术项目建设指南"，以"激励、限制、禁止"的原则，规范技术项目建设。

二 企业扶持—导入策略

扶持大中型企业进入海洋开发生产领域，培育海洋高新技术骨干企业，以示范效应推进海洋高新技术产业化主体力量的壮大，将企业塑造成海洋高新技术产业发展的真正主体。

大企业是由小企业一步步发展起来的，其发展靠有竞争力的产品，正是不断的技术创新，使企业能推出一代一代的新产品，扩大了市场，增加了利润，导致企业的发展壮大。所以在市场经济的条件下，任何大企业都是通过技术创新之路发展起来的。经历了技术创新之路发展起来的大企业尤其注重对高新技术的发展和引进，从而整个大企业群体从总体上将形成强大的创新力量。因此，大企业对海洋高新技术创新的作用是不容忽视的。

相对于小企业，大企业在技术创新方面具有的优势在于：

（1）研究开发能力强，而且在研究开发上能形成规模经济；

（2）资金有保证，承担风险的能力较强，不仅本身拥有雄厚的资金，而且易于从金融机构获得贷款支持；

(3) 人才较多,有创新活动所需要的各种技能的人才;

(4) 管理的优势,大企业一般已经历过成长发展的过程,领导者和管理人员已有相当的经验,并已形成一套严密的组织管理程序;

(5) 销售力量强,大企业一般都已建有良好的销售网,而且在市场上已有一定的地位和声誉;

(6) 信息与政策优势,大企业一般较易获得图书馆和信息机构的服务,信息渠道也较多,国家的政策也常常向大企业倾斜;

(7) 生产技术较为先进,设备较好。

因此,鼓励大中型企业进入重大海洋科研项目,对于推进海洋高新技术产业化是一项关键而有效的举措。

为扶持大企业顺利进入海洋开发领域,科委或其他有关科研主管部门可定期或不定期地主持大型信息发布会,各重大海洋科研项目介绍该项目的新技术、实用性,为企业家提供开拓思路,考虑资助他们认为有价值的课题或者委托进行二次开发,这样使基础研究得到经费支持,而且一开始就有明确的市场需求,有利于缩短产品化的时间,也有能衍生出新的科研项目,使企业与科研单位在工作中逐渐加深互相理解,为科研单位进入企业创造条件,也为海洋科技人员发挥专业特长提供广阔天地。

在扶持—导入大中型企业进入海洋开发领域的同时,也不容忽视小企业的作用。在任何一个国家或地区,中小企业的数目都占绝对的多数。近些年,促进中小企业的技术创新,从而促进它们的成长和发展,已成为许多国家十分重视的问题。在工业发达国家,把强烈的关注和期待集中在中小企业的"创新功能"上,已成为一种普遍的趋势。著名的英国中小企业实例调查刊物《波尔顿报告书》中强调指出:"中小企业在产品、技术和服务的技术创新方面承担着重要任务,它起着培育新产业的基础作用,其作为拥有技术创新的因素应该大写特写。"美国中小企业厅的《中小企业白皮书》也强调中小企业技术开发的重要作用和它的高效率,并特别设立了中小企业厅来管理中小企业。

因此,海洋高新技术产业化过程中,中小企业的作用亦不容忽视,而且应给予特别关注。同大企业相比,中小企业的研究开发能力较弱,资金也较为短缺,在技术创新活动和竞争中,一般说是处于较为不利的地位。但是,由于中小企业具有:①机动灵活性强;②经营者具有较强的技术创新意识；③企业内部交流易于进行等特点，使其在创新活动中具有优势。况且，中小企业的技术创新活动又具有：①以群体性技术开发为基础；②以经营者本人的技术开发为核心；③以开发实用化"短平快"技术为重点等特征，又使得中小企业的技术创新优势得到发挥。从国外高新技术产业化的经验看，若干成功的产业化举例是由中小企业技术创新起步的。在海洋开发项目中，尤其在渔业及渔业加工项目中，许多项目本身比较适合中小企业的开发。近年来，山东省沿海地区基于传统的渔业作业方式，在"渔业+渔户"、"企业+渔户"等组织生产方式上所作的探索，一定意义上也是反映了中小企业适宜的技术创新的需要。因此，对于中小企业应当在技术人才上给予资助；建立中小企业科技发展基金，鼓励中小企业引进海洋高新技术；定期举行专门小型科研成果交流会，给中小企业选择和引进高新技术提供机会，等等。采取上述措施，以利于中小企业亦成为推动海洋高新技术产业发展的主力军。

三 科技体制创新策略

树立"大海洋科技"观念，制定科学的科技体改的技术政策，大力加强海洋科技体制改革创新，盘活海洋科技人力资源，把人力优势、科技优势转化为产业竞争优势。

目前海洋科技事业面临着深化体制改革和科研机构调整、人才分流两项战略任务。其实施的技术途径有两种：

一是结构调整主导模式。即以科研机构调整、人才分流为实施重点，将实现其配套政策作为保障措施，采取"试点引路，由点到面"的模式方法，在管理职能部门的直接控制下，组织实施。设想机构调整、人才分流硬任务完成，建立新型科研体制的软任务也可随之告成。由于科技工作的复杂性和特殊性，按照对未来各类海洋科研机构大致规模与比例作出初步创新，难以设计出科学合理的科研机构设置的具体方案。再者，机构调整、人才分流仅仅是目前海洋科研机构隶属多门的一种重组方式，其与整合海洋科技人力资源是两个不同的层面。这种计划模式下的体制创新途径值得进一步商榷。

二是运行新机制培育主导模式。这一途径以创建新的海洋科技管理体制，特别是培育新的运行机制为重点，将科研机构调整、人才分流作为新运行机构培育过程中重构的必然结果。该模式显然比机构调整、人才分流更具根本性，但也更为艰巨。它要求打破旧的高度集中计划体制下海洋科技机构设置格局，以宏观政策引导为手段，创造有明确导向的政策环境，促使海洋科技人员和机构在有充分自主权的条件下主动地进行分流与重组，即在受控自组织中实现体制创新。从改革实践中看，自1985年中共中央《关于科学技术体制改革的决定》发布以来，陆续推出的科研机构事业费控制制、基金制、拨改贷款制、院所长负责制等改革措施，所引起的科技系统的重大变化，足以说明受控自组织模式的可行性。

运行新机制培育主导模式即受控自组织模式，强调试运行，尤其是强化运行中具有主观能动性——人的主体作用，而非结构最终决定体制系统的功能。因此，盘活海洋科技人力资本，必须同时抓住海洋科技体制创新和激发科技人力能动性这两个重点。体制创新的作用限于只是释放已蓄积在僵化旧体制中的能量，一旦旧体制随创新被打破，原有科技的人力能量得以充分发挥，体制创新所能提供的动力就表现出明显的有限性，并随价值取向确定而创新欲望淡化，为人力资源开发提供的动力便所剩无几。因此，体制创新具有主动适应环境的基本属性，其改革应以激发人力掌握、创造和应用新知识为取向，旨在提高组织整体效能，推动生产要素，尤其是人力资本在量和质上发生变化和新的组合。

立足于盘活海洋科技人力资本运行激励的探讨，首先应当全面正确地树立海洋科技人力资源的价值观念，树立健全海洋科技人才成长培育机制，构筑起海洋科技人力资源开发在可持续利用海洋资源、实现经济高效运行中的第一性地位。当然这也同时要求，广大的海洋科技人员转变意识，勇于承担时代赋予的历史责任，充分发挥主观能动性、积极性。其次是推进受控自组织模式的体制改革实践，在目前较为普遍采取的将科研机构定编、事业费投入与其近期取得的科技成果相挂钩，这一关键性政策措施的同时，对独立海洋科研机构科技成果进行客观的测定与科学的评估，对人员编制与事业费投入模型中的参数实行动态调整，是科研机构运行逐渐步入市场需求为方向，依法（政策）自主运行的协同体系。

在海洋科技"受控自组织"运行新机制培育中，尤其要加快以下创新试点：

●鼓励科研院所下属专业研究部门进入大型企业。国家和部委的研究机构及高校是国家科研的生力军,有很强的综合研究能力,多是从事前沿研究。而企业所需的多是一些应用型的研究成果,成果方向是属某一个专业领域,所以从整体上联合存在体制上的困难,还存在很多技术上和认识上及利益上的问题。基于目前驻山东沿海这个海洋科技机构分布状况,可以探索不同层次的科研机构下属部门与对口专业的大型企业进行紧密型合作的试点。紧密型合作方式可以多样化。如资金换技术的合同制,或技术换资金型的合同型,更进一步的可以以资金和技术共同参股的股份合作开发型。股份合作开发型具有发展潜力,作为一个新事物的成长可能会遇到很多困难,需要进行试点培育,从中探索经验。

● 对科技向生产力转化过程中有突出贡献的科技人员,可奖励其公司的股份。一方面,增加收入,改善他们物质生活条件;另一方面,增强他们的主人翁责任感,提高他们能力发挥的潜能,引导他们主动寻找海洋经济中的技术难题,研制有市场潜力的新产品。

● 科研院所全方位实施抓大放小战略。抓大放小战略是目前国有企业改革的主旋律。这一战略不仅适用于企业改革,同样亦适用于科研机构改革。对于山东各类现有的大型科研机构,尤其是承担国家大型重点科研项目的机构,通过联合、合作等方式,促进其联合,形成大型海洋科研联合舰队,提高科研效率。对于小型科研机构,尤其是主要从事应用科技以及承担面向海洋企业实际开发项目的小型科研机构,通过转让或联合开发等途径,鼓励其同企业多种形式的联合,提高科研创新效益。

● 制定以海洋高新技术成果转化为核心的科技政策。具体包括技术项目、财政税收、融资等倾斜优惠政策。

● 鼓励自主开发与联合开发、技术引进相结合,积极吸收和利用省内外、国内外海洋科技人力资源。

● 制订海洋高新技术人力 MBA 培训工程计划,培养海洋高科技企业家队伍。

四 市场培育—建设策略

完善海洋高新技术市场建设政策,构筑海洋高新技术商品市场体系。

技术市场不同于商品市场。商品市场供需双方都有一些不完全的信息,包括价格和价格信息。现代经济学的均衡理论认为,价格信息作为最主要信息，其他信息是已知的，并且信息的获得是无成本的。

技术市场不同于商品市场，因为技术市场①不是以价格信号为主，而是非价格信号为主，价格信号是通过谈判给出的，当然技术供方也会先给价格（它是谈判前的开价）。②关键技术的保密性。使供需双方对技术的了解产生不对称性，对技术价值的了解程度不同，因而产生不同的价值。③信息的分布不均匀和短缺，使寻找成本更高。④由于技术创新的思路不同，迅速的发展更增加了对价值判断的不确定性。

阿罗称"市场是一个更加微妙得多的建筑"。它不仅是商品交易的场所，而且在寻求供需均衡过程中，又会产生一系列的新的信息。高技术市场的供需双方通过市场体系供需双方都可以收集到更多的信息，提供更多的技术交易的机会。

技术市场作为一种市场。同一般市场一样，也是一种商品交易的场所，但由于技术是一种特殊的商品，所以技术市场也就具有本身特有的功能。

1. 沟通中介功能。

2. 价值评估和价值实现功能。技术市场的销售者由于同时具有技术的市场需求和高技术本身的状况，因此能有效地对技术的市场价值进行评估和价值初步量化，并促进其价值实现。

3. 规模和协调功能。技术市场可以对技术转移方式，技术转移的谈判内容，技术转移的合同和法律规范等进行规范和协调。

4. 保障功能。保障功能一方面是指对于技术合同的执行进行法律上的辅助监督和保障执行；另一方面也包括对于技术扩散到终端以后，进行后期辅助实现，促进技术最大限度的发挥作用。

针对上述特点，山东省的海洋高新技术市场在初创阶段，政府应从多方面入手，推动各种类型的初级市场组织的发育与完善。除不定期技术成果交流会之外，主要是供需双方的互相寻找，或者有限范围内的招标。有必要考虑设立常设的开发性、区域性技术市场，并能承担全国性（海洋）高技术交易活动的高级市场。从事技术信息中介活动，同时提高科研单位和企业的技术商意识与参与的积极性。技术市场负责进行综合的或专业的技术交流会、洽谈会。技术市场中应该注意发挥咨询中介的作用，有关技术成熟的评价，是交易成功的前提条件，中介咨询的评价有助于企业减少风险，科研单位自筹立项高技术的市场需求的调查，可以使科研单位的方向能密切联系企业，容易商品化。由于中介咨询业的服务还没能做出引起众注意的成果，也处在一个发展时期，要有一个被社会认可的过程。高技术需要的大量资金，高技术交易过程中和成功之后的融资，金融中介的重要作用已众所周知。但是由于海洋高技术的风险性，会引起投资风险性，强大的技术研究实力和可行性论证，是避免风险最好的保证。

五　风险规避—投资策略

结合当前产业化实际，逐渐构建海洋科技风险规避体系和风险投资机制。

因为高新技术开发是向未开拓的领域进行探索性的工作，潜在着许多失败的危险性。正因为如此，在风险决策时，情报的数量和质量是至关重要的。当然，不仅在技术开发的决段初始阶段，而且在以后的研制、实用化和进入市场时等后续阶段，情报自始至终都十分重要的。风障投资企业只有稳准地充分利用情报信息，才能及时采取对策，从被动转为主动，尽量避免或减少风险，才能在激烈竞争的时代，不断提高应变力。

除上述风险决策应考虑的基本因素外，在实践中还应注意以下几点：

（1）慎重选择项目。

（2）支持科、工、贸一体化企业。

（3）全面考核企业状况。科技企业在发展初期一般是技术力量较强而经营管理力量较弱，因此，考核企业状况时应全面的考核和了解，对那些信誉较好、管理严格的企业优先考虑给予政策支持。反之，则要慎重行事。

（4）多向客户学习。

（5）建立海洋高新技术产业化快速反应机制。

高新技术产品从技术孵化到产品进入市场有一个相对较长的过程，在这个过程中随时都可能发生客观变化，风险会接踵而至。对发展变化中的风险因素作及时反馈，并采取相应对策，可以从宏观上把握风险、防止风险和减少风险。其中的关键是建立一个科学而又健全的快速反应机制。这个机制包括：

（1）反馈系统。运用现代化的信息手段跟踪世界科技态势和市场发展趋势。掌握直接资料,其要素是通讯现代化、传真联网化、检索电脑化、人才专业化。西方工业化国家的大公司、大商社、大集团都已具备这些条件。

(2)技术分析系统。以技术信息分析为主体,实行集体会诊、科学预测和信息分析,由企业管理层、技术智囊层、分部执行层等各方人员组成,对反馈的信息进行由此及彼、由表及里、去粗取精去伪存真的分析,归纳和综合后提出结论性建议,供高层决策参考。

(3)决策执行系统。这一系统主要是对决策指令或调整变化的指令迅速贯彻落实到应执行和调整的环节,并负责落实效果。从目前海洋高新技术产业看,具备快速反应机制的企业寥寥无几。多数企业的信息手段落后,反应速度迟缓,分析人才欠缺,执行力度不够。

在高新技术产业化过程中,项目的风险管理是规避风险的重要措施。项目风险管理包括三个过程:风险识别、风险分析与评价和风险处理。

(1)风险识别:是识别风险与风险源。其中提供"潜在损失一览表",并包括新的潜在风险与风险识别的新理论与方法。

(2)风险的分析与评价:是对已识别的风险进行分析、评价。其任务主要有二:第一,分析和评价风险发生的几率;第二,评价和估算风险一旦发生对项目造成的损害,分析和评价的手段多采用数学方法和模型。

(3)风险处理:一般风险处理的手段有三:风险控制、风险自留和风险转移。风险控制是采取一切手段避免风险、消除风险或以应急措施将已发生的风险造成的损失控制在最低限度。这需要在一定前提下才能采取。比如回避风险意味着采取提高成本技术方案;应急措施意味着加大实际风险开支等。此外,一旦风险发生将破坏项目财务的稳定。二是风险自留的前提是:风险评价的表明,该风险要么概率几乎接近零,要么风险造成的损失在项目储备资源限度之内。

一般来说,风险转移包括两个转移方向,一是转移给合同的对手,二是转移给风险保险公司或其他风险投资公司。这是一种符合市场经济规则,公平的竞争手段。

随着工程项目保险市场的开拓,必将出现中国自己的保险经纪人,他们将承担风险识别、分析与评价、拟定保险方案和保险合同以及协助理赔等任务,提高风险规避能力。

目前我国的海洋高科技企业，虽拥有科技含量高，市场潜力大的产品和项目，但由于资金不足，严重制约了产品的市场竞争力，制约了企业向产业化、规模化迈进。而风险投资机制则恰恰与海洋高科技产业相辅相成，可以在企业发展初期，提供大量资金支持。风险投资机制在西方被称为高科技产业发展的"推进器"。长期以来，受计划经济管理体制束缚、制约，对海洋高新技术及其产品的研究开发。即无法组织形成较大规模的风险投资企业发挥扶持作用，也无法注入充足大额的风险资本。资金来源单一依靠银行信贷指令性计划中安排的一块，由政府给予贴息扶持（如技术改造贷款、科技开发贷款、星火计划贷款、火炬计划贷款等）。这样做虽在一定程度上解决了少量的产品产业前期投资的资金继续，但解决不了久渴。

从实践看，存在不少问题难以解决。一是银行贷款期限与项目投资建设和收益期不一致，使一些项目缺乏按期还贷计划性及还贷能力。而且有银行贷款形成的负债资本投入，必然加重企业成本费用开支和产品产业经济效益；三是高新技术产品开发及产业转化的高风险性，也加大了银行信贷风险。甚至影响银行信贷投放的信任和信心。四是财政每年拨出资金用于贴息却无直接回报，同时限于财力，又难以加大再投入力度。有鉴于此，借鉴各国发展高新技术产业做法。建立并逐步完善以政府和机构为出资主体的风险投资基金作为项目投资资本，并辅之银行信贷投入，保险业开办科技风险投资业务等形成多元化资金扶持的新机制，是确保海洋技术产业整体推进的有效做法。具体建议：

第一，鼓励支持建立风险投资公司，筹措运作风险投资基金。首先，结合实际设立以政策为主导、财政部门出资，银行科技贷款适量安排，多元资金注入，规范运作管理的风险投资基金，是比较可行的做法。为解决风险投资经营公司的启动初期和向银行借贷的担保资金来源，财政以用于贷款贴息的那部分资金为基础，适量增加地方财政预算支出份额作为启动投入。其次，风险投资经营公司，可以多渠道筹措，包括：（1）以股份制方式向社会法人募集；（2）以进入资本市场方式向社会公开招股募集；（3）允许风险投资公司发行科技发展建设债券等，广泛吸收企事业单位及社会各方面的投资。此外，允许将适量保险金及其他长期资金投入风险公司运作，银行科技贷款、基准利率按长期贷款给风险投资公司作为备充启动资金不足。(4) 顺应金融财政体制改革深化,可在海洋科技产业发展较快的经济地区,率先试行允许商业银行"购买"风险投资基金份额,或允许地方政府发行仅限于商业银行购买并可在商业银行之间转让的地方长期风险投资基金债券,筹措资金。

第二,建立风险投资基金,对高新技术产品项目投资从贴息贷款改为基金投资,投入资金直接形成公司资本。这样,可以大大降低企业在产品开发建设期的资产负债率和利息支出。随着产品进入市场,创造出经营业绩后,可按出资比例分享利润,取得基金投资汇报。也可以进一步以资本重组,通过产权交易或组建上市公司等方式,在资本市场上出让股权,整体溢价收回基金投资。

第三,建立风险投资基金是一项系统管理工程,其意义绝不仅限于形成资金扶持方面的新机制。事实是如何探寻政府有效干预与市场经济有序发展之间的高难度衔接,从而加快推进海洋高新技术产业发展。为此,要组建政府部门牵头,由经济、金融、技术、管理等专家组成的具有一定权威的高科技产业评估咨询机构,加强对有关建立风险投资基金管理体系的决策咨询研究,为投资和贷款决策提供咨询服务。

第四,要加强对高科技产业发展的风险投资宣传,增强广大群众对风险投资的了解和认识,以吸引社会资金对高新技术产业的投入,并在实际运作中,建立起风险投资的市场经营机制。

第五,制定《风险投资管理条例》,规范风险投资公司运作,明确商业银行实施基金增值操作程序,确保资金筹集、项目选择、资金投放运作、基金积累增值等各环节的顺畅运作。

六 政府调控—运行策略

进一步强化和落实已颁布出台的海洋产业政策,改进产业政策运行方式,提高政策的调控效能。

海洋高新技术产业化政策中,作为政府调控运行策略主要侧重于:

(1) 政策性补助。政策性补助措施的作用,主要是以少量种子资金带动大量的投放到私人资本不愿涉足的风险性更大的领域,起到一种带头作用或者是奠基作用。政策性补助资金的做法是若干国家均采用的一种政策性措施,其初贴资金额较小,但作用却不容忽视。政策性补助金发放的方式包括：①投资亏损津贴。②技术开发补助。③匹配补助金。④对个人风险投资的补助。⑤政府直接贷款。

（2）银行贷款中的政府担保。银行是企业为科技进步筹措资金的主要渠道。因此，它自然也就成了政府鼓励投入风险资金的对象，而政府担保则能为银行承担贷款亏损，使银行能放心地向小企业特别是风险企业贷款，保证有前途的风险项目得到必要的贷款。

政府通过财政担保鼓励银行为中小企业，特别是风险企业提供贷款。对风险企业提供无抵押式债务保证，作为一种政策手段已为各国政府普遍采用。美国、英国、联邦德国、加拿大等国都为中小企业贷款提供了担保，其比例从75%—90%不等。

（3）法律、法规政策。在推进产业化的过程中，需要建立一套完善的法律体系，以保护高技术产业化的顺利进行。其中首先是高技术产权的专利保护，如果产权得不到法律保护，失泄现象严重，不搞创新的企业可以"免费搭车"，这样便会严重地挫伤从事创新企业的积极性，造成技术替代延滞，产业结构得不到优化调整等严重后果。对高技术产权的专利保护，实质上是提供了技术上垄断。当然企业在获得高额利润后也可能不愿转让和扩散技术，这样反过来又会阻碍社会的技术进步和产业化进程。如何正确处理产权保护和推动技术扩散，这里需要政府用法律和产业政策加以规范和推动解决。

其次，高技术交易过程中的纠纷、违约、侵权而造成损失的补偿、赔偿责任的界定，都必须有法可依，其中补偿、赔偿数额大小的估算，是两方争论不休的方面，是摆在面前急待解决的问题。

最后，高技术产品在购买和使用之后，产品质量出现问题而引起的诉讼案件也是屡见不鲜的。有消费者权益保护法实施的同时，也应强化"产品责任法"的实施，使高技术创新的最后检验环节也有法可依。从目前落实情况看，一是要继续加大有关法律的宣传力度；二是要在新的背景下需要做一些必要的法律修订工作。

同时，应进一步加大《反不正当竞争法》、《商标法》和《专利法》等有关法律的执法力度，采取有效措施，规范市场经济条件下的企业行为，营造尊重知识、尊重人才的法律氛围，狠狠打击假、冒行为，保护科研、院校、科技企业和广大技人员的正当权益。

(4) 财政税收政策。海洋高新技术创业服务中心和大学、科技园,作为高科技成果转化和企业孵化、培养科技实业家的社会公益性服务机构,对海洋高级成果转化为现实生产力起着关键性作用,应当给予最优惠的税收待遇和财政不上交政策,以不断提高其服务质量和孵化规模;

对区域经济亟须又较容易界定的高智力、高投入的海洋产品,经有关部门严格认定后,在增值税政策方面,按小额纳税人应征额度(6%)办理;

对试行股份制的高新技术的评估中,计价入股的海洋高新技术成果,应允许企业按无形资产入账,并在短于十年的期限内扣销。

(5) 制定其他相关政策。诸如政府采购政策,建议政府制定在海洋高新技术产品性能价格比相同的条件下,优先选购本地区高新技术产品的政策,以扶持本地区海洋高新技术产业的发展。

人才政策,海洋高新技术产业的发展以人才为本。由多种原因部分机构造成大量高级科技人才和管理人才的持续流失,已成为当前困扰海洋高新技术产业发展的重要因素。为吸引海内外人才投身于海洋高新技术产业的建设,建议政府在现行科技奖励制度基础上,采用市场机制,制定科技要素参与分配、在高新技术企业设立职务技术股、企业管理股、创业股的具体规定,给予投身科技成果研究开发和产业化工作的科技人才足够的鼓励等。

七 开发—环保并重策略

发展海洋环保产业,保护海洋资源。

海洋是生存之本、发展之本,发展海洋高新技术产业亦应走可持续发展的道路。鉴于国外教训和目前的现状,发展海洋环保产业,加强海洋环境监测、预报预测工作,建立海洋污染治理队伍和突发污染事故应急处理队伍,开展海洋环保科学研究,对促进海洋高新技术产业的稳步健康发展,将产生不可估量的经济效益和社会效益。

因此,应强化海洋环境保护意识,树立海洋国土观念和海洋经济观念,努力提高人们认识海洋、开发海洋和保护海洋的观念。把海洋管理、开发、利用和保护列入海洋高新技术产业发展的计划中去。保护海洋生态环境,搞好海洋资源的综合利用,注重海洋资源的保护和增值,提高海洋生物资源的生产力。依靠科技进步，把丰富的海洋资源最大限度的转化为海洋经济优势，促进海洋高新技术产业的发展。

课题组长： 管华诗 郑贵斌
课题组成员： 管华诗 郑贵斌 徐质斌
张德贤 戴桂林 胡增祥
子课题负责人：戴桂林
分报告执笔： 戴桂林 张德贤 郑 莉
王 澍

附录三

山东省海洋经济立法研究

前　言

　　山东省海洋经济立法研究是1996年山东省社会科学规划确立的哲学社会科学"九五"规划重大研究项目《"海上山东"建设研究》分课题之一。自90年代初山东省委、省政府和人大先后作出决定和决议，将建设"海上山东"列为全省的一项重大跨世纪工程以来，有关部门为实施这项重大决定，组织部分海洋界、经济界的专家、学者和管理工作者进行了《山东省科技兴海发展战略研究》、《海上山东量化目标研究》等软科学研究，取得了有一定决策价值和指导意义的研究成果，为"海上山东"建设奠定了良好的基础。

　　海洋经济是我国社会主义市场经济的一部分。要使其持续、快速、健康发展，一是要遵循现代市场经济发展的一般规律，逐步按照国际市场运行的通行原则和规范来构筑我国海洋经济的框架；二是要建立一套合理、规范和严格的宏观调控制度，从国家到地方形成坚强有效的调控体系；三是要制定一批符合发展社会主义市场经济客观要求的海洋经济法律、法规，以规范各海洋产业主体的行为，使政府依法行政，海洋产业依法经营，市场依法运行，当事人的合法权益得到法律保护。目前，国家和沿海省市已制定了一些海洋经济管理方面的法律、法规，但尚未形成海洋经济的法规体系。山东省是全国沿海大省，具有发展海洋经济的基础和条件，并已取得了较大的成绩。为充分发挥法律对海洋经济的指导、规范和保障作用，山东省应在现有基础上，加快海洋经济立法步伐，尽快建立、健全海洋经济法制，迅速改变海洋经济立法滞后的状况。

为加快山东省海洋经济立法步伐，本课题在调查研究的基础上，提出了我省海洋经济立法的指导思想，遵循的基本原则，我省海洋经济立法范围、立法项目和保证立法质量的措施等，供省政府及有关部门参考。

第一部分　海洋经济概述

一　海洋的环境价值和经济价值

海洋是地球的主要自然地理区域，总面积为3.6亿平方公里，占地球表面积的71%。科学家认为，生命起源于海洋、人类的生存和发展依赖于海洋。海洋的环境价值和经济价值主要表现在：

（1）海洋调节着全球气候，造就和影响着人类生存的自然环境。没有海洋，地球将成为死寂的星球。现代海气交换的实验研究证明，海洋以其占地球98%的水体和巨大的热容量，通过大气与海洋的相互作用，控制着全球气候的态势，影响着气候的冷热风雨的变异。关系到大气中二氧化碳等温室效应气体的吸收与固定。因此，要弄清楚当今全球变暖的问题，必须查明各种海洋现象的活动机制。

（2）海洋拥有丰富的生物资源，是人类食物的重要来源。调查发现，海洋中的生物多达20多万种，其中动物约18万种，植物2万多种。在动物中有鱼类2.5万种，其中可供人类食用的鱼类有200多种。据专家测算，世界海洋鱼类年生产量估计值为6亿吨，在不破坏生态平衡的前提下，每年最大持续渔获量为2亿—3亿吨，而20世纪90年代以来世界海洋渔业的捕捞量每年平均为8000万吨左右。再如海藻，它是一种重要的生物资源，繁殖力极强，在某些海域每亩可达57吨，在现代食品工艺尚不够发达的情况下，海藻已有40多种用途。这说明，海洋生物资源的开发潜力是很大的。

（3）海洋矿产资源是社会物质生产的原料基地。据估计，世界大洋中的锰结核总储量可达3万亿吨。锰结核含有多种稀有金属元素，其中铜88亿吨，钴58亿吨，锰2000亿吨，镁164亿吨，可供人类使用数万年。海洋储藏石油资源的沉积盆地约5000万平方公里，石油储量约750亿—1350亿吨，占全球总储量的1/3。1992年，世界海洋石油产量达9.3亿吨，占世界石油总产量的1/4；海洋天然气产量达3477亿立方米，占世界天然气总产量的1/5。此外,还有各类热液矿物、海底煤矿和沿海砂矿,以及溶于海水中的80多种化学元素。海水能够淡化和供工业直接利用。目前,全球共有淡化厂1000多座,美、日、英等国家沿海地区海水直接利用已占工业用水量的30%—40%,估计到2000年将达到50%。

(4) 海洋是连接各大陆的主要通道。世界经济繁荣靠贸易,洲际和各国之间的运输主要靠海洋。据统计,大陆之间的货物约有90%是通过船舶运输的;目前世界商船总数达到7.6万多艘,约4亿载重吨,全年国际贸易海运量为40多亿吨,海运贸易额为2000多亿美元。预计到2000年世界海港吞吐量达100多亿吨,海运贸易额可突破3000多亿美元。特别是一些发达的海洋国家和群岛国家,海洋运输已成为国家经济发展的生命线。

(5) 海洋是人类生存和发展的新空间。世界人口的增长,特别是沿海国家经济社会的快速发展,使滨海陆地日趋拥挤。为解决和缓解这个问题,不少国家围海造地,或者建造海上人工设施、人工岛屿等。目前,全世界共有30多个海上机场,200多条海底隧道,10多座大型跨海桥梁,200多个海洋公园。日本40年来填海造地2000平方公里,平均每年造陆地50平方公里;荷兰800年来造地8000平方公里,平均每年造地10平方公里;美国近20年来围海造地数百平方公里。日本海洋产业研究会在编写《面向21世纪海洋开发利用报告》中,提出建立近海与外海的海洋研究城市、海洋娱乐综合体、海洋能源村、海洋牧场与城市型渔业、生物工艺城,实现各类海洋资源的工业开发。

目前,在全世界200多个国家和地区中,沿海国家有151个;在世界60亿人口中,有80%的人口集中在沿海地区。各拥有海洋的国家,都把海洋利益的占有和海洋开发利用与保护,列为国家发展战略的基本内容,把海洋视为"争取生存"的基地。70年代以来,世界海洋产业产值10年翻一番,70年代中期1100亿美元,1980年上升到2500亿美元;1990年达到6700亿美元。预计到20世纪末将超过1.5万亿美元;海洋经济在世界经济中的比重由目前的5%上升到16%左右。

二 中国海洋经济发展现状

中国位于欧亚大陆南部、太平洋西岸,濒临渤海、黄海、东海和南海，跨温带、亚热带和热带三大气候带。大陆海岸线北起鸭绿江口、南至北仑河口，长达1.8万公里。沿岸有500平方米以上的岛屿6500多个，岛岸长1.4万公里，总面积8万平方公里。滩涂面积20779平方公里。按照《联合国海洋法公约》的规定和我国的主张，中国管辖海域面积约300万平方公里，相当于陆地面积的1/3，在世界沿海国家中居于前10位。中国海洋环境优越，资源丰富，区位有利，开发潜力很大。

（1）海洋渔业。在中国海域鱼、虾、蟹、贝、藻等生物资源有20278种，其中主要经济鱼类有150多种，优势品种有20多个；全国沿海共有渔港898个，机动渔船41万艘，其中海洋机动渔船约26万艘，渔政渔港管理人员数万人，管理船1200多艘。在34个国家和地区建立了65个渔产品企业或代表处，远洋渔船1000多艘，形成近3亿美元的资产和50万吨的远洋渔业生产能力，外派人员15000多人，培养了一支具有远洋渔业生产、管理的船员队伍和技术骨干，为我国远洋渔业拓展奠定了基础。1995年全国海洋水产品总产量1439.13万吨，其中海洋捕捞产量1026.8万吨，总产值1159亿元；海水养殖面积71.58万公顷，产量412.3万吨。可养殖滩涂利用率不足40%，15米以浅海域利用率不足2%。海水增养殖业潜势巨大，单产和增殖水平尚可进一步提高。

（2）海洋交通运输业。中国海岸曲折，海湾甚多，面积10平方公里以上的海湾有160多个；基岩海岸5000多公里，其中深水岸段400多公里，可建中级以上泊位的港址160多个、万吨级以上的40多个。10万吨级以上的10多个。截至1995年底统计，我国沿海现有海港50个，深水泊位460多个，运输船舶4230艘，2119万净载重吨，主要港口吞吐量超过8亿吨，营运收入为421.8亿元。90年代以来，我国加大了大型专业化泊位建设，远洋运输和集装箱运输能力显著增强。中国海域是世界10大航线太平洋航线的组成部分，不仅有利于发展国际海上运输，而且由于我国有10多条具备航运条件的入海河流，有利于发展河海联运。目前，我国的造船业居世界第三，集装箱运力位居世界第四，海洋承担了中国外贸70%的运输业务。

（3）海洋石油和滨海砂矿开发。中国海域分布着大面积沉积盆地，可供油气勘探的面积在60万平方公里以上，海洋石油储量240多亿吨、天然气8万亿多立方米。截至1996年6月底，与16个国家和地区的60

家公司签订合同110多个,海上钻井400多口,发现含油气构造71个,获地质储量石油12亿吨;天然气2350亿立方米。1994年油气产值97亿元;1996年海洋原油产量突破1500万吨,天然气产量达到40亿立方米,产值达到194亿元。

我国沿海有2/3岸段属于砂质海岸。滨海砂矿主要分布在海南、广东、广西、福建和山东等省沿岸。在滨海砂矿中,已探明工业储量的砂矿有13种,分别是锆石、锡石、独居石、钛铁矿、磷钇矿、铬铁矿、磁铁矿、银钽铁矿、金红石、石英砂、沙金和金刚石。重要矿产地有91处,各类矿床208个,其中大型矿床44个,中型矿床50个,小型矿床114个,另有106个矿点。各类砂矿总储量15.27亿吨,其中石英砂7.2亿吨,铸型用砂6.9亿吨,水泥标准砂0.92亿吨,重矿物砂矿2500万吨。目前开采的矿床30多处,1990年,全国滨海砂矿总产量69.71万吨,总产值7700万元。

(4) 海盐及盐化工业。海水制盐是我国开发利用海洋资源最早的产业之一。我国拥有8400多平方公里宜盐土地,沿海还有丰富的地下卤水资源,全国现有盐田41.6万公顷。近年来,我国海盐生产工艺有了很大改进,机械化和电气化水平有了很大提高。1993年,全国盐业产量达2993万吨,其中海盐2144万吨,居世界首位。

解放前,我国盐化工产品不足万吨。新中国建立后,特别是改革开放以来,我国海水提取氯化钾、无水硫酸钠、氯化镁等盐化工业有了较大进展。目前,我国有盐化工厂50多个,产品55种,产量为50多万吨,1995年总产值达到45.1亿元。

(5) 海水淡化和海水直接利用。我国海水淡化研究始于20世纪50年代末,经过几十年的发展,目前科研和生产已具相当规模,并进入推广应用阶段。据不完全统计,全国从事海水淡化研究的单位有100多个,有关产品生产的单位150多家,在各个领域使用淡化装置已达数千台,海水淡化日产1万多吨。随着国民经济发展和海水淡化技术的日臻完善,海水淡化可作为解决我国淡水资源短缺的重要辅助手段,为生产和生活提供用水。在全国苦咸水地区、沿海缺水工业区、海岛、船舶、环境保护等领域起到重要作用。西沙永兴岛建的海水淡化站生产的淡水,比远距离用船运送供水,节省费用80%。据对10个电厂粗略统计,用电渗析技术工艺供水，每年节省处理费近百万元。

海水直接利用主要是做工业用冷却水和大量生活杂用水。1991年底统计，全国沿海直接利用海水的单位有70多家，其中大连市有26家，青岛市有24家，每年开发利用海水约70亿立方米，其中大连市每年利用海水约6亿立方米，青岛市3亿立方米，上海4亿立方米，天津14亿立方米。目前，大连每年直接利用海水的数量，占全市工业年总用量的86%；青岛利用海水的数量占工业用水总数的67%。天津碱厂利用海水冷却化盐制碱，每年仅节盐收益就达100多万元；青岛碱厂每年利用海水节省淡水270多万立方米，创经济效益0.25亿元；大连化学工业公司，每年取用海水的数量占全公司总用水量的97%，每年节省自来水450万立方米、资金130多万元，既解决了供水紧张的问题，又保证了生产的顺利发展。

（6）海洋能源开发利用。据估算，中国海域海洋能蕴藏量约4.2亿千瓦，其中沿海潮汐能1.1亿千瓦，波浪能0.23亿千瓦，温差能1.5亿千瓦，盐差能1.1亿千瓦，海流能0.2亿千瓦。目前，我国正在运行的潮汐发电站8座，装机总容量为6120千瓦，年发电量1400多万千瓦/小时；用于航标灯（船）波力发电装置170多台；正在建设装机容量为20千瓦和8千瓦的两个波力发电站，一艘5千瓦浮式波力发电船，一座10千瓦的潮流实验电站。浙江江厦潮汐发电站自1985年建成运行，至1990年，共发电3000万度，以每度提供工业产值5元计，创产值1.5亿元。山东省白沙口潮汐电站运行以来，累计发电1500万度，创产值7500万元，综合经营利税年均百万元，固定资产总值约1000万元。海洋能属再生清洁能源，具有良好的发展前景。目前我国对海洋能开发利用尚未形成规模，有待进一步研究和开发。

（7）滨海旅游业。中国历史悠久、沿海人文景观分布密度大、种类多，具有"阳光、沙滩、海水、空气、绿色"五大旅游要素，有很强的观赏性和趣味性。据调查，我国沿海有旅游景点1500多处，其中海岸景点45处，岛屿景点15处，沙滩景点100多处，海底景点5处，自然生态奇特景点27处，山岳及人文景观181处，国家历史文化名城16座，国家重点风景名胜区25个，全国重点文物保护单位130多个。目前开发和部分开发的旅游景点300多处，占旅游景点总数的1/5。1990年，我国15个沿海城市旅游收入近24亿元。1995年，沿海城市旅游人次达980多万人，国际旅游外汇收入 40 多亿美元，折合人民币约 360 多亿元。到 2000 年，全国旅游业年创汇可达到 140 亿美元，国内旅游收入 2600 亿元，旅游总收入争取占到全国生产总值的 5%。

改革开放以来，党和国家高度重视海洋经济的发展，在《国民经济和社会发展"九五"计划和 2010 年远景目标纲要》中明确提出"加强海洋资源调查，开发海洋产业，保护海洋环境"的战略任务。沿海各省、自治区、直辖市相继提出了发展海洋经济的新构想，浙江省提出"海洋是浙江省的希望"，辽宁、山东、江苏提出建设"海上辽宁"、"海上山东"、"海上苏东"的跨世纪工程，福建提出建设"海上田园"，广西提出"蓝色计划"，海南提出"以海兴岛，建设海洋强省"等。海洋经济逐步成为我国国民经济发展的热点和新的增长点。据报道，70 年代末，全国主要海洋产业的产值仅有 64 亿元，占国内生产总值的 0.7%；进入 80 年代，海洋产业平均每年增长率为 17%，1989 年总产值达到 246 亿元，占国内生产总值的 1.7%；90 年代以来，海洋产业平均年增长率为 22%，1995 年总产值达到 2460 亿元，占国内生产总值的 2%。预计到 2000 年，我国主要海洋产业产值可能突破 5000 亿元。沿海 11 个省、自治区、直辖市的土地面积仅占全国土地总面积的 14%，却承载着占全国人口 40% 的相对富裕人口，创造了占全国 60% 的国民生产总值。尽管取得这一成绩的原因是多方面的，但发展海洋经济是其中的一个重要因素。

三　山东省海洋经济发展现状

山东省位于中国东部，渤、黄海之滨，是全国 11 个沿海省市之一。海岸线北起大口河口、南至绣针河口，长达 3120 多公里，占全国海岸线总长度的 1/6，有海岛 326 个，岛岸长 737 公里，总面积 136 平方公里；滩涂面积 3200 平方公里；海域面积 17 万平方公里，其中水深 20 米以浅海域 2.9 万平方公里。临海 7 个地市和 34 个县（市、区）。全省有海洋科研机构 39 个，海洋科技人员 1 多名，分别占全国的 40% 和 50% 以上。丰富的海洋资源和雄厚的科技力量，是山东省发展海洋经济的两个优势。

（1）海洋渔业。山东省近岸海域有鱼类 200 多种，其中有捕捞价值的 100 多种，主要经济鱼类有 60 多种，较常见的如小黄鱼、黄姑鱼、带鱼、梭鱼、青鳞、银鲳等；虾类有 30 多种，其中主要经济虾类是中国对虾、鹰爪虾和中国毛虾等；蟹类 60 多种，其中资源量最多的是三疣梭子蟹；贝类 170 余种，如杂色蛤、文蛤、毛蚶、牡蛎、竹蛏、贻贝、栉孔扇贝、皱纹盘鲍等；藻类 100 多种，主要有海带、裙带菜、石花菜、紫菜等。此外，还有棘皮动物和哺乳动物。根据 1982—1983 年渤海拖网资源调查和 1985—1986 年黄海拖网资源调查，估算山东海域拖网水层的底层鱼类资源量为 16.8 万吨，中上层鱼类约 70 万吨。截至 1993 年底统计，全省共有渔港 142 处，码头总长 3.09 万米；拥有机动渔船 4.25 万艘、55 万总吨、94.6 万千瓦，其中海洋捕捞船 3.72 万艘、52.7 万总吨、88.9 万千瓦。1996 年，全省海洋渔业总产量 518.5 万吨，其中海水养殖产量 260 万吨，海洋渔业总产值达到 426 亿元（现价），占全省主要海洋产业总产值的 80%。海产品产量和海洋渔业产值连续 7 年居全国前列。威海、烟台两个临海地市和荣成、长岛等 16 个临海县（市、区）渔业产值在大农业中位居第一位。全省年收入超过千万元、利税超过百万元的渔业公司有 100 多家，其中年收入超过亿元、利税超过千万元的渔业公司有 30 多家。

（2）海洋运输业。在全省 3000 多公里海岸线上，分布着大小不等的山咀、岬角、沙咀、沙坝 1000 多处，海湾 200 多个，其中面积 1 平方公里以上的 51 个、5 平方公里以上的 30 个左右，主要海湾有莱州湾、芝罘湾、桑沟湾、石岛湾、胶州湾和灵山湾等 10 余个。有关部门初步调查，全省仅离岸 2000 米以内的海域，可建 10 米以上深水泊位的港址有 51 处，其中 10 万—20 万吨级港址 23 处，5 万吨级港址 14 处。山东省现有海港 26 个，187 个泊位，其中深水泊位 40 个左右，1995 年吞吐能力超过 1 亿吨，占全国港口吞吐量的 13%；有 7 个港口对外开放，开通国际运输航线 26 条，遍及五大洲 60 多个国家的 300 多个港口。1995 年全省港口和运洋运输业增加值达到 35 亿元。目前全省尚未开发利用的深水港址近 40 处，其中可建 10 万—20 万吨级泊位的 15 处，5 万吨级的 11 处，万吨级的约 10 处。这些深水泊位，是山东省发展沿海和国际运输的良好条件。

（3）海盐及盐化工业。山东省沿海滩涂开阔，气候干旱，不仅适宜晒盐，而且有丰富的盐矿资源可供开发利用。调查研究发现，地下卤水广泛分布于莱州湾沿岸和无棣、沾化、河口、利津、垦利、广饶、寿光、寒亭、昌邑等 10 个县市的滨海地带，其含盐量为每升 100—180 克，比普通海水高3—6倍，面积1500平方公里，总储量约75亿立方米，总含盐量达8.13亿吨，其中氯化钠6.5亿吨，溴素150万吨，氯化钾1455万吨，氯化镁和硫酸镁1.5亿吨。东营盐矿，地下卤水61亿立方米，岩盐5882亿吨，分布面积约5700平方公里，其中膏盐面积1349.2平方公里，石盐面积474.4平方公里，矿石氯化钠品位一般在83%以上。青岛盐区地下卤水总储量为2亿多立方米，含盐量为890万—1000万吨，按照目前盐业开发能力，可维持现有盐业生产水平达20年之久。1995年，全省盐田面积为11万公顷，海盐生产能力超过900万吨，占全国海盐产量的40%以上。全省溴素生产能力已达2万吨，占全国总生产能力的80%；以溴素为基本原料的溴精细化工产品有200多个品种。纯盐产量达到124万吨，占全国的29.4%。制盐母液中镁的含量极为丰富，如果能够全部利用，全省每年可以从制盐母液中提取工业氯化镁50万吨；在每百万吨盐的剩余母液中可提取氯化钾1万吨。

（4）浅海滩涂矿产开发。长期以来山东省主要对滨海矿产进行勘探开发，1993年开始海上石油开发生产。胜利油田是我国第二大油田，已查明油气聚集地质构造面积6.6万平方公里，发现油气田64个，测算石油总资源量52.9亿—79.4亿吨，伴生气1150亿立方米，至1993年底累计生产原油5.2亿吨。全省沿海有锆英石等金属砂矿36处，其中大型矿床1个，小型2个，矿点9个，平均品位34克/立方米，总储量约31万吨；非金属砂矿建设砂，主要分布于荣成、龙口和日照地区，估计储量为3亿—5亿吨。1995年，全省海洋石油产量为54万吨，约占全国的6%。

（5）滨海旅游业。山东省沿海海洋景观与滨海陆地、岛屿人文景观融为一体，历史典故、神话传说和文物古迹较多，在国内外知名度较高，具有很好的发展前景。全省滨海旅游景点主要分布于青岛、烟台和威海等地。青岛滨海风景名胜区、崂山、烟台山、蓬莱阁、长山岛、刘公岛等，都是国内外人士向往的游览地。1993年，全省7个沿海地市接待国外游客7万人次，创汇1.4亿元。随着旅游热的兴起，目前全省新建、整修、恢复主要旅游景区（点）30多处，兴建星级宾馆37座，旅游接待能力有了明显提高。1995年，青岛、烟台、威海三市接待海外游客近33万人次，直接创汇1.14亿美元，总收入25亿元。1996年，仅青岛市就接待国内外游客921.1万人次，其中外国人、华侨和港澳同胞19.11万人次，石老人旅游度假区接待国内外游客123万人次,涉外旅游收入5.46亿元,旅游消费56.4亿元,占青岛国内生产总值的7.9%。

有关研究证明,山东省不仅是全国的海洋资源大省、海洋科技大省、而且是海洋经济大省。1995年,全省海洋产业增加值(当年价)为255亿元,占全省国内生产总值(GDP)的5.10%,全省海洋产业产值477亿元,占全国的19.36%,在全国11个省、自治区、直辖市中居第二位(第一位广东省,616.31亿元,占25.01%)。从全省海洋产业的内部结构来看,1995年全省海洋产业增加值超过10亿元的有7个产业:海水养殖业(67.23亿元),海洋捕捞业(82.17亿元),水产品加工业(16.9亿元),制碱业(11.7亿元),远洋运输业(19.66亿元),港口业(15.09亿元)和滨海旅游业(13.21亿元)。1996年全省海洋产业总产值超过530亿元,比1990年(160亿元)增加了两倍多;海洋产业增加值达到290亿元,约占全省国内生产总值的5.8%,远远超过全国沿海省市3%的平均水平,在"海上山东"建设中显示了良好前景。

表1为山东省1994、1995年海洋主要产业产量统计表。

表2为山东省1994、1995年海洋三大产业增加值统计表。

表3为1995年全国沿海地区海洋产业产值统计表。

资料来源:1996年《"海上山东"量化目标研究》一书。

表1　山东省1994、1995年海洋主要产业产量　　　　　　　　(万t)

产业	山东省 1994年	山东省 1995年	占全国比重(%) 1994年	占全国比重(%) 1995年
海洋水产品产量	305.3	327.3	24.6	22.7
海洋捕捞	160.8	161.8	18.0	15.8
海水养殖	144.5	165.3	41.8	40.1
主要海港货物吞吐量	8 678.2	10 594.0	11.9	13.2
海盐产量	753.8	900.8	35.0	40.6
纯碱产量	117.3	123.0	20.6	29.4
海洋石油产量	30.0	54.0	5.0	6.0

表2　　　　　　1994，1995年山东省海洋三大产业增加值

项目	1994年 增加值（万元）	占海洋产业比重（%）	1995年 增加值（万元）	占海洋产业比重（%）	分别占所在产业比重（%） 1994年	1995年	备注
海洋产业合计	2247093	100	2551039	100.00	5.80	5.10	占GDP的比重
海洋第一产业	1346117	59.90	1494190	58.57	17.37	14.79	占第一产业比重
海洋第二产业	494782	22.02	521362	20.44	2.60	2.19	占第二产业比重
海洋第三产业	406194	18.08	535487	20.99	3.39	3.33	占第三产业比重

表3　　　　　　1995年沿海各地区海洋产业产值（当年价）

地区	产值（亿元）	占全国比重（%）	地区	产值（亿元）	占全国比重（%）
辽宁	178.46	7.24	浙江	267.70	10.87
河北	40.2	1.64	福建	218.22	8.86
天津	112.29	4.56	广东	616.31	25.01
山东	476.88	19.36	广西	45.92	1.86
江苏	97.84	3.97	海南	30.08	1.22
上海	346.61	14.07	全国合计	2430.66	100.00

第二部分　海洋经济立法的重要意义

一　海洋经济发展进程中存在的主要问题

新中国成立后，特别是改革开放以来，中国的海洋经济快速发展，目前已成为国民经济的重要组成部分。山东省作为全国沿海大省。海洋产业总产值位居前列，发展成为全国的海洋经济大省。我国海洋经济取得的巨大成就，令人欢欣鼓舞，但对目前存在的一些问题也不可忽视，主要是：

（一）概念不清，统计口径不统一

随着海洋经济的发展和海洋产业的振兴，有关海洋经济和海洋产业方面的研究、文章和专著越来越多，这是个可喜的现象，但在这些研究和论著中对海洋经济这一概念的表述却千差万别，对海洋产业产值的统计口径很不统一。有的认为，海洋经济是海洋资源开发利用所形成的产业，以及

形成这些产业的社会经济活动,如海洋渔业、海洋药物、海运业、海底产业、海洋化工业、海洋旅游业等,统称海洋经济。这个概念给人一种错觉,似乎海洋产业就是海洋经济;海洋经济是对各种海洋产业的统称。其定义将两个不同的概念混为一谈,是不可取的。有的认为,海洋经济是对人类在海洋中以及海洋资源为对象的社会生产、交换、分配和消费活动的总称。有的认为,海洋经济是以海岛、海洋为活动场所,以海洋资源和海洋空间为开发对象,以海洋科学技术为开发手段所进行的各种经济活动的总称。这两个定义大同小异,都把海洋经济视为一种具体的经济形式,是欠妥的。最近完成的《2020年把我国建成海洋经济强国》研究项目报告中认为,"海洋经济是投入和产出、需求和供给以及生产作业与海洋资源、海洋空间紧密相连的一类经济事业,是相对于陆地经济而言的"。我们认为,将海洋经济归划为一类经济不符合目前我国经济类型划分规定。据1998年3月31日《法制日报》报道,根据国家统计局和国家工商行政管理局最近发布的《关于经济类型划分的暂行规定》,将我国的经济划分为国有经济,集体经济,私营经济,个体经济,联营经济,股份制经济,外商投资经济,港、澳、台投资经济,8种类型。可见,海洋经济不属于我国的一种经济类型。如果说从不同角度分类的话,海洋经济应该与城市经济、农业经济的性质一样,属于普遍概念。它是对开发利用海洋资源而进行的社会物质生产和再生产活动的泛称。由于人们对海洋经济的认识不一致,概念不清楚,所以直到今天尚未形成一个统一、公认的定义。各地区各部门在反映海洋经济发展情况的数字统计方面,则口径也不统一。有的称为海洋产业总产值,有的称为海洋产业增加值;有的称为海洋产业总产值,有的称为主要海洋产业产值或增加值。有的在同一篇文章里对去年的统计数字用的增加值,今年的数字却用的是总产值;产值甲为某年不变价;乙为当年价。使人看了既无法前后相比,也难以相互对比,只能人云亦云,不作深究。海洋经济的基本概念不清楚。也就不会有精确的统计结果。我们建议,有关部门应开展海洋经济概念的研究,确定一个比较科学的定义。如果暂时不能提出一个较科学的定义,不妨将海洋经济的统计范围界定下来,以便统一口径,正确反映海洋经济的发展状况。

(二) 缺少海洋经济发展规划和年度计划

海洋经济发展规划是国家对未来时期海洋经济发展所做的部署和安

排。海洋开发与保护工作，涉及国家若干部门和沿海各级人民政府。各有关部门从本部门的角度提出了某一方面的海洋事业发展规划或计划，如《海洋技术政策》、《中长期海洋科学技术发展纲要》、《全国海洋环境保护十年规划与"八五"计划》、《九十年代我国海洋政策和工作纲要》、《海洋开发规划》、《全国科技兴海规划纲要》，以及交通、水产、盐业、石油等行业开发规划。沿海地区制定了建设"海上辽宁"、"海上山东"等区域性海洋开发规划。但是，至今尚未制定出一个"全国海洋经济发展规划"。在八届全国人大四次会议上批准通过的《关于国民经济和社会发展"九五"计划和2010年远景目标纲要》中明确提出"加强海洋资源调查，开发海洋产业，保护海洋环境"的战略任务。《纲要》确立的7个跨省经济区域布局中，涉海的有五个。为实施国民经济和社会发展"九五"计划和2010年远景目标，应该抓紧制定全国海洋经济发展规划（1996～2010年），确定我国海洋经济发展的指导思想、奋斗目标、主要任务、战略布局和基本政策，使海洋经济持续、快速、健康发展。

（三）海洋产业的科技含量不高，劳动生产率偏低

我国海洋经济的发展，占主导地位的仍然是海洋传统产业，即以海洋渔业、盐业和海洋运输业为主。1995年全国海洋产业总产值为2460亿元，其中传统产业产值占总产值的66%以上；山东省海洋产业总产值为500亿元，其中传统产业产值占总产值的47%。海洋开发和资源利用处于粗放阶段，或掠夺状态。1995年全国海洋产业增加值仅占国内生产总值的2%，这与我国海洋资源拥有量很不相称。海洋油气资源约占全国石油资源量的30%，但其产量只占全国的3%。山东省的海水养殖虽然有了一定规模，海水养殖产量超过海洋捕捞量，但大部分水产品的都是粗加工，使本可以获得数倍效益的产品仍停留在出售初级产品的阶段。在海水直接利用方面，目前仅在大连、青岛、天津等个别沿海城市，年利用总量也不过100亿吨，而工业发达国家海水直接利用沿海工业用水达50%以上。海洋渔业和盐业产量虽然跃居世界前列，但人均劳动生产率分别只有1.83万元和1.4万元，与国外相差几倍甚至几十倍之多。目前，全国海洋产业产值增长中科技进步贡献率约为30%，山东省是全国海洋科技大省，科技进步因素在海洋产业产值中所占的比重才达到40%左右。由此可见，发展海洋经济不仅要开发海洋产业，同时要注意实施科技兴海战

略。紧紧依靠科技,才能攻克阻碍海洋经济发展的难点和难关。

(四)海洋环境问题日趋严重

海洋环境问题主要是由于人为活动引起的环境污染和生态破坏。目前,我国每年入海污水约 100 亿吨,占全国污水排放总量 30% 左右,预计 2000 年可能达到 110 亿吨以上。1990 年,入海污染物中石油 12.5 万吨,有机物 748.2 万吨;营养盐类 11.5 万吨,重金属 4.2 万吨。目前,虽然我国海洋环境质量在整体上尚处于良好状态,但近岸海域,尤其是河口、海湾和港区水域的水质污染相当严重,污染事件逐年增多,赤潮发生频率不断上升。据统计,1996 年全国发生 753 起渔业污染事件,有 14.9 万公顷的养殖水面受到污染,造成经济损失 1.7 亿元,其中海产品 0.8 亿元。如青岛市,工业、农业和生活污水,绝大部分通过混合排污河、工厂直排口和市政下水道入海口排入近岸海域。据对这三种排放方式的 48 个点源调查统计,各种污染源每年排放废水量为 1.5 亿多吨,入海污染物主要是 COD、DO、石油类和氨氮。胶州湾约有 40% 的滩涂面积受到污染,每年损失贝类约 750 万公斤;崂山区沙子口湾,面积为 2.89 平方公里,被一个年产值仅 5000 万元的啤酒厂污染成为一臭水潭。莱州湾的小清河口,历史上盛产银鱼、河蟹,60 年代最高年产银鱼可达 30 万公斤、河蟹 20 万公斤左右,由于河口区污染,70 年代以来两种鱼类基本绝迹。

海洋环境生态破坏,主要是由于不合理开发利用海洋资源造成的。1958 年测算胶州湾面积为 535 平方公里,1975 年为 427.24 平方公里,其中滩涂面积 124.33 平方公里,占海湾面积的 29%,水域面积 302.91 平方公里,占海湾面积的 71%;1992 年测算,胶州湾面积缩减到 388.12 平方公里,滩涂面积减少到 85.21 平方公里,比 1975 年减少 39.12 平方公里,其中建虾池 27.33 平方公里,修环海公路填海 8.73 平方公里,建港填海 1.84 平方公里。虽然胶州湾面积减少有自然方面的原因,但主要是围海造地,建港筑坝等人为因素引起环境的改变。由于胶州湾生态环境的变化,导致物种减少、灭绝或迁移,局部潮间带生物 60 年代有 141 种,80 年代仅有 17 种,20 年间灭绝或消失了 124 种。由于过度捕捞和滥采乱挖,使渔业资源量减少,质量下降。过去,胶州湾秋汛对虾捕捞量为 500 吨左右,目前下降到 300 吨,且大多是较小的幼体。湾内蛤仔,按规定不准采挖小于 27 毫米的,而近年来却采挖壳长不足 20 毫米的幼蛤,年采捕量达10万吨左右，滩涂贝类受到严重破坏。同时，盲目扩大养殖面积和增加养殖密度。损害了养殖环境。90年代初，全年养殖面积只有1.5万亩，1996年发展到3.3万亩，养殖产量占水产品总产量的比重，由1981年的31.5%，提高到1996年的63.9%。有关专家认为，养殖筏的大量设置，使潮流受阻，流速减缓，自净能力降低；而入海污染物和死亡的动植物常年积聚于养殖区，造成底质有机物含量过剩、变质发臭，影响水质清洁度，容易诱发养殖区的各种病害。科学家曾警告人们："没有健康的海洋、人类将会灭亡"；"忽视海洋就是忽视我们2/3的地球，破坏海洋就是破坏我们的地球，一个死亡的地球无助于任何国家"。

（五）防灾减灾能力较弱

海洋灾害包括海冰、风暴潮、地震、海啸、赤潮等自然灾害。我国海洋自然灾害每年造成的经济损失约100亿元，1966年，山东省莱州湾西部黄河口处被海冰封冻离岸10多公里，使400只船和1500名渔民困在海上。风暴潮，史书上一般称海溢、海侵、大海潮，对其所造成的灾害称为潮灾。影响山东沿海的风暴潮有温带风暴潮和由台风引起的台风风暴潮。在解放后的近50年中，山东沿海总共发生过大小60多次温带风暴潮灾、20多次台风引起的风暴潮灾。1987年10月至11月，莱州湾先后发生两次较大的潮灾，使莱州湾南岸的寿光、寒亭、昌邑三县北部沿海滩涂开发建设受到严重破坏，共冲毁防潮堤坝65.37公里，冲走砂料1.35万立方米，土方410万立方，石方46万立方，冲毁虾池30480亩，淹没盐田4万亩，撞坏、沉没渔船41艘，经济损失高达3852.75万元。1985年9号台风引起的风暴潮、巨浪、暴雨、狂风等群发灾害，使青岛、烟台两市沿海农田受灾面积1009万亩，成灾面积720万亩，其中绝产160万亩，粮食减产5亿多公斤，倒塌房屋14万间，刮倒树木130万棵，损失水果4.5亿公斤，撞坏渔船2000多条，冲毁虾池、贝池3万亩，刮倒电线杆5900多根，造成500多家县属以上工厂企业和2万多个乡镇企业停产，伤726人，死亡117人，各种经济损失达10亿元。此外，还有赤潮灾害、海水入侵地下含水层、沿海地面沉降，及海岸侵蚀、土地盐碱化、河口淤积等，都给海洋经济的发展造成重大影响。长期以来，我国有关部门和沿海地区采取了一些防灾减灾的措施，如加强海岸防护工程建设，建造沿海防护林带，开展灾害监测、预警、救援、科研、宣传教育工作等，取得了很大成效，但与满足防灾减灾的实际需要还有不小的差距。应该制定防灾减灾规划，有计划有步骤地落实有效措施，不断提高抗御海洋灾害的能力。

二 加强海洋经济地方立法的必要性

海洋经济是山东省国民经济的重要组成部分。海洋产业是我省"九五"期间和 21 世纪大力发展的支柱产业。加强海洋经济管理立法，对于引导、推进和保障海洋经济的健康发展，具有重要的现实意义和深远意义。

（一）建立和完善海洋经济法制，是加强海洋经济管理的前提

法制这一概念，是我国法学理论、法制建设实践和法律宣传工作中经常使用的概念，但人们对这一概念的理解不尽一致。我国法学界权威人士认为，对法制这个概念作广义和狭义两种解释，比较符合我国的历史传统和近代各国对法制的理解，也有利于人们在不同场合，根据不同需要，来准确地使用这一概念。从广义上来说，法制是指统治阶级按照自己的意志，通过政权机关建立起来的、由国家强制力保证其实施的法律制度，包括全部法律以及立法、执法、司法、守法和护法等方面的各项制度。狭义上的法制，是指所有国家机关、社会团体和全体公职人员和人民都必须严格地、平等地遵守建立在民主基础上的、统一的法律制度。我们同意对法制作广义和狭义两种解释的观点。对于我们在这里所讲的海洋经济法制，也应该这样理解。目前，我国有关海洋经济的立法很多，粗略统计不少于 150 个。但这些现行法律、法规并未形成一个完整、统一，彼此相互联系、相互补充的法律体系。有的因制订过早，与现实情况不相适应，需要修改；有的规定相互矛盾，难以实施；有些方面至今没有法律规定，尚属空白。就山东省海洋经济立法来说，不仅其数量少，而且大多是涉及传统海洋产业的规定，对于新兴海洋产业大多是对个别方面的规定，尚有不少空白，有的方面或者国家已作出法律规定，但山东省还没有根据这些法律作出执行性的规定。"有法可依，有法必依，执法必严，违法必究"，这是社会主义法制的基本要求，其中有法可依，是建立社会主义法制的前提。因此，在发展海洋经济的同时，必须加强海洋经济立法，以便适时地将海洋经济纳入法制轨道，为海洋经济发展和管理提供法律依据。

(二) 加强海洋经济立法,是建设"海上山东"的重要手段

1988年山东省科委在调查研究的基础上,提出并实施"科技兴海"战略;自1991年以来,山东省委、省政府和省人大先后作出决定和决议,将建设"海上山东"列为全省的一项重大跨世纪工程,并列入"八五"、"九五"计划和2010年远景目标。为贯彻实施这项决定,省有关部门组织了《科技兴海发展战略研究》和《"海上山东"量化目标研究》等。《中华人民共和国国民经济和社会发展"九五"计划和2010年远景目标纲要》指出,"坚持改革开放和法制建设的统一,做到改革决策、发展决策和立法决策紧密结合,并把经济立法放在重要位置,用法律引导、推进和保障社会主义市场经济的健康发展"。海洋经济立法在"海上山东"建设中的作用主要表现在:

(1) 海洋经济管理法规是通过立法机关有目的、有意识的行为创立的,它可以确认其借以建立的经济关系在社会各种关系中的地位,从而促进海洋经济的发展。建设"海上山东"既然是省人大和省政府确定的一项跨世纪工程,省人大和省政府就可以通过立法,在政策、经济、技术上全力支持海洋经济的发展。

(2) 海洋经济立法是山东省在发展海洋经济方面的经验总结,它能够引导、规范和进一步完善全省海洋经济事业。山东省海洋经济,尤其是对海洋渔业、盐业和运输业,具有几十年的管理工作经验;对新兴海洋产业,如沿海滩涂石油勘探开发、石油化工、盐化工、滨海矿产业和旅游业以及海洋药物,海洋能利用,海水直接利用等,起步较早,取得了很好的效益,也有很多经营管理经验可总结。将这些管理经验用法律形式固定下来,并推而广之,不仅可以使那些约定成俗的海洋经济活动规范化、制度化,而且可以带动新兴海洋产业的发展,从而统一全省市场,开拓国内市场和国际市场。

(3) 法具有特殊的权威性和强制性,它能够维护海洋经济秩序。地方立法是国家立法的组成部分。地方性法规同样具有法律的一般特征。通过海洋经济立法,使广大干部和人民群众懂得政府鼓励做什么、禁止什么行为,从事海洋经济活动有哪些权利,承担哪些义务等。海洋经济立法不仅指引全省人民正确地从事海洋经济活动,而且能够对于阻碍和破坏海洋经济秩序的行为依法给予制裁。

(三) 加强海洋经济立法，是营造全省法治环境，实行依法治省的重要举措

江泽民同志在十五大报告中指出，"依法治国是党领导人民治理国家的基本方略，是发展社会主义市场经济的客观需要，是社会文明进步的重要标志，是国家长治久安的重要保障"，并提出了加强立法，提高立法质量，到2010年形成有中国特色社会主义法律体系的战略任务。为了贯彻落实十五大报告精神，山东省确定了依法治省的奋斗目标。依法治省，关键是依法行政，而依法行政首先要建立健全法制，加强立法，使政府机关、各行各业和全体公民都有法可依。因此，加强海洋经济立法，就成为山东省依法治省不可缺少的一项工作。我省海洋经济立法，包括制定新法规，修改与现实情况不相适应的现行法规，废止那些不再适用的法规。海洋经济涉及若干海洋产业，要规范各个产业的经济活动，立法任务是很繁重的。海洋经济立法是否跟上全省海洋经济快速发展的形势，关系到能否实现依法治省奋斗目标的大问题。原司法部部长肖扬在1997年11月召开的依法治省工作座谈会上强调，依法治省的关键是要抓住"法治"这个环节。要加强地方立法，提高立法质量，逐步形成适应经济建设和社会发展需要的地方性法规体系，使地方各项工作都能够有法可依，有章可循。

第三部分 海洋经济立法的指导思想和遵循的基本原则

一 海洋经济立法的指导思想

海洋经济立法是山东省地方立法的一个重要方面。地方立法是地方国家权力机关和地方国家行政机关在其职权范围内或者经国家授权，按照规定的条件和程序制定地方性法规和规章的活动。其基本任务是，在本行政区域内，保证宪法、法律、行政法规和上级人民代表大会及其常务委员决议的遵守和执行；根据宪法和地方组织法规定的职权，就本行政区域内所管辖的地方事务，制定地方性法规和规章；根据法律授权，或者依据国家权力机关或上级国家行政机关专门决议的委托，制定规范性文件；根据本行政区域的具体情况和实际需要，在不同宪法、法律、行政法规相抵触的前提下，或者遵循法律、行政法规的基本原则，制定地方性法规和规章或

者其他规范性文件，旨在完备社会主义法制，使地方各项事务不仅有法可依，而且有章可循，以巩固和发展社会主义制度，保障和促进本行政区域各项事业的发展。

基于对地方立法基本任务的上述认识，我们认为，山东省海洋经济立法的指导思想是，以邓小平理论和党的基本路线为指导，坚持改革开放和法制建设的统一，做到改革决策、发展决策和立法决策紧密结合；局部利益服从国家利益，维护社会主义法制的尊严和统一；要以宪法为依据，在不与国家法律、行政法规相抵触的前提下，或者根据国家法律、行政法规的规定，结合山东省的具体的情况和实际需要，制定地方性法规和规章；加快海洋经济立法步伐，提高立法质量；既要把实践证明是正确的东西用法律形式肯定下来，使其得以巩固，又要防止立法工作滞后于海洋经济发展需要的现象；充分发挥法律对海洋经济发展的指导作用，引导海洋经济健康发展；要使海洋经济立法具有较强的针对性和可操作性。

二　海洋经济立法遵循的基本原则

立法基本原则是立法活动必须遵循的主要准则。立法活动中是否遵循立法的基本原则，遵循哪些基本原则，这是保证立法质量的关键问题。目前对于地方立法必须遵循的基本原则众说不一。有的提出应遵循"坚持四项基本原则"；有的提出应遵循"从实际出发的原则"，"领导与群众相结合的原则"，"原则性与灵活性相结合的原则"等。我们认为，这些原则是长期立法实践经验的总结，是社会主义法律意识和立法意图的高度概括。它反映了具有中国特色社会主义的客观要求，体现了社会主义民主与法制建设的精神，是我国全体人民意志和利益在立法工作中的集中体现。因此，不可否认这些原则都是社会主义立法的基本原则。地方立法必须遵循。但是，地方立法除遵循社会主义立法的一般原则外，还应遵循地方立法的法定原则，并根据调整对象，遵循其特有的一些原则。山东省海洋经济立法包括制定地方性法规和规章两种形式，两者的立法主体、立法条件、立法程序、公布方式和法律地位等都不相同。因此，两者遵循的基本原则也应该有所不同。制定地方性法规必须遵循的基本原则有两条：一是根据本行政区域内具体情况和实际需要制定地方性法规的原则，简称为"从实际出发的原则"；二是在不同宪法、法律、行政法规相抵触的前提下制定地方性法规的原则,简称为"不抵触原则"。制定地方规章所遵循的基本原则也有两条:一是结合本行政区域内的具体情况和实际需要制定规章的原则,简称为"结合实际的原则";二是根据法律、行政法规、地方性法规制定规章的原则,简称为"根据原则"。它们的共同点是:1. 都把本行政区域内的具体情况和实际需要作为立法的源泉和基础,即都要求从本地区的实际出发。2. 都必须维护社会主义法制的统一。两者的主要区别是,"不抵触原则"是制定地方性法规特有的立法原则。根据不抵触原则,立法主体可以在地方立法权限内从实际出发自主立法,有的称之为"创制性立法"。具体地说,属于地方立法权限内的,对法律、行政法规未调整的事项,地方性法规可先行自主调整;对于法律、行政法规已调整的事项,地方性法规可以根据本地区具体情况和实际需要作出有地方特色的规定,包括不能违背法律、行政法规的基本原则或精神,作出某些不完全一致的具体规定。当然,属于地方立法权限以外的,地方性法规不应进行规定。而"根据原则"却不具有这种自主性。规章制定主体只能在有法律、行政法规作依据时,才能结合本行政区域的实际情况制定规章,即执行性立法;如果没有法律、行政法规作依据,不能自主制定规章。

随着经济的发展和改革开放的深入,我省所属地市海洋经济发展也不平衡,各种新情况、新问题不断出现,许多方面的社会关系发生了重大的变化。而适应这种形势要求的法律、行政法规尚有相当一部分立法项目没有制定出来;现行法律、行政法规中有些不适应新形势的部分没有及时得到修改或废止。在这种情况下,不论遵循"不抵触原则"制定地方性法规,还是按照"根据原则"制定规章,都变得困难起来,于是有人便产生了疑问:在现今改革开放,新情况、新问题不断出现的新时期,"不抵触原则"和"根据原则"是否过时了?我们认为,不是过时的问题,而是遵守不够的问题。在这种形势下,更需要强调遵循这些原则。因为只有坚持遵循这些基本原则,才有利于发挥中央和地方两个积极性,才能保障我国社会主义法制的真正统一。同时,还要强调一点,山东省海洋经济立法除遵循地方立法的普遍原则外,还应遵循可持续发展原则,资源有偿使用原则,开发与保护相结合原则,市场调节原则,环境与发展相协调原则等。只有这样,才能使我省制定的海洋经济法规既具有地方特点,又具有海洋经济的一般特色,这也是健全我国海洋经济法制所需要的。

第四部分 海洋经济立法范围和立法项目

一 海洋经济立法范围

越权立法是地方立法的大忌。明确海洋经济地方立法范围，并在规定的立法范围内立法，是维护国家立法权优先和至上地位，维护其完整性与权威性，保障国家和人民利益的关键，也是防止越权立法，保证立法质量的前提。根据宪法和地方组织法规定，省、自治区、直辖市的人民代表大会及其常务委员会，根据本行政区域的具体情况和实际需要，在不同宪法、法律、行政法规相抵触的前提下，可以制定和颁布地方性法规，报全国人大常务委员会和国务院备案。省、自治区人民政府所在地的市和经国务院批准的较大的市的人民代表大会及其常委会，根据本行政区域内的具体情况和实际需要，在不同宪法、法律、行政法规和本省、自治区的地方性法规相抵触的前提下，可以制定地方性法规，报省、自治区的人大常委会批准后施行。省、自治区、直辖市人民政府和省、自治区人民政府所在地的市、经国务院批准的较大的市的人民政府，可以根据法律、行政法规，制定规章。这一规定，一是规定了地方性法规和规章的立法主体；二是规定了制定地方性法规和规章的基本原则。但是，宪法和法律既没有规定地方立法的范围，也没有具体规定地方性法规和规章的立法范围。为了解决这个问题，有些地方在有关规定中划分了制定地方性法规和规章的范围，这对正确行使地方立法权起了积极作用。但是，有的地方对制定地方性法规和规章的范围，规定的比较原则，笼统；有的相互交叉，界限不清，实践中仍然存在两种立法形式混用的现象。鉴于这种情况，有的学者提出，在法律尚未统一规定地方性法规和规章立法范围之前，地方立法主体可以在有关规定中界定地方立法的范围。界定的方法有两种：一是原则上划分中央立法与地方立法的范围；二是直接确定地方两种立法形式的范围。

对中央立法和地方立法范围，可以从立法权限上划分为专有立法权和共有立法权：

专有立法权，即只由中央享有，地方无权涉足的立法事项，包括国家机构，政治制度，全国公民普遍享有的权利和义务，由国家名义作出的行为，涉及国家整体利益的事项，必须全国统一的事项以及中央认为需要由其立法的其他事项。

除上述中央专有立法权以外的事项，均为中央和地方共有立法范围。地方立法权限就体现在这部分共有立法范围之中。但是，属于中央专有立法权范围的事项，在中央立法中作了地方立法授权性规定的，应视为地方立法权范围。

界定地方性法规和政府规章的立法范围，可采用概括的方法和列举限制的方法。制定政府规章的范围：

概括的方法是：可以根据法律、行政法规制定规章。

列举限制的方法是：

（1）不能制定限制公民政治权利的规章；

（2）不能制定涉及政治体制重大变化方面的规章；

（3）不能制定无法律、行政法规依据的规章；

（4）不能制定主要靠司法机关保障执行的规章；

（5）不能制定超出其行政管理职权范围的规章；

（6）不能制定涉及全行政区域重大社会生活问题的规章；

反之，对以上六个方面由地方权力机关制定地方性法规。

我们认为，上述两种界定方法，在理论上都有一定的参考价值，而在实践上不便掌握，难以分清对什么对象究竟是制定地方性法规还是制定政府规章。我们建议，可根据地方立法主体的性质，将其立法权限与其职权结合起来考虑，采取分别列举的方式界定各自的立法范围。就山东省海洋经济立法来说，制定地方性法规的范围应包括：

（1）根据山东省政治、经济和社会发展的具体情况，需要制定地方性法规的；

（2）为保证宪法、法律、行政法规和上级人民代表大会及其常务委员会的决议在全省的贯彻执行，需要制定地方性法规的；

（3）法律授权地方可以制定实施细则或实施办法的；

（4）全国人大及其常委会授权地方可以制定某一方面地方性法规的；

（5）根据山东省人民代表大会交付的立法议案，需要制定地方性法规的；

（6）省人民代表大会闭会期间，人大常委会认为需要制定地方性法规的。

制定地方政府规章的范围应包括：

（1）为执行本级人大及其常委会的决议，需要制定政府规章的；

（2）为执行国务院的有关决定，需要制定政府规章的；

（3）根据法律、行政法规、省地方性法规的有关规定，授权省政府制定实施细则或实施办法的；

（4）为管理本省海洋经济，需要制定政府规章的；

（5）在省人民政府职权范围内认为需要制定政府规章的。

二 山东省海洋经济立法项目

为提出山东省当前和在今后一定时间需要制定的经济立法框架，我们查阅了我国现行法律和行政法规中有关海洋经济方面的规定，也查阅了山东省人大及其常委会和省政府已制定的海洋经济方面的地方性法规和规章。

截至1998年3月底，国家和山东省已制定的与海洋经济直接相关的法律、法规和规章见表4（山东省所属地市制定的政府规章未列入，经省人大及其常委会批准发布的地方性法规包括在内）。

表4　　　　　　　　国家和山东省制定的海洋经济法规目录

	法律、行政法规和部门规章	地方性法规和政府规章
海洋渔业	1. 中华人民共和国渔业法（1986年） 2. 中华人民共和国渔业法实施细则（1987年） 3. 国务院关于渤海、黄海及东海机轮拖网渔业禁渔区的命令（1955年） 4. 水产资源繁殖保护条例（1979年） 5. 渔业资源增殖保护费征收使用办法（1988年） 6. 渔业行政处罚程序规定（1992年）	1. 山东省实施《中华人民共和国渔业法》办法（1987年9月制定，1987年12月第1次修正，1990年6月第2次修正） 2. 山东省海洋专项渔业资源品种管理办法（1992年） 3. 山东省浅海滩涂养殖管理规定（1992年） 4. 山东省征农业特产农业税办法（1994年） 5. 山东省南部海域亲虾管理规定（1995年） 6. 青岛市海洋渔业管理条例（1997年）

续表

	法律、行政法规和部门规章	地方性法规和政府规章
港口船舶运输	1. 中华人民共和国海上交通安全法（1983年） 2. 中华人民共和国海商法（1992年） 3. 中华人民共和国打捞沉船管理办法（1957年） 4. 中华人民共和国非机动船舶海上安全航行暂行规则（1958年） 5. 中华人民共和国对外国籍船舶管理规则（1979年） 6. 港口建设费征收办法（1985年） 7. 港口水上过驳作业暂行办法（1986年） 8. 中外合资建设港口码头优惠待遇的暂行规定（1985年） 9. 中华人民共和国航道管理条例（1987年） 10. 港口治安管理规定（1989年） 11. 中华人民共和国渔港水域交通安全管理条例（1989年） 12. 国务院口岸领导小组关于加强疏港工作几项规定（1984年） 13. 国务院口岸领导小组关于加强疏港工作几项补充规定（1986年） 14. 水路货物运输合同实施细则（1986年） 15. 港口消防监督实施办法（1988年） 16. 中华人民共和国水路运输管理条例（1986年制定，1997年修正） 17. 中华人民共和国海上交通事故调查处理（1990年） 18. 中华人民共和国海上国际集装箱运输管定（1990年制定，1998年修正） 19. 中华人民共和国海上国际集装箱运输管定实施细则（1992年） 20. 关于外商参与打捞中国沿海海水域沉船管理办法（1992年） 21. 中华人民共和国海上交通监督管理处罚（试行）（1990年） 22. 中国籍小型船舶航行香港、澳门地区安督管理规定（1990年） 23. 船舶升挂国旗管理办法（1991年）	1. 山东省国内船舶搭靠外轮暂行管理办法（1988年） 2. 山东省外国籍船舶人员违反边防管理法规处罚规定（1991年） 3. 山东省沿海集体和个体船舶边防治安管理办法（1992年） 4. 山东省海上搜寻救助工作规定（1994年） 5. 山东省口岸综合管理条例（1996年） 6. 关于口岸开放的若干规定（1996年）

续表

法律、行政法规和部门规章	地方性法规和政府规章
24. 中华人民共和国海上航行警告和航行通理规定（1992年） 25. 中华人民共和国船舶和海上设施检验条例（1993年） 26. 关于不满300总吨船舶及沿海运输、沿海业船舶海事赔偿限额的规定（1993年） 27. 中华人民共和国港口间海上旅游运输赔偿限额规定（1993年） 28. 中华人民共和国船舶签证管理规则（1993年） 29. 港口建设费征收办法实施细则（1993年） 30. 中华人民共和国船舶登记条例（1994年） 31. 国际航行船舶进出中华人民共和国口岸办法（1995年） 32. 中华人民共和国国际货物运输代理业管理规定（1995年） 33. 外国公司船舶运输收入征税办法（1996年） 34. 中华人民共和国海关对进出境国际航线船舶及其所载货物、物品监督办法（1991年） 35. 海关总署、财政部关于中外合作开采海油进出口货物征免关税和工商统一税的规定（1982年） 36. 中华人民共和国海关对沿海地区进出境货物的管理规定（1989年制定，1993年修正）	

港口船舶运输

法律、行政法规和部门规章	地方性法规和政府规章
1. 盐业管理条例（1990年） 2. 食盐加碘消除碘缺乏危害管理条例（1994年） 3. 食盐专营办法（1996年）	1. 山东省实施《盐业管理条例》办法（1992年）

盐业

续表

矿产	1. 中华人民共和国矿产资源法（1986年制定，1996年修正） 2. 中华人民共和国矿产资源法实施细则（1994年） 3. 矿产资源补偿费征收管理规定（1993年） 4. 矿产资源开采登记管理办法（1998年） 5. 探矿权采矿权转让管理办法（1998年） 6. 矿产资源勘查区块登记管理办法（1998年） 7. 中华人民共和国对外合作开采海洋石油资源条例（1982年） 8. 开采海洋石油资源缴纳矿内使用费的规定（1988年） 9. 石油天然气管道保护条例（1989年） 10. 石油地震勘探损害补偿规定（1989年） 11. 中华人民共和国资源税法暂行条例（1993年） 12. 违反矿产资源法规行政处罚办法（1993年）	1. 山东省关于加强油区管理的若干规定（1993年） 2. 山东省石油化工商品交易市场管理暂行规定（1993年） 3. 山东省集体所有制矿山企业和个体采矿管理办法（1987年制定，1994年修正）
旅游	1. 关于外国人在我国旅行管理规定（1982年） 2. 旅行社管理暂行条例（1985年） 3. 关于严格禁止在旅游业务中私自收授回扣和收取小费的规定（1987年） 4. 导游人员管理暂行规定（1987年） 5. 寄售进口旅游商品外汇管理暂行规定（1991年） 6. 旅游安全管理暂行办法（1990年） 7. 中华人民共和国海关对出境旅游人员行李物品的管理规定（1990年）	1. 山东省旅游管理条例（1996年） 2. 青岛市旅游管理条例（1996年） 3. 青岛市旅游投诉规定（1997年）

续表

土地（含滩涂）	1. 中华人民共和国土地管理法（1986年） 2. 中华人民共和国土地管理法实施条例（1991年）	1. 山东省实施《中华人民共和国土地管理法》办法（1987年制定，1989年第1次修正，1992年第2次修正） 2. 山东省土地监察规定（1995年） 3. 山东省土地登记条例（1996年） 4. 青岛市海岸带规划管理规定（1995年）
林业	1. 中华人民共和国森林法（1979年制定，1984年修正） 2. 中华人民共和国森林法实施细则（1986年） 3. 森林采伐更新管理办法（1987年） 4. 加强森林资源管理若干问题的规定（1988年）	1. 山东省森林资源管理条例（1994年） 2. 山东省国有林场管理条例（1996年）
海洋环境保护	1. 中华人民共和国环境保护法（1979年制定，1989年修正） 2. 中华人民共和国海洋环境保护法（1982年） 3. 中华人民共和国固体废物污染环境防治法（1995年） 4. 中华人民共和国野生动物保护法（1988年） 5. 中华人民共和国防止船舶污染海域管理条例（1983年） 6. 中华人民共和国海洋石油勘探开发环境保护管理条例（1983年） 7. 中华人民共和国海洋倾废管理条例（1985年） 8. 中华人民共和国防治海岸工程建设项目污染损害海洋环境管理条例（1990年） 9. 中华人民共和国防治陆源污染物污染损害海洋环境管理条例（1990年） 10. 防止拆船污染环境管理条例（1988年） 11. 风景名胜区管理暂行条例（1985年） 12. 对外经济开放地区环境管理暂行规定（1986年） 13. 中华人民共和国水生野生动物保护实施条例（1993年） 14. 中华人民共和国自然保护区条例（1994年）	1. 山东省环境保护条例（1996年） 2. 山东省环境污染纠纷处理办法（1994年） 3. 山东省实施《中华人民共和国野生动物保护法》办法（1991年） 4. 山东省陆上石油勘探开发环境保护条例（1994年） 5. 青岛市近岸海域环境保护规定（1995年） 6. 山东省森林和野生动物类型自然保护区管理办法（1992年）

续表

海洋环境保护	15. 中华人民共和国野生植物保护条例（1996年） 16. 森林和野生动物类型自然保护区管理办法（1985年）	
其他	1. 中华人民共和国进出境动植物检疫法（1991年） 2. 中华人民共和国文物保护法（1982年） 3. 中华人民共和国水下文物保护管理条例（1989年） 4. 中华人民共和国进出境动植物检疫法实施条例（1996年） 5. 中华人民共和国节约能源法（1997年） 6. 电力设施保护条例（1987年制定，1998年修正） 7. 中华人民共和国涉外海洋科学研究管理规定（1996年） 8. 铺设海底电缆管道管理规定（1989年）	1. 山东省文物保护管理条例（1990年制定，1994年修正） 2. 青岛市资源节约条例（1993年） 3. 青岛市城市节约用水管理条例（1995年）

从目前立法情况看，国家已制定的海洋经济方面的主要法律、行政法规和部门规章，不足100件；如果把适用于海洋经济的其他经济法规和行政法规计算在内，大约150件左右。山东省人大及其常委会和省人民政府制定的有关海洋经济方面的地方性法规和规章，不足50件；如果把相关的其他地方性经济、行政法规包括在内，最多不超过100件。这种状况与我国和我省海洋经济发展的实际需要相差甚远。海洋经济立法工作滞后的问题非常突出，我省和省辖沿海地市则更为严重。为建立健全山东省海洋经济法制、促进"海上山东"建设，建议制定以下地方性法规和规章（暂定名）：

（一）1998~1999年

（1）山东省海洋资源开发利用管理条例；

（2）山东省近岸海域环境保护条例；

（3）山东省近岸海域环境功能区管理规定；

（4）山东省"科技兴海"工作实施办法；

（5）山东省海洋经济统计办法。

（二）2000～2010 年

（1）山东省沿海港口码头管理规定；

（2）山东省滨海挖砂采矿管理规定；

（3）山东省海水养殖管理规定；

（4）山东省海洋水产品加工管理规定；

（5）山东省海洋水产品市场管理规定；

（6）山东省海洋自然保护区管理规定；

（7）山东省海水直接利用管理规定；

（8）山东省制盐卤水综合利用规定；

（9）山东省海岸利用和保护规定；

（10）山东省海岸防护林管理规定；

（11）山东省防治海岸工程建设项目污染损害海域环境管理规定；

（12）山东省防治陆源污染物污染损害海域环境管理规定；

（13）山东省浅海滩涂石油勘探开发环境保护规定；

（14）山东省海洋能开发利用规定；

（15）山东省海洋药物保健品生产管理规定；

（16）山东沿海运输管理规定；

（17）山东省海岛开发管理规定；

（18）山东省石油化工安全规定；

（19）山东省滨海油库安全规定；

（20）山东省海洋灾害防治规定。

第五部分 海洋经济立法的质量保证

一 编制海洋经济立法规划

海洋经济立法规划，是立法主体根据山东省海洋经济发展的需要，对经过预测的立法项目，进行通盘考虑和总体设计，为一定时间内的立法任务所作的安排。编制立法规划，可以为立法做充分准备，提高立法质量，并使立法工作分别轻重缓急、分阶段有计划地进行，防止发生立法重复或者遗漏现象；可以使有关部门和科研机构的工作，与计划相一致，并在可能条件下有准备地参与立法工作。我国的立法规划编制工作是从党的十一届三中全会以后开始的，经过10多年的工作实践，现在各级立法机关都不同程度地重视了立法规划的编制工作。如青岛市人民代表大会常务委员会在《关于地方性法规制定程序的规定》中，把编制地方立法长远规划和年度计划，规定为制定地方性法规的必要环节之一，并规定地方立法计划的变更，应由市人民代表大会常务委员会主任会议决定。青岛市人民政府在《制定规章程序的规定》中，把编制地方规章规划和计划，规定为市人民政府法制局的一项首要任务，并由其组织实施、监督执行。

立法预测是对将来的社会关系作出科学的判断，以把握立法时机和立法内容的一种方法和手段。实践告诉我们，编制立法规划是同立法预测工作紧密地联系在一起，并依靠立法预测而进行的。如果没有立法预测，要制定切实可行的立法规划是不可能的。立法只有符合社会发展的客观规律，具有主动性、超前性、科学性和计划性、才能摆脱走一步、看一步的被动局面。目前存在的主要问题是：1. 立法项目的确立没有完全建立在科学预测的基础上，在一定程度上存在着"拼盘"现象；2. 省人大和政府在编制立法规划之前，缺乏充分的相互协调；3. 立法规划实施中变动较大，审批不够严格。

编制海洋经济立法规划是促进社会进步和改善法制环境的先导性工作。由于海洋经济涉及多部门和种类繁多的产业，全省的立法规划应统一编制，然后在协商的基础上确定，首先由省政府和省人大常委会法制部门提出立法项目、地方性法规和规章在立法上的分工，同时，省立法机关要对规划中列出的立法项目进行严格审查，看提出的立法项目是否超出了地方立法主体的立法范围；立法项目所调整的对象是否符合山东省海洋经济发展的需要；对某种海洋产业在法律上确认之后，在财力、物力和人力方面是否有足够的承受力；立法项目在理论和实践上是否成熟；人们的道德意识、传统观念、社会心态、法律意识是否适应，是否能够被大多数公民所接受和支持等。立法规划在总体设计上不应重复、交叉；立法项目之间应保持配合、补充、衔接、协调统一的关系。立法规划是指导性的，在实施过程中可以根据经济社会发展的需要，对规划作适当地调整或者变更。但是，提出调整的部门必须写出变更报告，经规划主管部门批准后，方可按照批准机关的意见变更。立法规划主管机关，应按照规划的要求，积极组织立法规划的实施。

二 把住法规草案起草关

法规草案的准备是立法的基础。根据我国的立法实践，起草法规草案一般要先作出组织起草法规草案的决定，然后组织起草班子，再进行草案的起草工作。地方立法也不例外。

起草海洋经济法规草案是一项具有高度政策性、科学性和技术性的工作。要起草出一项质量较好的法规草案，应做好以下几方面的工作：

（1）组织一个能够胜任法规草案起草的实体工作班子。起草法规草案和制定法规是两项既有联系又有区别的工作。制定地方性法规或规章是立法机关的专有活动，而起草法规草案既可以有立法机关的成员参加，又需要有非立法机关的人员参加。如青岛市人大常委会规定："市人民代表大会常务委员会主任会议、市人民政府、市人民代表大会专门委员会，根据地方立法计划，可以分别委托常务委员会办事机构、市人民政府有关部门起草地方性法规，也可以委托其他市级机关和人民团体起草地方性法规。""负责起草地方性法规的部门，应组成地方性法规起草小组。"青岛市人民政府规定："规章由市人民政府有关主管部门负责起草。规章的内容与几个工作部门业务有密切联系的，由为主的部门会同有关部门联合起草。重要的规章可以由市人民政府法制办公室负责，组织有关部门起草。""规章起草工作由起草部门的领导人负责，组成起草小组或指定专人办理。起草人应熟悉业务、懂得法律、有较高的文字水平。"立法实践说明，一项法规草案能不能被立法机关采纳进入立法程序，在很大程度上取决于法规草案起草的质量；法规草案的质量又取决于承担具体起草工作任务的实体班子。起草人员只懂业务不行，只懂法律也不行。必须由既懂业务，又懂法律（特别是与业务有关的法律），并有一定管理经验的人，共同组成"三结合"的起草实体工作班子，才能够相互取长补短，集思广益，圆满完成起草任务。

（2）省人大常委会办事机构和人民政府法制部门，应派专人尽早介入法规草案的起草工作。承担法规草案的起草单位，在组成起草班子后，起草人员不能从此"关起门来造法律"；委托部门也不能因起草单位的落实而坐等法规草案的起草成果。根据各地的经验，省人大常委会办事机构、人民政府法制部门和委托单位，应从审查起草班子提交的起草大纲时开始介入，并派专人参加起草班子的调研活动，参加草案讨论稿、送审稿的修改，一直到完成定稿工作。由于立法主体、主管部门和委托单位的分管人员基本上参加了起草法规草案的全过程，掌握了条文规定的主要内容和争论的焦点，并对草案的框架结构、主要条款、术语使用等，与起草人员达成了共识，所以既使起草工作少走一些弯路，提高了工作效率，又能保证起草的进度和质量。

（3）深入调查研究，全面了解和掌握调整对象的具体情况。法律总是调整一定社会关系的。如果起草人员对所调整的对象一知半解，把自己的主观愿望或抽象的理论作为立法的依据，就不能起草出一个符合全省情况和实际需要的法规草案来。因此，起草人员必须注重调查。尽管每个人的调查方法和内容各有不同，但从调查效果来看，值得重视的有这样几个问题：①调查必须有准备。一是起草人要有准备，即在调查前提出调研大纲，包括调查的时间、单位和方式，要了解的问题，要求提供的材料等，使调查有的放矢；二是被调查方要有准备，即通过委托单位将调研大纲提前发送到被调查方手里，使其对要调查的问题做好发言和材料准备。②调查中要重点搞清楚两个方面的情况：一是实践经验。一般来说，法律总是社会实践经验的总结，这是为建立、巩固和发展一定的社会秩序所必需的。通过调查应全面掌握已取得的实践经验，并在总结实践经验的基础上，提出对未来发展有指导意义的见解，这种认识上的预见性，反映在立法上即是常说的"超前性"；二是存在的问题。存在的问题就是立法的客观需要，也是法规所要调整的重点。调查中要启发对方把问题及其原因讲透，并与其共同讨论解决这些问题的方法。③调查结束后，应认真汇总调研情况，写出调研报告。并将调研情况，尤其是存在的问题，直接向主管部门口头汇报，以便听取主管部门的主导性意见，为起草工作打下基础。

（4）全面搜集和研究有关的法律规定。在动手起草法规草案之前，起草人员应全面搜集和研究有关的法律规定，这是起草之前必须进行的一项准备工作。其必要性主要表现在：①从地方立法的基本原则来看，制定地方性法规不得与宪法、法律、行政法规相抵触；制定地方规章必须以法律、行政法规为依据。如果不全面搜集和研究有关法律规定，就不可能遵循地方立法的基本原则。②从完善我国法律体系来说，地方立法是我国法律体系的组成部分，而这个体系的各组成部分，即法律、行政法规、地方性法规和规章，是一个相互联系、彼此补充、协调配套的整体。如果不去研究现有的有关法律规定，往往会造成地方立法与有关法律规定相互矛盾的问题。③从法律实施上来说，如果地方立法规定与有关法律规定不一致，这项地方性法规或规章就不能得到有效实施；而法律不能付诸实施，就等于一纸空文。④从法律的作用上来看，只有地方立法与法律、行政法规的有关规定一致起来，才能维护已建立的法律秩序。如果在研究中发现法律与行政法规之间，或行政法规与行政法规之间有不一致的规定，应反复比较，或向有关部门、专家咨询，直到把问题完全弄清楚为止。绝不能想当然或自以为是，轻易放过疑点。实践证明，在地方立法规定中出现纰漏的，往往就发生在这些"类似"或"相似"的一些规定上。

（5）在起草中要抓准应规定的重点内容。地方立法不同于制定法律、行政法规。地方立法具有与国家立法权限的差别性和地方立法内容的补充性。因此，起草一项地方法规草案，应根据这些特点，抓准应规定的重点内容，科学的设定条款，合理的作出相应规定。要使所起草的法规既不与有关法律和行政法规在内容上有太多的重复，又在"不相抵触"的前提下，使地方立法有较强的针对性和可操作性。

（6）起草法规草案应使用法律语言。从立法技术上来看，法律语言具有这样几个特点：①简洁扼要。要避免语言冗长繁琐、重复累赘。对规定的内容要用最恰当的句子和用语来表达，不能因强调某一问题的重要性而多次重复同一个内容，或使用多余的词汇。②通俗易懂。法律是为广大人民群众制定的，其语言应尽可能通俗易懂，但也不能用地方土语。③逻辑严密。法律语言必须有严密的逻辑性，避免自相矛盾。运用词汇切忌词不达意。根据我国立法习惯，常见的用语有：如果表示非这样做不可，正面词一般用"必须"，反面词用"严禁"；表示在正常情况下均应这样做的，正面词一般用"应"，反面词用"不应"或"不得"；表示允许稍有选择，在条件许可时，首先应这样做的，正面词一般用"宜"，反面词用"不宜"；表示一般情况下均应这样作，但硬性规定这样作有困难的，用"应尽量"；表示允许有选择，在一定条件下可以这样做的，用"可"或者"可以"。表示语言之间的逻辑关系时，选择关系用"或者"；递进关系用"并"

或者"并且";联结关系用"和"。表示并列关系用并列句，列举项目应注意其顺序性和完整性。④严谨一致。法规草案在总体上应与所依据的法律或行政法规保持一致的风格，不宜独辟蹊径。每个法律草案，都是集体工作的成果，应避免留下起草人的个人文体风格。同时，应注意法律用语要前后一致，对同一个概念只能用同一个词汇来表述，不同的概念不能用同一个词汇来表达。如"近岸海域"与"近海"，"海洋"与"海域"等，不能任意相互代替使用。对于法律草案中所使用的特定词汇和术语，如果有几个涵义或者有特定涵义的，应在草案中指出该词汇和术语的具体涵义，以便人们正确理解和实施。

三 加强立法建议案的研究

目前，立法研究已日益受到法学界和实际工作者的重视。这些研究一方面总结了立法实践经验，将经验上升为立法理论。另一方面根据立法实践中出现的问题，经过分析研究，提出了改进立法技术的意见或建议。这种理论与实践相结合的研究方法，对立法实践起到了很大的指导作用。除此之外，还有一种立法研究方法，就是立法建议案的研究。虽然这种研究已被不少研究单位所采用，但其研究成果却没有在学术价值上得到应有的评估。这种状况，挫伤了研究者的积极性，影响了立法建议案研究的迅速发展。

立法建议案研究，是法学研究工作者综合运用现有法学研究方法，在认识法律现象的基础上，把所认识的观点转化为具有操作性的规范形式，从而形成某项立法建议案的研究方法。立法建议案，与一般的立法建议不同。它是一个具体的、包含着全部法律条文的立法建议；而一般的立法建议带有抽象性，主要是呼吁性质的。它也不同于法律草案。法律草案一般是由有立法提案权的人参与提出的法规草稿；而法学研究工作者不是立法提案权的主体，只是立法建议主体，尽管研究中进行了广泛深入的社会调查，但其研究成果只能称为立法建议案，不能称之为法律草案。

加强我省海洋经济立法建议案研究，有利于密切法学界与立法机关的联系，有利于法学研究朝着务实和超前研究的方向发展。有利于立法草案"电脑化"。如果对法学工作者提出来的立法建议案，由法学专家和立法机关鉴定后输入电脑，当需要制定这项法规时，将其从电脑中查找出来，经过进一步修改加工后便可以形成法律草案。这样既可以缩短立法时间，又可以提高立法质量。我们建议省立法机关，提倡和支持立法建议案的研究，将立法规划中的立法项目有计划、有组织地委托给法学研究机构或大专院校进行超前研究，并对研究成果组织评审鉴定，建立起立法建议案档案和输入电脑，逐步拓宽立法民主化的路子。

四 注重法规形式的规范化和标准化

法律既然是调整社会关系，规范人们相互关系和行为的一种尺度和准则，那么，法律的内容及其形式本身首先必须规范化和标准化。自1979年恢复地方立法以来，由于对地方法规形式规范化和标准化问题重视和研究不够，目前存在不少问题。如在法规名称上，我省海洋经济地方性法规有的称为"规定"或"实施细则"，有的称为"条例"或"办法"。对政府规章也称为"规定"、"办法"或者"实施细则"等。不但地方法规的具体名称与行政法规的名称雷同，而且在地方性法规与规章两种形式之间的名称，也是相互混用的。不仅从名称不分清是地方性法规还是地方规章，而且也分不清是哪级立法机关制定的。在法律逻辑结构上，有的法规结构不够严谨，条理不够清楚，用词不够准确，语句不够简明，使人感到整个规定散、乱，前后不够协调，甚至前后矛盾。在内容上，重复法律、行政法规已规定的内容较多，缺乏地方特色，针对性和可操作性不够；有的规定甚至与法律、行政法规相抵触。这些问题，有损于社会主义法制的统一，影响了我省立法质量和法规的有效实施。我国宪法和地方组织法关于地方立法的规定，为地方法规形式规范化和标准化提供了法律依据。为了提高立法质量，我省应根据这些规定，对制定规范性文件的种类、名称、内容结构、制定权限、效力范围和立法程序等，进行系统研究，并在研究的基础上通过立法确定下来，使我省海洋经济法规形式在现有基础上，更加规范化和标准化。

总课题负责人：管华诗　郑贵斌
课题组成员：　管华诗　郑贵斌　徐质斌
　　　　　　　　张德贤　戴贵林　胡增祥
分课题负责人：胡增祥
课题参加人员：胡增祥　张　克　华敬昕　孙庆和　郭　院
　　　　　　　　崔　虹　宿　涛　刘雯霞
报告执笔人员：胡增祥　孙庆和　郭　院　崔　虹　宿　涛

后 记

该书是山东省海洋经济研究中心在与青岛海洋大学共同承担山东省社会科学"九五"规划重大项目"'海上山东'建设研究"课题研究中形成的成果。本书试图较全面地阐述"海上山东"建设的有关问题，为加速发展海洋经济提供参考。

该书由国家海洋局副局长王曙光，青岛市委常委、组织部长黄学军，山东社会科学院院长卢培琪，中国工程院院士、青岛海洋大学校长管华诗，山东社会科学院副院长陈建坤，山东省海洋与水产厅党组成员王诗成等领导同志担任顾问。在这里，对他们担任本书顾问表示崇高的敬意和由衷的感谢！

该书的写作和出版，得到了中共山东省委宣传部、山东社会科学院、省海洋与水产厅、青岛海洋大学、省社会科学规划管理办公室等单位的大力支持。省委宣传部副部长李凤梧、山东社会科学院院长卢培琪、青岛海洋大学副校长于宜法、省海洋与水产厅党组成员王诗成、省社会科学规划管理办公室主任江奔东等领导与专家对课题进行了鉴定和指导。对他们的指导和帮助特此表示崇高的敬意和衷心的感谢！

该书由郑贵斌、徐质斌、刘洪滨、宋继宝任主编。参加研究与写作的有郑贵斌（代前言）、徐质斌（第一章）、宋继宝、田良、高贤忠（第二章）、孙吉亭（第三章、第十一章）、刘康（第四章、第六章）、于庆东（第五章）、郝艳萍（第七章、第十章）、刘洪滨（第八章）、郑培迎（第九章）。附录的三个研究报告由管华诗、郑贵斌主持，徐质斌、戴桂林、张德贤、胡增祥等执笔完成。全书由郑贵斌、徐质斌策划、设计、修改、定稿。由于"海上山东"建设是一项极富探索性的课题，加之水平有限，错误和不足在所难免，衷心欢迎读者批评指正。

谨以此书，献给1998国际海洋年！

山东社会科学院海洋经济研究所

山东省海洋经济研究中心

1998 年 8 月 8 日